农产品安全生产技术丛书

安全生产技术指南

魏祥法　王月明　主编

中国农业出版社

本书有关用药的声明

兽医科学是一门不断发展的学科，标准用药安全注意事项必须遵守。但随着科学研究的发展及临床经验的积累，知识也不断更新，因此治疗方法及用药也必须或有必要做相应的调整。建议读者在使用每一种药物之前，参阅厂家提供的产品说明以确认推荐的药物用量、用药方法、所需用药的时间及禁忌等。医生有责任根据经验和对患病动物的了解决定用药量及选择最佳治疗方案。出版社和作者对任何在治疗中所发生的对患病动物和/或财产所造成的伤害不承担责任。

敬读者知。

中国农业出版社

编写人员

主　　编　魏祥法　王月明

副 主 编　党安坤　盖景新　王艳芹

参　　编　刘雪兰　黄中利　亓丽红

　　　　　廉爱玲　程克鑫　井庆川

　　　　　石天虹　闫佩佩　刘瑞亭

NONGCHANPIN ANQUAN
SHENGCHAN JISHU CONGSHU

前言

随着人们生活水平提高，人们越来越注重生活的质量和自身健康，所以在食品上越来越追求自然、无害。近几年我国的城乡上下都兴起了食用柴鸡的潮流，越来越多的人喜欢柴鸡肉、柴鸡蛋，因此，柴鸡安全生产技术越来越受到重视。

食品安全问题已成为社会问题，直接关系人的身体健康，安全生产是每一位从业人员的基本职业道德。柴鸡的生产从无序到有序；品种从地方土鸡到选育品种；养殖方式从零星散养到规模化、标准化；从有啥喂啥到科学喂养；从不防疫到按程序防疫；从低产、低效到高产、高效；几年间有了较快的发展。

《柴鸡安全生产技术指南》一书较详细地介绍了柴鸡发展情况、柴鸡品种、柴鸡安全生产的设施、饲料配制、不同时期的饲养管理和常见疾病的防治。以图文的形式，介绍柴鸡安全生产的各个技术环节，以指导柴鸡生产经营者进行安全生产、提高养殖水平、增加生产经营效益及保障农产品消费安全、促进农业产业化结构调整，推进现代化农业的建设和发展。

由于各地情况不同，柴鸡安全生产水平差异较大，存在品种杂、生产性能低、成本高、产品信誉低等问题，本书编写的目的是指导柴鸡安全生产，但由于时间短、编者能力有限，书中的不足之处恳请读者批评指正。

编　者

2012年5月

目 录

□□□□□□□□□□□□□□□□□□

第一章 柴鸡安全生产基本情况

第一节 柴鸡业生产现状

一、柴鸡饲养的发展史

我国养鸡源于7 000多年前的新石器时代，历史悠久，在长期的原始社会里，我们的祖先将捕获的野鸡留下来，驯化喂养，某些地区经过长期饲喂具有一定特点的鸡种或其他家禽，开始了最原始的柴鸡饲养业。此后的数千年间，随着农业生产的逐渐发展，历经驯养和进化，由野生鸡种进化而成的鸡，也就因地制宜，逐步适应环境，在我国各地形成了各具特色的地方优良鸡种。

20世纪70年代中期以前，我国的养鸡业是靠农村千家万户农民以家庭副业的形式进行自给性和半自给性生产的，生产方式落后，生产水平很低，每只鸡年产蛋不到100枚，生产不能满足市场的需要。70年代中期以后，在改革、开放、搞活的方针指引下，国家制定了一系列鼓励发展养鸡业的政策，从资金、技术、土地等各方面给予支持，调动了养鸡的积极性。特别是20世纪80年代以来，随着改革开放的深入，人民生活水平的提高，先进科学技术的普及应用，我国养鸡业更是突飞猛进，现代养鸡业迅速崛起，形成了良种、饲料、防疫、科学管理、产品加工一体化的专业生产体系，尤其是在大型龙头企业的带动下，在一些地区已形成了相当规模，成为当地农业和农村的支柱产业。

二、柴鸡业生产现状

鸡的现代化商业育种开始于西方国家，通过商业育种，禽产品产量得到大幅度提高，并逐渐走向规模化的发展道路。众多生产性能卓越的国外育成品种大量涌入中国。我国规模化养鸡虽然只有二三十年的历史，但是，养禽业经过近三十年的高速发展，现代化生产企业已经成为家禽养殖业的主体，标准化规模养殖发展使肉鸡业、蛋鸡业生产水平明显提高。我国禽蛋总产量连续多年居世界第一位，蛋禽食品达到中等发达国家人均消费水平（人均 14 千克，约 250 个），不少大城市郊区已多年出现禽蛋产品生产过剩，并逐渐向劳动力低廉地带和原料基地转移。肉鸡业是我国畜牧业中发展最为迅速、群体生产规模最大、市场经济介入最早、社会贡献最大的一个行业，目前是仅次于美国的世界第二大肉鸡生产国。

当然，随着养鸡业的迅猛发展，也带来了诸如环境污染、肉与蛋的品质下降等问题。如何生产出安全、优质、绿色的鸡肉和鸡蛋，对养鸡业持续稳定发展具有十分重要的意义。在肉鸡市场方面，我国优质柴鸡和黄羽肉鸡产业与白羽肉鸡产业并驾齐驱，国内大量的地方柴鸡品种仍占领着我国一大部分肉鸡市场，三黄鸡、仙居鸡、文昌鸡和乌骨鸡就是其中的佼佼者，以当地柴鸡为原料制作成的“德州扒鸡”、“符离集烧鸡”等更是蜚声海内外。我国在特定的散养历史条件下形成的柴鸡品种，通常体格较大，没有经过高强度的近交，生活力较强，成为中国优质肉鸡商业化育种的优良素材，也是中国加入世界贸易组织后可望与国外品种抗衡的重要商业品种，更是生态养鸡的种质资源。

改革开放以来，我国肉鸡产业发展迅速，生产总量显著增长，肉鸡出栏量从 1985 年的 13 亿只增加到 2011 年的近 90 亿只，鸡肉产量从1985年的110万吨增加到2011年的1 300余万吨。目前，我国养鸡业优势产业带已经初步形成，华东、华北、东北地区是我国禽肉产量较大的地区，占全国禽肉总产量的63.8%。黄羽肉鸡养殖主要集中于广东、广西和华东地区等，还形成了独特的“北繁南养”的生产模式，而广东是我国黄羽肉鸡生产最多的省份。我国蛋鸡生产主要分布在黄河流域及其以北地区，其中河北、河南、山东、江苏、辽宁等5个省的禽蛋产量占全国总量的58.4%，已形成了“北蛋南调”的格局。其中，柴鸡养殖已经成为最具中国特色的家禽产业，并且在国际市场具有较强的竞争力，优势地位明显。2009年中国肉鸡存栏量达到47亿只，出栏94亿只，鸡肉产量达到1 144万吨，2011年我国饲养各种类型的柴鸡（包括黄羽肉鸡）约40亿只，产肉量约为360万吨，约占全国禽肉产量的27.69%，占肉类总产量的4.5%。

目前，我国肉鸡行业正处于前所未有的整合发展期，全国已有四家以肉鸡养殖为主营业务的企业成功上市。纵观全球肉鸡产业的发展，既得益于行业从业者的不懈努力，更得益于主要肉鸡生产消费国在经济逐渐恢复过程中需求增加的有效推动。近两年，全球鸡肉产量和国际贸易量均有较为强劲的增长，2011年全球鸡肉产量突破7 600万吨。在产量大幅度增加的情况下，全球鸡肉贸易亦得到快速发展，2011年全球鸡肉贸易量突破900万吨。据悉，在美国、巴西、加拿大、澳大利亚等国家，鸡肉已成为该国居民第一大肉类消费品。美国年人均消费鸡肉达42千克，欧盟为15.6千克，作为发展中国家的巴西，年人均消费鸡肉达33.3千克。上述国家都远高于我国年人均消费鸡肉9千克的水平，这充分表明我国肉鸡产业有着很大的发展空间和广阔的市场前景。但受传统消费习惯等因素影响，加之人们对鸡肉生产过程存在的诸多猜测与误解，在普通肉鸡产业稳步发展的同时，致使我国柴鸡消费需求逐年呈几何级数递增。今后，如何在发展柴鸡生产的同时逐步提升国民的鸡肉消费量，已成为全行业普遍关注的重点。

第二节　柴鸡业生产中存在的问题

目前柴鸡养殖在我国发展很快，柴鸡蛋及柴鸡肉的价格普遍高于普通高产蛋鸡和白羽肉鸡的价格。但在生产和市场中也存在着许多问题，如生产性能低、饲养成本高、市场混乱等问题，制约着柴鸡业的发展。

（一）目前农户饲养柴鸡生产性能低的首要原因是品种问题

我国有 100 多个柴鸡品种，其中收入《中国家禽品种志》的有 27 个，这些柴鸡品种是我国劳动人民历经数千年，根据体质、外貌、生产性能培养出的地方良种，但是一些地方鸡种也存在着早期增重慢，育肥效果差，耗料多，繁殖率低等缺陷，相当一部分未经系统的选育提纯，群体内个体间生产性能很不一致。现实生产中，不少农户饲养的柴鸡是本地土生土长，没有进行目的性选育，在民间自然繁育，造成柴鸡品种内个体间性状差异大，后代成活率低，产蛋率低。90%的养殖场选购鸡苗时就地取材，到每家每户收购鸡蛋，集中孵化，或者到农村一些柴鸡孵化厂直接购进鸡苗，这样购进的鸡苗品种差，品种杂，多是严重退化的品种。

（二）饲养管理技术落后也是柴鸡业生产中普遍存在的问题

由于柴鸡生产多采用粗放性管理，各饲养户环境差异很大，造成育成率低、产蛋率低，产蛋量少，效益低，品质难以保证。甚至很多养殖户购进鸡苗后，直接放到山坡上散养，没有育雏室等设施，饮水和喂食很随意，有什么喂什么，没有一整套管理制度。山坡散养鸡的天敌较多，没有好的防范措施，损失严重。因此，规模化柴鸡饲养业既不能沿用传统散养方式，也不能照搬现代鸡种的饲养管理模式，而要实行传统饲养和现代工艺的有机结合，在种鸡管理、孵化、育雏、防疫和饲料配制等环节主要吸纳现代养鸡工艺的精华，在优质鸡肉、蛋商品生产环节则以经过改进的传统放养方式为主。

（三）饲养成本过高也是目前柴鸡养殖户普遍存在的一个问题

柴鸡体重较小，相对于集约化养殖的商品鸡生长速度较慢、生产周期长、产蛋率低、肉料比、蛋料比相对较高，很多养殖户多采取以放养为主，补料为辅的饲养方式，以期降低成本，提高经济效益。在实际生产中，虽然柴鸡对饲料营养水平的要求比较低，但也不能只喂简单原料，以免造成营养缺乏，影响生长发育，降低成活率。在放牧前应当选择柴鸡系列全价颗粒料或全价配合饲料。开始放牧后，充分利用当地的饲料资源，在保证营养水平达标的前提下选用廉价原料，尤其是冬季半圈养时，全靠喂料，成本太高，最好提前贮备青绿饲料，或添加苜蓿粉、松针粉等作为补充。

（四）市场开拓意识淡薄，经营观念落后

柴鸡在饲养过程中，喂药少或基本上不喂药，可称得上是无公害绿色食品，但由于柴鸡生产数量少，70%以上分散在农户散养，少则三五只，多则三五十只，形不成规模化生产，品质也无法保证，市场供应难以保障。加上饲养者市场信息不灵，开拓意识淡薄，经营观念落后，没有注册商标和品牌，致使柴鸡和柴鸡蛋的销售价格偏低。因此，适应市场需求，大力推进柴鸡产业化生产，以“公司＋基地＋农户”为模式，做到产、供、销一条龙，控制品质，树立强势品牌，既可为市场提供优质产品，又可使农民增收，实现柴鸡产业的稳步发展。

（五）市场的混乱是柴鸡发展的一大障碍，任其发展有可能会导致这项产业的毁灭

鸡蛋的长期稳定生产与短期市场销售之间的矛盾限制了柴鸡生产的发展。目前做鸡蛋销售的人员多，大部分人只在中秋、国庆、元旦、春节几大节日市场需求量大、价格高的时间做，其他时间做得少，而鸡产蛋不能想停就停，鸡蛋又属生鲜食品，不能长时间贮存，生产量少需求量大的时候假的就来冒充，而生产量相对较多需求相对较少时，如果销路不稳就容易出现积压或降价的情况。

总之，柴鸡业生产表现出小区域、小规模特色，但也存在着良种繁育体系不健全、品质育种关注不够等现实问题，缺乏长远规划，难以满足集约化大规模养鸡生产的需要。

第三节　柴鸡业生产发展趋势

一、速效型畜牧业生产的肉鸡已不能满足市场的需求

改革开放30多年来，作为一项投资省、周期短、见效快的“速效型畜牧业”，我国肉鸡业在20世纪90年代初期得到迅猛发展，90年代后期，特别是1997年以来，以出口为主的肉用仔鸡的生产出现低潮。在国内，随着经济的发展和社会的进步，人民的物质文化生活水平有了明显提高，人们的营养意识和自我保护意识不断加强，消费者对肉鸡产品的需求已开始从数量型逐步向质量安全型转变，优质、安全的肉鸡产品备受关注，需求量加大。消费者不仅要求肉鸡产品营养丰富，而且要有良好的感官性状和口味，更重要的是要求产品安全无污染。而目前以国外引进的白羽肉鸡为主体的快速型肉鸡产品色泽差且风味严重不足，远

远不能满足消费者的需求，产销量正在逐步萎缩。尤其值得注意的是，在一些小规模肉鸡饲养场，由于在肉鸡全程饲养过程中大量使用抗生素、高剂量矿物质及其他药物，鸡肉产品的安全性问题也越来越突出。1998年，我国山东、河北等省用于出口西欧的冻鸡因药残超标，许多生产企业被欧盟取消了注册代号。近几年来，连续发生的疯牛病、禽流感、二噁英污染、三聚氰胺奶粉、瘦肉精肉等重大食品安全事件后，人们更加注重肉鸡产品质量安全问题，希望吃到“放心肉”、“无公害肉”或者“有机肉”。我国近年养殖的三黄鸡，虽然有一定的市场，但因其采用品系配套杂交和全程饲料喂养方式，鸡肉品质仍满足不了消费者的需求，能形成规模化、集团化发展的龙头企业并不多。

我国加入WTO后，面对国外价廉、安全肉鸡冲击的严重形势下，越来越多的国内从业者们已清醒地认识到，完全依赖国外鸡种、设备和常规饲养方式已难以适应国内外肉鸡消费市场的需要，我国肉鸡养殖业必须与国际接轨，否则就无法参与国际竞争。为满足市场需要，参与国际竞争，促进肉鸡养殖业可持续发展，就必须转变养鸡业生产方式，大力开发利用我国丰富的柴鸡品种资源，根据我国各地的自然和生态条件，实现优质柴鸡的安全生产，走产业化发展道路，降低成本，提高质量，创造出具有我国鲜明民族特色的品牌，使养鸡业朝着优质、安全、高效的方向健康发展。

二、柴鸡生产前景广阔，展现出我国肉鸡生产的发展趋势和方向

柴鸡肉质鲜美，柴鸡蛋营养价值较高，无污染，是名副其实的“绿色”放心产品，显示出广阔的市场前景和诱人的经济效益，展现了我国肉鸡生产的重要趋势和方向。柴鸡产品在市场上极为畅销，供不应求，柴鸡肉售价是一般肉鸡的2～3倍，每只

盈利可达3～5元，柴鸡蛋是洋鸡蛋的2～3倍。为了顺应市场对优质产品的需求，柴鸡饲养正成为广大农村尤其是贫困山区农民养殖致富的热门项目，成为当前农村新的极具活力的经济增长点。

三、柴鸡生产正在向产业化和多元化发展

20世纪90年代中期以来，柴鸡养殖开始稳步发展，生产规模不断扩大，技术水平进一步提高，目前我国南方数省（区）是优质柴鸡的主产区。2011年，广西全区家禽出栏7.92亿只，黄羽肉鸡产量居全国第一位，其东南地区的容县、博白、玉林、平南、桂平、北流、岑溪等地，建立优质柴鸡生产繁殖基地，年出栏量4 300万只。

广东省历来是养鸡大省和肉鸡消费大省，黄羽肉鸡的产业化经营得到迅速发展，全省黄羽肉鸡生产基本形成生产专业化、经营规模化、管理规范化、服务社会化的局面，黄羽肉鸡产业化经营成效显著。2010年广东省饲养肉鸡10亿多只，以黄羽肉鸡为主，占饲养鸡类的95%以上，其中有柴鸡4亿多只，年销往港澳地区7 000多万只。广东省肉鸡饲养主要分布在东西两翼和粤北山区，其中以云浮市、茂名市、广州市、佛山市和梅州市的出栏量较大；存栏量排名前5位的市为茂名市、云浮市、肇庆市、广州市和湛江市。2010年广东三大名鸡之一的封开杏花鸡出栏量将达到2 500万只，产值突破6亿元。

2012年1月，第十一届重庆·中国西部国际农产品交易会重庆“两翼”土鸡大比拼活动上，有城口山地鸡、秀山土鸡、大宁河鸡、夔州牌鸡、绿壳蛋土鸡、红羽乌鸡等多个柴鸡品种参加，来自重庆城口的山地鸡力压群雄荣获“鸡王”，随后还拍出高达6 500元的拍卖价。城口山地鸡已通过有机食品认证，经评估，山地鸡品牌价值达到2.22亿元。目前，城口县以打造优质

“城口山地鸡”供种基地和商品基地为目标，发展城口山地鸡1 000万只，实现产值4.2亿元。小香鸡是贵州省榕江本地纯种土鸡，2011年榕江县已有12乡镇近1 000农户，在林下饲养小香鸡，年产小香鸡80余万只，产值达5 000万元。

山东省是家禽养殖、出口大省，2010年山东省出口禽肉及其制品18.03万吨，货值6.13亿美元，出口量约占全国的40%，连续七年保持稳步增长，产品主要出口日本、欧盟、东南亚等国家和地区。山东莘县通过杂交育成的饲养周期40天、成鸡体重0.5千克左右、肉质特别鲜嫩的小肉鸡，2011年末存栏达6 748万只，年出栏量近4亿只，加工量40万吨，在40多个南方城市设立了销售网络，占据了当地市场70%以上的份额，年产值40多亿元。山东凤祥集团是中国最大的肉鸡生产加工出口企业之一，是肯德基、麦当劳等国际快餐集团和沃尔玛、家乐福等大型超市集团在我国及东南亚地区最大的鸡肉供应商之一，产品远销欧盟、日本、马来西亚、中东等20多个国家和地区。2011年，凤祥食品产业形成年加工肉鸡2亿只、鸡肉深加工产品6万吨、动物饲料6 000吨的生产能力，年实现销售收入100亿元、利税7.8亿元。

四、大力提倡柴鸡安全生产，建立科学的饲养模式

我国广大农村零星分散的柴鸡饲养模式固然有其肉质好、销售价格高、不需要专门的饲养管理人员和专门的资金等优点，但死亡率高、生长发育缓慢、饲养周期过长、产品规格差异大，不能发展成为商品化规模饲养，不足以成为农村致富的支柱性产业。而柴鸡的产业化生产完全打破小农经济的生产方式，实现生产管理的规模化、集约化，经营管理的专业化、现代化，产品加工的机械化、自动化，劳动效率和经济效益都得到了大幅度提

高，已成为最具发展前景的朝阳养殖项目之一。但是，在柴鸡养殖产业化进程中，也存在着过度追求效益，如品种标准化、饲养管理程序化、饲料全价化、用药、防疫、残留等问题。所以，优质柴鸡生产要建立科学的饲养模式，发展产业化生产，既要以市场为导向，考虑柴鸡的商品化、标准化、规模化等生产要求，更要考虑到柴鸡本身的特性和肉质要求，实现柴鸡业的安全生产。

第二章

柴鸡主要品种

我们所说的柴鸡，严格来讲并不是一个品种，而是我国地方品种的统称，包括北京油鸡、浦东九斤黄鸡、山东寿光鸡、山东汶上芦花鸡、江苏狼山鸡、江西泰和丝羽乌骨鸡、青藏藏鸡、浙江仙居鸡、浙江萧山鸡、河南固始鸡、庄河大骨鸡、湖北江汉鸡、广东杏花鸡、云南茶花鸡、江西东乡绿壳蛋鸡等。这些鸡的特点一是分布广，几乎全国每个地方都有自己的地方品种鸡，可是随着外国品种的引入，这些品种存栏量越来越少，很多已经绝迹，即使幸存下来的，也多被外国血统污染；二是适应性强，抗病能力强，适合散养，鸡蛋品质优良，肉质很好。缺点是产蛋率低，饲养周期长，生长速度慢。

第一节　地方品种

（一）北京油鸡

北京油鸡是北京地区特有的地方优良品种，已有300余年历史。北京油鸡是一个优良的肉蛋兼用型地方鸡种。具特殊的外貌，肉质细致，肉味鲜美，蛋质佳良，生活力强和遗传性稳定等特性。

【体形外貌】北京油鸡体躯中等，羽色美观，主要为赤褐色和黄色羽色。赤褐色者体形较小，黄色者体形大。雏鸡绒毛呈淡黄或土黄色。冠羽、胫羽、髯羽也很明显，很惹人喜爱。成年鸡羽毛厚而蓬松。公鸡羽毛色泽鲜艳光亮，头部高昂，尾羽多为黑色。母鸡头、尾微翘，胫略短，体态敦实。北京油鸡羽毛较其他鸡种特殊，具有冠羽和胫羽，有的个体还有趾羽。不少个体下颌或颊部有髯须，故称为“三羽”（凤头、毛腿和胡子嘴），这是北京油鸡的主要外貌特征。

【生产性能】 北京油鸡的生长速度缓慢。屠体皮肤微黄，紧凑丰满，肌间脂肪分布良好、肉质细腻，肉味鲜美。其初生重为38.4克，4周龄重为220克，8周龄重为549.1克，12周龄重为959.7克，16周龄重为1 228.7克，20周龄的公鸡为1 500克、母鸡为1 200克。170日龄开产，种蛋受精率95%，受精蛋孵化率90%，雏鸡成活率97%，年产蛋量120枚，蛋重54克，蛋壳颜色为淡褐色，部分个体有抱窝性。

（二）仙居三黄鸡

仙居三黄鸡在《中国家禽志》一书中排名首位，该鸡属农户大自然放养。其肉质细嫩，味道鲜美，营养丰富，在国内外享有较高的声誉，是我国著名的地方优良品种。具有体形小、外貌“三黄”（羽毛、爪、喙黄）、适应性强、产蛋性能好、肉质鲜嫩等优良性状。

【体形外貌】 全身羽毛黄色紧密，公鸡颈羽呈金黄色，主翼羽红夹杂黑色，尾羽为黑色，母鸡主翼羽半黄半黑，尾羽为黑色，颈羽夹杂斑点状黑灰色羽毛。喙为黄色，单冠，公鸡冠较高，冠齿5～7个。冠与肉垂呈鲜红色，眼睑薄，虹彩呈橘黄色，耳色淡黄。胫、爪呈黄色，无羽毛。体形紧凑，体态匀称，小巧玲珑，背平直，翅紧贴，尾羽高翘，状如“元宝”。头大小适中，颈细长。

【生产性能】 成年体重（22周龄）：公鸡1 600～1 800克，母鸡1 250～1 400克；130～150日龄开产。开产体重1 150～1 200克。蛋重42～46克。500日龄产蛋数180～200枚。公母配比1∶12～15。受精率为88%～91%；受精蛋孵化率为90%～93%。屠宰率为88.5%；全净膛率为65%，腿肌率为25.0%，胸肌率 18.8%。

（三）惠阳胡须鸡

惠阳胡须鸡产于广东省惠阳地区，是我国广东省的优良中型肉用型地方鸡种。以其特有的优良肉质和三黄胡须外貌特征而驰名中外。具胸肌发达、早熟易肥、肉质优佳、皮薄骨软、脂丰肉满等特性。

【体形外貌】惠阳胡须鸡体质结实，头大颈粗，胸深背宽，后躯丰满，体躯呈葫芦瓜形。该鸡的标准特征为颌下有发达而张开的胡须壮髯羽，无肉垂或仅有一些痕迹。公鸡单冠直立，喙黄，眼大有神，虹彩橙黄色。耳叶红色。全身羽毛黄色，主翼羽和尾羽有些黑色。尾羽不发达，脚黄色。

【生产性能】该鸡早期生长较慢，生长最大强度出现在 8～15 周龄。体重：成年公鸡为 2.23 千克，母鸡为 1.60 千克。3 个半月龄的公鸡体重为成年公鸡的 63.23%，母鸡相应为 63.44%。成年母鸡屠宰率半净膛率为 84.8%，全净膛率为 75.6%。120 日龄公鸡半净膛率为 86.6%，全净膛率为 81.2%。150 日龄公鸡半净膛率为 87.5%，全净膛率为 78.7%。惠阳胡须鸡的产蛋性能受当地自然条件的影响，全年产蛋率仅在 28%左右。农家年平均产 45～55 枚，在改善饲养条件下，平均年产蛋可达 108 枚。平均蛋重 45.8 克，蛋壳呈浅褐色。公母配种比例为 1∶10～12，母鸡平均 150 日龄开产。种蛋平均受精率为 88.6%，受精蛋孵化率为 84.6%，育雏率为 95%。该鸡就巢性极强，平均每只母鸡年就巢 14.2 次，最高达 18.5 次。

（四）竹丝鸡（乌骨鸡）

竹丝鸡又名乌骨鸡或泰和鸡。主要产区是江西省泰和县武山地区、广东和福建省，以江西泰和县所产的竹丝鸡体型较大，产蛋较多，故称泰和鸡，又因此鸡乌骨、乌肉，又称为乌骨鸡。现分布很广几遍全国，因鸡外貌奇异，日本和美国等国家亦已引进，主要作为观赏型鸡种。

竹丝鸡是我国珍贵鸡种之一，具有较高的滋补、药用和观赏价值。含有多种氨基酸、维生素和矿物质，是中成药“乌鸡白凤丸”的主要原料，可强身健体，是补身的珍品。

【体形外貌】竹丝鸡体形小，骨骼纤细，性情温顺，头小、颈短、遍体为白色丝毛。外貌与一般鸡不同，有十大特征，群众称为“十全鸡”，即紫冠（复冠）、缨头（顶上毛冠）、绿耳、胡须、五趾、毛脚、丝毛、乌皮、乌骨和乌肉。此外，眼、喙、脚、趾等也是乌黑色。因此，国外列为观赏型鸡种。

【生产性能】成鸡体重，公鸡 1.5～1.8 千克，母鸡 1～1.25 千克，一般 180 日龄开产，平均产蛋 100～120 枚，蛋重 40～42 克，蛋壳淡褐色，母鸡就巢性强，种蛋的受精率和孵化率均可达 85%以上。若作肉用，饲喂全价饲料至 60 日龄，体重可达 400 克，90 日龄达 700 克。一般饲养 100～120 日龄，体重可达 0.75～1.0 千克，即可上市，肉料比为 1∶4。

（五）湘黄鸡

湘黄鸡别名黄郎鸡、毛茬鸡、黄鸡，是湖南省肉蛋兼用型地方良种，在港澳市场享有较高的声誉。

【体形外貌】黄毛、黄嘴、黄脚是它的主要标志，因而又称三黄鸡。湘黄鸡躯体大小适中，成鸡一般重 1 600 克，结构匀称，头小，单冠，脚矮，颈短。公鸡前胸宽阔，毛色金黄带红，躯体秀丽而英武，啼声响亮而清脆；母鸡躯体较短，背宽，后躯浑圆，腹部柔软而富弹性，产蛋性能好。

【生产性能】成年体重公鸡 1.5～1.8 千克，母鸡 1.2～1.4 千克。湘黄鸡体形小，早期生长较慢。在农家放牧饲养条件下，6 月龄左右，公、母鸡平均体重为 1 千克；在良好饲养条件下，4 月龄公、母鸡平均体重可达 1 千克。雏鸡长羽速度快，38 天左右可以长齐毛。

（六）浦东鸡

浦东鸡俗名九斤黄，原产于上海市的黄浦江以东的广大地区，故名浦东鸡。浦东鸡是我国较大型的黄羽鸡种，肉质特别肥嫩、鲜美，香味甚浓，筵席上常作白斩鸡或整只炖煮。

【体形外貌】浦东鸡体形较大，呈三角形，偏重产肉。公鸡羽色有黄胸黄背、红胸红背和黑胸红背三种。母鸡全身黄色，有深浅之分，羽片端部或边缘常有黑色斑点，因而形成深麻色或浅麻色。公鸡单冠直立，冠齿多为7个；母鸡有的冠齿不清。耳叶红色，脚趾黄色。有胫羽和趾羽。

【生产性能】生长速度早期不快，长羽也较缓慢，特别是公鸡，通常需要3~4月龄全身羽毛才长齐。生产性能较高，成年体重公鸡4千克，母鸡3千克左右。浦东鸡是我国较大型的黄羽鸡种，肉质也较优良，但生长速度较慢，产蛋量也不高，极需加强选育工作。公鸡阉割后饲养10个月，体重可达5～7千克。年产蛋量100～130枚，蛋重58克。蛋壳褐色，壳质细致，结构良好。浦东鸡的肉质鲜美，蛋白质含量高，营养丰富，用于白斩、红烧、炒丁、清蒸、炒酱等，均为上乘。

（七）东乡绿壳蛋鸡

东乡绿壳蛋鸡别名东乡黑鸡，属蛋肉兼用型鸡种，原产于江西省抚州市东乡县。

【体形外貌】东乡绿壳蛋鸡以乌皮、乌骨、乌肉和绿壳蛋等为主要特征。体形较小，体躯菱形，羽毛多为黑色，少数个体羽毛白色、麻色或黄色，但体形与黑羽鸡相似，且均产绿壳蛋。母鸡羽毛紧凑，单冠直立，冠齿5～6个，眼大有神，大部分耳叶呈浅绿色，肉垂深而薄，羽毛片状胫细而短。公鸡雄健，鸣叫有力，单冠直立，暗紫色，冠齿7～8个，耳叶紫红色，颈羽、尾羽泛绿光且上翘，体形呈V形。

【生产性能】平均初生体重33克，成年公鸡1 650克，母鸡1 300克。公鸡120日龄开啼，母鸡152日龄开产，500日龄平均产蛋165枚，平均蛋重50克，蛋壳浅绿色。母鸡抱窝性较强，种蛋受精率90%以上，受精蛋孵化率90%以上。适应性强。成年公鸡平均半净膛屠宰率为78%，母鸡82%；成年公鸡全净膛屠宰率为65%，母鸡71%。

（八）济宁百日鸡

济宁百日鸡属蛋用型鸡种，早熟个体能在百日龄左右开产，由此而得名。主产于山东省济宁市任城区。

【体形外貌】济宁百日鸡体形小而紧凑，头大小适中，体躯略长，头尾上举，背部呈V形，皮肤颜色多为白色。公鸡体重略大，颈腿较长，红羽占80%，次之为黄羽。杂色公鸡甚少，尾羽黑色且闪有绿色光泽。头形多为平头，凤头仅占10%，单冠直立，冠高3～4厘米，冠、脸、肉垂鲜红色，胫主要有铁青和灰色两种，喙白色。母鸡羽毛紧贴，外形清秀，背腰平直，毛色有麻、黄、花等羽色，以麻鸡为多。麻鸡头颈羽麻花色，其羽面边缘为金黄色，中间为灰或黑色条斑，肩部和翼羽多为深浅不同的麻色，主、副翼羽末端及尾羽多见淡黑或黑色。喙灰黑色，虹彩主要有橘黄和浅黄两种。冠型以单冠为主，冠高1.5～2厘米。

【生产性能】成年公鸡体重1.3千克，母鸡体重1.2千克。济宁百日鸡开产最早为80日龄，一般100～120日龄开产，初产蛋重29克，平均蛋重40克。蛋重较小，蛋黄较大，蛋黄比例较大，约占蛋重的37%，蛋壳浅褐色。在较粗放饲养条件下，母鸡500日龄年产蛋量为130～180枚，高产鸡达200枚以上。济宁百日鸡产蛋利用期为2～3年。就巢性多见于两年以上的母鸡，占8%左右。全年就巢1～2次，持续20～35天。成年鸡换羽时间集中在2～11月份进行，高产鸡仅需30～40天即能换完羽毛。济宁百日鸡体重轻、耗料少，产蛋早，抗病力较强。消化器官较发达，腹脂较少，屠宰率较低，公鸡全净膛率为58%，母鸡为64%。

（九）萧山鸡

萧山鸡又名沙地鸡、越鸡，原产于浙江省萧山县。

【体形外貌】萧山鸡体形较大，外形近似方而浑圆。初生雏羽浅黄色，较为一致。公鸡体格健壮，羽毛紧密，头昂尾翘。红色单冠、直立、中等大小。肉垂、耳叶红色。眼球略小，虹彩橙黄色。喙稍弯曲，端部红黄色，基部褐色。全身羽毛有红、黄两种，两者颈、翼、背部等羽色较深，尾羽多呈黑色。母鸡体态匀称，骨骼较细。全身羽毛基本黄色，但麻色也不少。颈、翼、尾部间有少量黑色羽毛。单冠红色，冠齿大小不一。肉垂、耳叶红色。眼球蓝褐色，虹彩橙黄色。喙、胫黄色。

【生产性能】此鸡适应性强，容易饲养，早期生长较快，肉质富含脂肪，嫩滑味美。成年体重公鸡为2.5～3.5千克，母鸡为2.1～3.2千克；母鸡一般6月龄开产，年产蛋130～150枚，就巢性强。

（十）固始鸡

固始鸡是我国著名的地方鸡种，属于杂食家养鸟。它以河南省固始县为中心，在特殊的生态环境和饲养条件下，经过长期闭锁繁衍而自然形成。

【体形外貌】固始鸡属黄鸡类型，具有产蛋多、蛋大壳厚、遗传性能稳定等特点，为蛋肉兼用鸡。全区均有分布，以固始为最多。固始鸡体躯呈三角形，羽毛丰满，单冠直立，6个冠齿，冠后缘分叉，冠、耳垂呈鲜红色，眼大有神，喙短呈青黄色。公鸡毛呈金黄色，母鸡以黄色、麻黄色为多。

【生产性能】90日龄公鸡体重500克，母鸡体重350克，母鸡长到160天开产，年产蛋为122～222枚，平均蛋重51.43克，蛋黄呈鲜红色。成年公鸡体重2.47千克，母鸡1.78千克。固始鸡有以下突出的优良性状：一是耐粗饲，抗病力强，适宜野外放牧散养；二是肉质细嫩，肉味鲜美，汤汁醇厚，营养丰富，具有较强的滋补功效；三是母鸡产蛋较多，蛋大，蛋清较稠，蛋黄色深，蛋壳厚，耐贮运。为我国宝贵的家禽品种资源之一。

（十一）河田鸡

河田鸡是福建省西南地区肉用型地方品种，主要在长汀、上杭两县，以长汀县河田镇为中心产区。

【体形外貌】河田鸡体宽深，近似方形，单冠带分叉（枝冠），羽毛黄羽、黄胫，耳叶椭圆形，红色。公鸡成年体重（1 725.0±103.26）克，母鸡（1 207.6±35.83）克，体斜长公母分别为（20.3±0.48）厘米，（16.70±0.25）厘米，胫长公母分别为（9.5±0.28）厘米、（7.86±0.07）厘米。90日龄公鸡体重588.6克，母鸡488.3克；150日龄公鸡体重1 294.8克，母鸡1 093.7克。母鸡180日龄开产，公鸡60日龄打鸡。母鸡年产量100枚左右，蛋重42.89克。种蛋受精率90%，高者达97%，入孵蛋孵化率67.75%，育雏成活率90%。母鸡就巢性强。

（十二）茶花鸡

茶花鸡产于云南热带、亚热带地区，啼声似“茶花两朵”。体形小，体轻，骨细嫩，肉味醇香。傣族等用它作稀饭招待宾客。

【体形外貌】茶花鸡体形矮小，单冠、红羽或红麻羽色、羽毛紧贴、肌肉结实、骨骼细嫩、体躯匀称、性情活泼、机灵胆小、好斗性强、能飞善跑。

【生产性能】体重公鸡（1 470±62.15）克，母鸡（1 020±85.47）克，公母体斜长分别为（20.61±0.19）厘米，（18.87±0.87）厘米。胫长分别为（8.68±0.20）厘米，（7.40±0.14）厘米。茶花鸡150日龄体重公、母鸡分别为750克、760克，半净膛屠宰率公母分别为77.64%、80.56%。年平均产蛋70个，蛋重38.2克。蛋黄较大占蛋的37.6%，蛋壳11.3%。

（十三）清远麻鸡

清远麻鸡原产于广东省清远县（现清远市）。因母鸡背侧羽毛有细小黑色斑点，故称麻鸡。它以体形小，皮下和肌间脂肪发达，皮薄骨软而著名，素为我国活鸡出口的小型肉用名产鸡之一。

【体形外貌】体形特征可概括为“一楔”、“二细”、“三麻身”。“一楔”指母鸡体形像楔形，前躯紧凑，后躯圆大；“二细”指头细、脚细；“三麻身”指母鸡背羽面主要有麻黄、麻棕、麻褐三种颜色。公鸡颈部长短适中，头颈、背部的羽金黄色，胸羽、腹羽、尾羽及主翼羽黑色，肩羽、蓑羽枣红色。母鸡颈长短适中，头部和颈前三分之一的羽毛呈深黄色。背部羽毛分黄、棕、褐三色，有黑色斑点，形成麻黄、麻棕、麻褐三种。单冠直立。胫趾短细、呈黄色。

【生产性能】成年体重公鸡为2 180克，母鸡为1 750克。6月龄母鸡半净膛为85%，全净膛为75.5%，阉公鸡半净膛为83.7%，全净膛为76.7%。年产蛋为70～80枚，平均蛋重为46.6克，蛋形指数1.31，壳色浅褐色。

（十四）寿光鸡

寿光鸡是我国的地方良种之一，遗传性较为稳定，原产于山东省寿光县稻田乡一带，以慈家村、伦家村饲养的鸡最好，所以又称慈伦鸡。

【体形外貌】该鸡的特点是体形硕大、蛋大。属肉蛋兼用的优良地方鸡种。寿光鸡肉质鲜嫩，营养丰富，在市场上，以高出普通鸡2～3倍的价格，成为高档宾馆、酒店、全鸡店和婚宴上的抢手货。寿光鸡有大型和中型两种；还有少数是小型。大型寿光鸡外貌雄伟，体躯高大，体形近似方形。成年鸡全身羽毛黑色，有的部位呈深黑色并闪绿色光泽。单冠，公鸡冠大而直立；母鸡冠形有大小之分，颈、趾灰黑色，皮肤白色。

【生产性能】初生重为42.4克，大型成年体重公鸡为3 609克，母鸡为3 305克，中型公鸡为2 875克，母鸡为2 335克。据测定，公鸡半净膛为82.5%，全净膛为77.1%；母鸡半净膛为85.4%，全净膛为80.7%。开产日龄大型鸡240天以上，中型鸡145天，产蛋量大型鸡年产蛋117.5枚，中型鸡122.5枚；大型鸡蛋重为65～75克，中型鸡为60克。蛋形指数大型鸡为1.32，中型鸡为1.31；蛋壳厚大型鸡0.36毫米，中型鸡0.358毫米。壳色褐色，蛋壳厚度为0.36毫米，蛋型指数为1.32。

（十五）桃源鸡

又称桃源大种鸡，主产于湖南省桃源县中部。属肉用型品种。

【体形外貌】桃源鸡体形高大，体质结实，羽毛蓬松，体躯稍长、呈长方形。公鸡姿态雄伟，性勇猛好斗，头颈高昂，尾羽上翘，侧视呈V形。母鸡体稍高，性温驯，活泼好动，背较长而平直，后躯深圆，近似方形。公鸡头部大小适中，母鸡头部清秀。单冠，冠齿为7～8个，公鸡冠直立，母鸡冠倒向一侧。耳叶、肉垂鲜红，较发达。眼大微凹陷，虹彩呈金黄色。颈稍长，胸廓发育良好。尾羽长出较迅，未长齐时冕部呈半圆佛手状，长齐后尾羽上翘。公鸡镰羽发达，向上展开。母鸡腹部丰满。腿高，胫长而粗。公鸡体羽呈金黄色或红色，主翼羽和尾羽呈黑色，梳羽金黄色或间有黑斑。母鸡羽色有黄色和麻色两个类型，黄羽型的背羽呈黄色，颈羽呈麻黄色；麻羽型体羽麻色。黄、麻两型的主翼羽和尾羽均呈黑色，腹羽均呈黄色。喙、胫呈青灰色，皮肤白色。

【生产性能】初生重为41.92克，成年体重公鸡为3 342克，母鸡为2 940克。24周龄公鸡半净膛为84.9%、母鸡为82.06%；全净膛公鸡为75.9%，母鸡为73.56%。平均195日龄开产，500日龄平均产蛋（86.18±48.57）枚，平均蛋重为53.39克，蛋壳浅褐色，蛋形指数1.32。

（十六）鹿苑鸡

鹿苑鸡远在清代已作“贡品”供皇室享用，它原产于江苏沙洲县鹿苑镇。常熟等地制作的“叫化鸡”以它作原料，保持了香酥鲜嫩等特点。

【体形外貌】体形硕大，胸部较宽深，单冠，冠小而薄、耳叶亦小。全身羽毛黄色，紧贴体躯。胫、趾黄色，两腿间距离较宽。

【生产性能】公母成年体重分别为（3 120± 8.25）克，（2 370± 51.71）克。公母鸡体斜长分别为20.06厘米，（19.48±0.02）厘米。胫长分别为10.36厘米，8.33厘米。90日龄公母活重分别为（1 475.2±16.8），（1 201.7±14.8）克。半净膛屠宰率3月龄公母分别为84.94%，82.6%。母鸡180日龄开产，开产体重2 000克，年产蛋平均144.72枚，蛋重55克。种蛋受精率94.3%，受精蛋孵化率87.23%。经选育后受精率略有下降，30日龄育雏成活率96%以上。

（十七）武定鸡

武定鸡是云南省楚雄自治州的地方良种鸡。

【体形外貌】武定鸡体形硕大，青脚、胫长，肌肉发达、体躯宽深，是理想的地方肉用良种之一。单冠，直立，红色，冠齿

7～9 个，羽毛为红麻羽和黄麻羽，多数有胫羽和趾羽。皮肤白色。

【生产性能】成年体重分别为：公鸡 3 050 克，母鸡 2 100 克，体斜长公鸡为 25.5 厘米，母鸡为 21.4 厘米，胫长公鸡为 14.98 厘米，母鸡 10 厘米。武定鸡虽体躯硕大，但生长缓慢，3 月龄仅 500～600 克，6 月龄也不过 1 500 克左右。公鸡去势后养至 300 天可达 4 000～5 000 克，阉割鸡的半净屠宰率公母分别为 85.0%，85.4%。年产蛋量 90～130 枚，平均蛋重 50 克，公鸡性成熟晚，6 月后开始打鸣。母鸡就巢性较强。

（十八）峨眉黑鸡

峨眉黑鸡是四川盆地周围山区较多黑鸡中的优秀类型，主要产于峨眉龙池、乐山的沙湾、峨边的毛坪等地。

【体形外貌】体形较大，体态浑圆，全身羽毛黑羽，着生紧密，具有金属光泽。大多数为红单冠或豆冠，少数为紫色单冠或豆冠，喙黑色，胫、趾黑色，皮肤白色，偶有乌皮个体。公鸡体形较大，梳羽丰厚，镰羽发达，胸部突出，背部平直，头昂尾翘，姿态矫健，两腿开张，站立稳健。

【生产性能】成年体重公鸡（3 025 ± 165.8）克，母鸡（2 198 ± 110）克，公母体斜长分别为（27.3 ± 0.4）厘米，（25.4 ± 0.3）厘米，公母胫长分别为（13.4 ± 0.3）厘米，（11.0±0.2）厘米。90 日龄公母平均体重分别为（973.18±38.43）克，（816.44±23.7）克。6 月龄半净膛屠宰率测定公母分别为 74.62%，74.54%。年产蛋 120 个，蛋重 53.8 克，受精率 89.62%，受精蛋孵化率 82.11%，30 日龄育雏成活率 93.42%。

（十九）霞烟鸡

霞烟鸡原产广西容县，是国内著名的地方良种鸡。当地为土山丘陵地，物产丰富，群众喜爱硕大黄鸡。

【体形外貌】霞烟鸡体躯短圆，胸宽胸深，外形呈方形，为肉用型。羽色浅黄，单冠，颈部粗短，羽毛紧凑。常分离出10％左右的裸颈、棵体鸡。

【生产性能】成年体重公鸡（2 178.0± 45.69）克，母鸡（1 915.0±18.25）克，体斜长公母分别为（19.73±0.55）厘米，（17.69±0.07）厘米，胫长（10.81±0.09）厘米，（8.79±0.03）厘米。90日龄活重公鸡922.0克、母鸡776.0克；150日龄公母活重分别1 595.6克、1 293.0克，半净膛屠宰率公母分别为82.4％，87.89％。屠体美观，肉质嫩滑，很受消费者欢迎。母鸡开产日龄170～180天，年产蛋量80～110枚，蛋重43.6克。受精率78.46％，受精蛋孵化率80.5％。就巢性能强，母鸡每年可达8～10次之多。

（二十）青藏藏鸡

藏鸡是分布于我国青藏高原海拔2 200～4 100米的半农半牧区、雅鲁藏布江中游流域河谷区和藏东三江中游高山峡谷区数量最多、范围最广的高原地方鸡种。

【体形外貌】藏鸡体形呈V形，小巧匀称、紧凑，行动敏捷，富于神经质，头昂尾翘，翼羽和尾羽特别发达，善飞翔。公鸡大镰羽长达40～60厘米。头部清秀，少数有毛冠，母鸡稍多，约占1％～3％从冠为红色单冠。公鸡冠大直立，冠齿4～6个，母鸡冠小，稍有扭曲；像以黑色居多，少数肉色；虹彩多为橘红色，黄栗色次之；耳多为白色，少数红白相间，个别红色，胫黑色或肉色。

【生产性能】藏鸡在3月龄前生长较快。据产地调查，6月龄公鸡平均体重1 235克，成年公鸡平均体重1 585克，在成都平原舍饲条件下（日粮每千克含粗蛋白质15％～17％），3月龄时公鸡平均体重（630.3±19.05）克，母鸡（539.2±21.48）

克，6 月龄公鸡平均体重（1 300±40）克，母鸡（990±50）克。据测定，藏鸡 0～90 日龄料肉比为 5.56∶1。成年公鸡半净膛为 79.89％～84.87％，母鸡为 71.43％～77.97％；全净膛公鸡为 72.17％～78.91％，母鸡为 68.25％～70.34％。240 日龄开产，年产蛋 40～100 枚，平均蛋重为 33.92 克，蛋形指数 1.26。

（二十一）汶上芦花鸡

芦花鸡原产于汶上县的汶河两岸，故为汶上芦花鸡，另与汶上县相邻地区也有分布。该鸡耐粗饲，抗病力强，产蛋较多，肉质好，深受当地群众喜爱。

【体形外貌】该鸡体形一致，特点是颈部挺立，稍显高昂。前躯稍窄，背长而平直，后躯宽而丰满，腿较长，尾羽高翘，体形呈元宝状。横斑羽是该鸡外貌的基本特征，全身大部分羽毛呈黑白相间、宽窄一致的斑纹状。母鸡头部和项羽边缘镶嵌橘红色或土黄色，羽毛紧密，清秀美观；公鸡项羽和鞍羽多呈红色，尾羽呈黑色带有绿色光泽。头型多为平头，冠形以单冠最多，喙基部为黑色，边缘及尖端呈白色。虹彩以橘红色为最多，土黄色为次之。胫色以白色为主，爪部颜色以白色最多，皮肤颜色均为白色。

【生产性能】成年公、母鸡体重分别为 1.40 千克、1.26 千克。性成熟期为 150～180 天，在较好的饲养条件下，年产蛋可达180～200 枚，平均蛋重 45 克。蛋壳颜色多为粉红色，少数为白色。公母鸡全净膛率为 71.21％和 68.9％。

（二十二）文昌鸡

文昌鸡因产于海南省文昌县而得名，是海南省优良地方肉用鸡种，被同时列为海南省和国家级畜禽遗传资源保护品种。该鸡历史悠久，适应性强、耐热耐粗饲、肉质鲜嫩。

【体形外貌】文昌鸡的特点是个体不大，重 1.5 千克左右，毛色鲜艳，翅短脚矮，身圆股平，皮薄滑爽，肉质肥美。

【生产性能】母鸡 170 日龄开产。年产蛋约 120 枚，平均蛋重 49 克，蛋壳红褐色。

第二节 改良培育品种

（一）石岐杂鸡

该鸡种是香港有关部门由广东惠阳鸡、清远麻鸡和石岐鸡与引进的新汉县鸡、白洛克鸡、科尼什鸡等外来鸡种杂交改良而成。其肉质与惠阳鸡相仿，而生长速度和产蛋性能比上述三个地方鸡种好。目前已经牢牢占领了港澳地区的活鸡市场。

【体形外貌】具有三黄鸡黄毛、黄皮、黄脚，短脚、圆身、薄皮、细骨、肉厚、味浓等特征。

【生产性能】母鸡年产蛋 120～140 枚，母鸡饲养至 110～120 天平均体重在 1 750 克以上，公鸡 2 000 克以上。全期料肉比 3.2～3.4∶1。青年小母鸡半净膛屠宰率为 75%～82%，胸肌占活重的 11%～18%，腿肌占活重的 12%～14%。它保留了地方三黄鸡种骨细肉嫩、味道鲜美等优点，克服了地方鸡生长慢、饲料报酬低等缺陷。一般肉仔鸡饲养 3～4 个月，平均体重可达 2 千克左右，料肉比 3.2～3.5∶1。

（二）中华矮脚肉鸡

中华矮脚肉鸡是中国农业科学院畜牧研究所充分利用高新科技培育出的一系列中华矮脚肉鸡新品系，现已培育成七个品系：①中华矮脚隐性白羽肉鸡 D1 系；②中华矮脚黄羽肉鸡 D2 系（抗逆性强）、D3 系（增重快）、D4 系（产蛋多）；③中华矮脚油鸡 D2 系（后备系）；④中华矮脚麻羽肉鸡 D5 系（后备系）；⑤中华矮脚黑羽肉鸡 D6 系（后备系）。

【体形外貌】 单冠、隐性白羽或黄羽或麻羽或黑羽，胸宽、胫短、脚短，分黄脚和青脚两种类型，性情温顺，好饲养，易管理。与同类种鸡相比特性如下：能节省饲料20%以上，1只鸡全周期饲养可节省饲料10千克左右。抗逆性能强，成活率高，对马立克氏病有特殊抗性。

【生产性能】 繁殖率高，受精蛋孵化率92%，年产蛋160～190枚。受精率80%～95%，比普通型鸡多繁殖10%左右的雏鸡。在相同饲养条件下，单位面积饲养量可提高20%以上，很适合种鸡笼养人工授精。

与此同时，还成功的培育了黄羽肉鸡配套父系H系和C系。已配套成京星肉鸡100、101、102。商品肉鸡体形美观，皮薄肉嫩，肉味醇香，是较理想的精品肉鸡。

（三）鲁禽麻鸡

鲁禽麻鸡是山东省农业科学院家禽所培育而成的优质肉鸡新品种，分1号和3号。

鲁禽1号麻鸡主要特点如下：

【体形外貌】 这两个配套系均是以山东省优良地方品种琅琊鸡为育种素材培育而成的，保持了地方优良品种的体形外貌特征，公鸡颈羽、覆尾羽呈金黄色或红色，背羽、鞍羽呈红褐色，富有光泽，主翼羽、尾羽间有黑色翎，闪绿色光泽。母鸡全身麻羽，分为黑麻和黄麻两种，颈羽有浅黄色镶边，腹羽浅黄或浅灰色，尾羽为黑色。

【生产性能】 90日龄公鸡体重2.22千克，料肉比2.69∶1，母鸡体重1.90千克，料肉比2.82∶1，成活率99.0%。

鲁禽3号麻鸡主要特点如下：

【体形外貌】 鲁禽3号麻鸡配套系的培育是以专门化品系培育为基础培育而成的高档优质型。该配套系保持了育种素材琅琊鸡的羽色、胫色、冠型等良好的体形外貌特征和肌肉品质，体形紧凑，腿细高，喙、胫（趾）呈青色，皮肤白色。单冠、冠大鲜红直立，脸部鲜红色，性成熟早。公鸡颈羽呈金黄色，披肩羽、鞍羽呈红褐色，富有光泽，主翼羽、尾羽间有黑色翎，闪绿色光泽。母鸡羽色分为黑麻和黄麻两种，颈羽有浅黄色镶边，尾羽为黑色。

【生产性能】 90日龄公鸡体重2.10千克，料肉比3.15∶1，母鸡体重1.61千克，料肉比3.57∶1，成活率99.0%。

（四）海新肉鸡

海新肉鸡是上海畜牧兽医研究所用荷兰海佩科肉鸡与新浦东鸡杂交而成，分快速型和优质型。

【品种特性】 父母代种鸡适应性好、产蛋量高、节约饲料。商品代肉鸡保持了民间传统的“三黄”特征，具有适应性广、抗病力强、成活率高，肉嫩味美、骨细皮薄、毛孔细小、皮肤细洁、皮下脂肪适中、深加工失水率低等优点。

【生产性能】 祖代68周龄产蛋185枚，可生产苗鸡156羽，1～23和24～68周龄的死亡率分别为5%和7.5%；父母代64周龄产蛋165枚，可供苗鸡132羽，1～22和23～74周龄死亡率分别为4%和6.5%；商品代90日龄体重2.0千克、饲料报酬3.0∶1、成活率95%以上。

（五）江村黄鸡

江村黄鸡是广东江村家禽企业发展公司选育配套而成。

【体形外貌】 该鸡颈部较小，嘴黄而短，全身羽毛浅黄，体形短宽，肌肉丰满、肉质细嫩，是制作白切鸡的上好材料。江村黄鸡在大品类上属三黄鸡，在颜色表现上，鸡嘴、鸡脚、鸡毛、皮肤呈现黄色。而在形体方面，江村黄鸡的头部较小，鸡冠饱满、鲜红、直立无下垂，嘴部较短。而全身的毛十分紧实，尤其是羽毛的色泽鲜艳呈金黄色，也有羽毛是亮黑色，多分布于鸡尾。外貌特征：

①父母代种鸡：体形大，呈方形，胸宽而深，生长速度快，繁殖性能好，体质健壮，性情温驯，肌肉丰满，黄羽，于尾羽、颈羽、翼羽有黑色，黄皮肤，黄腿，红色单冠且直立，蛋壳浅褐色。

②商品代肉鸡：其头部较小，单冠、冠红直立，嘴黄而短，体形较大呈方形。黄羽，于尾羽、颈羽、翼羽有少许黑色，被毛紧实。黄皮肤，黄腿，生长速度快，饲料报酬高，抗逆性强，整齐一致，肌肉丰满，屠宰率高，肉质细嫩，鸡味鲜美，皮下脂肪佳，是粤、港、澳制作白切鸡等名菜的优良品种。

【生产性能】父母代种鸡66周龄入舍母鸡产蛋数162～172枚，66周龄入舍母鸡产健雏数130～136只。商品代肉鸡56日龄成活率97%～98%，平均体重（1 358±95）克。

（六）新浦东鸡

由上海市农业科学院畜牧研究所培育。

【体形外貌】体质外貌保持了原浦东鸡“三黄”的特色，单冠直立，体躯较长而宽，腹部踏粗短且无胫羽。

【生产性能】成年鸡公母体重分别为（4 000±290）克，（3 260±280）克，体斜长公母分别为（23.94±0.71）厘米，（20.65±0.59）厘米，胫长公母分别为（13.96±0.62）厘米，（10.86±0.63）厘米。10周龄公母平均体重分别为2 172.1克，1 703.9克。184日龄开产，50日龄产蛋平均（142.0±4.0）枚。30日龄蛋重60.45克。种蛋受精率90%以上，受精蛋孵化率70%以上。

（七）河北柴鸡

河北柴鸡是分布于河北省境内和太行山区的原始地方品种，肉蛋兼用型，蛋肉品质好，具有适应性强，耐粗饲，抗病力高，有极强的野外觅食能力，适于生态放养等优点，是河北省宝贵的优良地方品种，属于国家级畜禽资源保护品种。

【体形外貌】公鸡红羽（尾羽或翼羽部分黑色）、单冠、青脚、细腿、青喙；母鸡羽毛为深黄或麻黄色、青脚、细腿、青喙、单冠，体形清秀。

【生产性能】公鸡成年体重 1.21～2.10 千克，母鸡 0.95～1.60 千克；育肥鸡 90 日龄体重：公鸡 1.20 千克，母鸡 0.84 千克，半净膛屠宰率 80%以上；耗料增重比 3.5：1。母鸡 150 天性成熟，年产蛋 200 枚左右，平均蛋重 45 克，料蛋比 3.8：1。种蛋受精率和孵化率均在 90%以上，雏鸡成活率在 95%以上，成年鸡死淘率低于 8%。初生雏鸡可利用快慢羽来进行雌雄鉴别，减轻了对雏鸡的伤害。

（八）长沙黄鸡

长沙黄鸡是湖南省农业科学院畜牧兽医研究所培育的优质黄羽肉鸡。该鸡具有生长速度快、抗病力强、适应性广、耐粗饲。长沙黄鸡克服了地方鸡早期生长慢，饲料报酬低，长羽迟缓等缺点，保持了地方鸡适应性广，肉质鲜美的优点。

【体形外貌】体形中等，胸较宽而深，背平直，脚中等高。单冠直立，鲜红色。具有黄羽、黄喙、黄脚等特征。公鸡羽毛红黄色，翼羽、尾羽墨绿色。母鸡体羽有黄红色和黄色两种，主翼羽、颈羽、尾羽带有黑色，具有黄喙、黄脚、黄毛“三黄”特征，深受群众喜爱。

【生产性能】35 日龄平均体重 483 克，料肉比 1.92：1；70 日龄平均体重 1 450 克，料肉比 2.6：1；90 日龄平均体重 1 700 克，料肉比 3.1：1。成年公鸡体重 3 000～3 500 克，母鸡 2 000～2 500 克。70 日龄半净膛屠宰率，公母鸡分别为 81.59%、79.71%；70 日龄全净膛屠宰率，公母鸡分别为 69.19%、67.82%。90 日龄半净膛屠宰率，公母鸡分别为

84.25%、83.83%；90 日龄全净膛屠宰率，公母鸡分别为 71.81%、72.81%。母鸡 170～180 日龄开产。500 日龄母系平均产蛋 180 枚，父系 160 枚，蛋重 51～55 克。平均蛋壳厚度 0.34 毫米，平均蛋形指数 1.35。蛋壳褐色。平均种蛋受精率 90%，平均受精蛋孵化率 85%。

（九）岑溪三黄鸡

岑溪三黄鸡是广西供港澳地区的历史名鸡，是广西目前唯一经过严格的系统选育没有引进任何外来血缘的优质地方土鸡。

【体形外貌】体形小巧、外貌华丽、肉嫩骨细、爱啄好动。

【生产性能】成鸡体重：140～150 日龄平均体重 1.3 千克；平均脚长：6.6 厘米；平均胫围：3.7 厘米；屠宰率：91.3%；全净膛胸腿肌肉率：47.9%。母鸡 145 日龄开产；年均产蛋量每羽 115 枚；种蛋合格率 98%；种蛋受精率 92%；受精蛋孵化率 92%。

第三章

柴鸡安全生产的生产设施

提供优良的生产设施是保障柴鸡生活和生产的必要措施，生产设施的质量直接影响着鸡群的健康和生产性能的发挥，为了确保安全生产，提高柴鸡的生活力、生产力和繁殖力，在生产设施的建造中，必须结合柴鸡的生活习性特点，通过认真科学的调查研究，从场址选择、鸡舍建筑、设备与用具、场区卫生防疫设施等方面进行综合考虑，尽量做到完善合理。

第一节　场址的选择

场址选择是柴鸡养殖成败的首要问题，关系到建场工作能否顺利进行及投产后鸡场的生产水平，鸡群的健康状况和经济效益，也关系到场区温热环境的维持、空气清洁程度以及环境的卫生状况等，因此选择场址时必须认真调查研究，周密慎重地进行考虑。

一、场址选择原则

1. 安全生产原则　所选场址的土壤土质、水源水质、空气、周围建筑等环境应该符合安全生产标准，防止重工业、化工工业等工厂的公害污染。

2. 生态和可持续发展原则　柴鸡场选择和建设时要有长远规划，做到可持续发展。鸡场的生产不能对周围环境造成污染，选择场址时应该考虑处理粪便、污水和废弃物的条件和能力。对当地排水、排污系统调查清楚，如排水方式、纳污能力、污水去向、纳污地点、与居民区水源距离、能否与农田灌溉系统相结合等。鸡场污水要经过处理后再排放，使鸡场不至于成为污染源而破坏周围的生态环境。

3. 经济实用原则 建设鸡场要尽量节约土地，鸡场建设最好选择荒坡林地、丘陵或贫瘠的边次土地，少占或不占农田，鸡舍设计和建筑要科学实用，在保证正常生产的前提下尽量减少固定资产投入。

4. 隔离防疫原则 拟建场地的环境及附近的兽医防疫条件的好坏，是影响鸡场经营盈亏的关键因素之一。必须对当地的历史疫情做周密详细的调查研究，特别警惕附近的兽医站、畜牧场、农贸市场、屠宰场与拟建场地的距离、方位，以及有无自然隔离条件等。

二、场址的选择

柴鸡养殖首先要做好场址的选择，鸡场场址不仅直接关系到建设投资、鸡群生产水平、鸡群的健康状况和经济效益以及鸡场的运营状况，而且对放养场地、周围环境的生态平衡、公共卫生都有着深远的影响。由于柴鸡养殖条件各异且简单易行，在实际生产中对鸡场选址和建筑设计等畜牧工程技术往往容易忽视，造成鸡场（舍）环境难以控制，为环境条件和疾病控制等埋下安全隐患。为实现柴鸡的安全生产，应充分重视鸡场的选址、规划和鸡舍的设计建设等畜牧工程措施，做到鸡场（舍）建设标准化，为今后长远发展奠定坚实的基础。

（一）自然条件的选择

1. 地势地形 地势是指场地的高低起伏状况，地形是指场地的形状，范围以及地物。鸡场场址应选择地势高燥，向阳背风，远离沼泽地区，以避免寄生虫和昆虫的危害，地面开阔、整齐、平坦而稍有坡度，以便排水。地面坡度以3%～5%为宜，最大不得超过25%，低洼积水的地方不宜建场。山区建场还要注意地质构造情况，避开断层、滑坡、塌方的地段；也要避开坡底、谷底以及风口，以免受山洪和暴风雨的袭击。

2. 土壤土质 从卫生防疫观点出发，要求土壤透水性能良好，无病原和工业废水污染，以沙壤土或壤土为好。这种土壤疏松多孔，透水透气，有利于树木和饲草的生长，冬天增加地温，夏天减少地面辐射热。砾土、纯沙地不能建场，这种土壤导热快，冬天地温低，夏天灼热，缺乏肥力，不利于植被生长，因而也不利于形成较好的鸡舍周围小气候。

3. 水源水质 场址附近必须有洁净充足的水源，取用、防护方便。鸡场用水比较多，每只成鸡每天的饮水量平均为300毫升，生活用水及其他用水是鸡饮水量的2～3倍。最理想的水是不经过处理或稍加处理即可饮用。要求水中不含病原微生物，无臭味或其他异味，水质澄清透明，酸碱度、硬度、有机物或重金属含量符合无公害生态生产的要求。如有条件则应提取水样做水质的物理、化学和微生物污染等方面的化验分析。地面水源包括江水、河水、塘水等，其水量随气候和季节变化较大，有机物含量多，水质不稳定，多受污染，使用时必须经过处理。深层地下水水量较为稳定，并经过较厚的沙土层过滤，杂质和微生物较少，水质洁净，且所含矿物质较多。

4. 气候 要考虑当地小气候，如风向、风力对鸡舍朝向、排列、距离和人畜卫生以及防疫工作的影响。

（二）社会条件的选择

1. 供电 电源对鸡场也是非常重要的。电力供应不足或一旦停电都会给鸡场造成严重的损失，所以电源必须切实得到保证。如果供电不保证，需购置发电机，以保证鸡场供电的稳定可靠。电力安装容量为每只蛋鸡2～3瓦。

2. 位置和交通 选择场址时，应注意到鸡场与周围社会的关系，既不能使鸡场成为社会的污染源，也不能受周围环境的污染。应选在居民区的低处和下风处500米以上的距离，并避开居民污水排风口，与其他养殖场、畜产品加工厂、屠宰场、皮革加工厂、兽医院等生物污染严重的地点保持距离在3千米以上，更应远离化工厂、矿场等易造成环境污染的企业。所以，鸡场的位置应距离干线交通公路、村庄和居民点1千米以上，具备路面平整的交通条件，周围不能有任何污染源，空气良好。

3. 防疫条件 最好不要在旧鸡场上建场或扩建。鸡场离居民点、农贸市场、畜禽场和屠宰场等易于传播疾病的地方要有一定的距离，最好附近有大片土地，有利于对粪便的处理。

（三）放养场地的选择

优质柴鸡活泼好动，其生长期和育肥期大多在舍外放养，因此除要求具有较为开阔的饲喂、活动场地外，还需有一定面积的果园、农田、林地、草场、山坡等，供其自行采食杂草、虫子、谷物、野菜、矿物质等各种丰富的食料，满足其营养需要，促进鸡体生长发育，增强体质，改善肉质。无论哪种放养地最好均有树木遮阴，在中午能为鸡群提供休息的场所。此外，在放养场地四周应设置围网或栅栏，注意防范各类兽害，特别是注意防鹰、狼、狐、野狗等鸡群的天敌。

1. 果园 果园养鸡，应选择向阳、平坦、干燥、取水方便、树冠较小、树木稀疏的场地。否则，场地阳光不足，阴暗潮湿，或坡度较大，不利于鸡群管理和鸡体健康。果园的选择，以干果、主干略高的果树和农药用量少的果园地为佳，并且要求排水良好。最理想的果园是核桃园、枣园、柿子园和桑园等。这些果园的果树主干较高，果实未成熟前坚硬，不易被鸡啄食。其次为山楂园，因山楂果实坚硬，全年除防治1～2次食心虫外，很少用药。在苹果园、梨园、桃园养鸡，应避开用药和采收期，以减少药害以及鸡对果实的伤害。果园每养一批鸡要间隔一段时间再养。一片果园养完一批，要空闲一段时间，另找一片果园饲养，也就是所谓“轮牧”（图 3-1）。

图 3-1 果园养鸡

2. 农田 一般选择种植玉米、高粱等高秆作物的田地和棉田养鸡，要求地势较高，作物的生长期在 90 天以上，周围用围网隔离。农田放养鸡以采食杂草、昆虫为主，这样就解除了除草、除虫之忧，减少了农药用量。鸡粪还是良好的天然肥料，可以降低农田种植业的投入。田间放养鸡，饲养条件简单，管理方法简便，但饲养密度不高，每 667 平方米（1 亩）田地载畜量不超过 50 只成年鸡或 80 只青年鸡。田间养鸡注意错开苗期，要在鸡对作物不造成危害的情况下实施放养。也可以利用冬闲地养鸡，一般选择离村较远，交通便利，地势平坦，取水排水方便的地块。

3. 林间隙地 选择树冠较小、树木稀疏、地势高燥、排水良好的地方，空气清新，环境安静，鸡能自由觅食、活动、休息和晒太阳。林地以中成林为佳，最好是成林林地。鸡舍坐北朝南，鸡舍和运动场地势应比周围稍高，倾斜度以 10°～20°为宜，树枝应高于鸡舍门窗，以利于鸡舍空气流通（图 3-2）。

4. 草场 草场养鸡，以自然饲料为主，生态环境优良，饲

图 3-2　优质肉鸡林地放养
（山东省农业科学院家禽研究所提供）

草、空气、土壤等基本没有污染。草场是天然的绿色屏障，有广阔的活动场地，烈性传染病很少，鸡体健壮，药物用量少，无论是鸡蛋还是鸡肉纯属绿色食品，有益于人体健康。草场具有丰富的虫草资源，鸡群能够采食到大量的绿色植物、昆虫、草籽和土壤中的矿物质。近年来，草场蝗灾频发，牧鸡灭蝗效果显著，再配合灯光、激素等诱虫技术，可大幅度降低草场虫害的发生率。

图 3-3　草场养鸡

选择草场一定要地势高燥，避免低阴潮湿的低洼地，草场中要适当搭建遮阴、避雨的场所（图 3－3）。

5. 山坡　选择远离住宅区、工矿区和主干道路，环境僻静的山坡地。山坡上最好有果园、灌木丛、荆棘林、阔叶林等，其坡度不宜过大，最好是丘陵山地。土质以沙壤为佳，若是黏质土壤，在放养区应设立一块沙地。附近有小溪、池塘等水源（图3－4）。

图 3－4　优质肉鸡山地放养

（山东省农业科学院家禽研究所提供）

（四）圈养

1. 地面平养 地面平养对鸡舍的要求较低，在舍内地面上铺5～10厘米厚的垫料，定期打扫更换即可；或用15厘米厚的垫料，一个饲养周期更换一次。平养鸡舍最好地面为混凝土结构；在土壤为干燥的多孔沙质土的地区，也可用泥土地作为鸡舍地面。地面平养的优点是设备简单、成本低、胸囊肿及腿病发病率低，缺点是需要大量垫料、占地面积多、使用过的垫料难于处理，且常常成为传染源、易发生鸡白痢杆菌病及球虫病等。

图3-5 优质肉鸡地面平养

（山东省农业科学院家禽研究所提供）

2. 网上平养 网上平养适合饲养5周龄以上的优质肉鸡。5周龄前在育雏舍培育，5周龄后转群到网上饲养，有利于充分利用育雏设备和加快肉用仔鸡后期的发育。网上平养的设备是在鸡舍内饲养区全部铺上离地面高60厘米的金属网或木、竹栅条，或在用钢筋支撑的金属地板网上再铺一层弹性塑料方眼网。鸡粪落入网下，减少了消化道病的再感染，尤其对球虫病的控制有显著效果。木、竹栅条平养和弹性塑料网平养，胸囊肿的发生率可明显减少。网上平养的缺点是设备成本较高。

图 3-6　优质肉鸡网上平养
（山东省农业科学院家禽研究所提供）

3. 笼养　优质肉鸡近年来愈来愈广泛地得到应用。鸡笼的规格很多，大体可分为重叠式和阶梯式两种，层数有 3 层、4 层。有些养鸡户采用自制鸡笼。笼养与平养相比，单位面积饲养量可增加 1 倍左右，有效地提高了鸡舍利用率；由于鸡限制在笼

图 3-7　优质肉鸡笼养
（山东省农业科学院家禽研究所提供）

内活动，争食现象减少，发育整齐，增重良好，可提高饲料效率5%～10%，降低总成本3%～7%；鸡体与粪便不接触，可有效地控制白痢杆菌病和球虫病蔓延；不需垫料，减少垫料开支，减少舍内粉尘；转群和出栏时，抓鸡方便，鸡舍易于清扫。过去肉鸡笼养存在的主要缺点是胸囊肿和腿病的发生率高，近年来改用弹性塑料网代替金属底网，大大减少了胸囊肿和腿病的发生，用竹片作底网效果也好。

第二节 鸡场的布局

建筑较大规模的养鸡场时，通常都要考虑分区建设，即所谓的布局问题。鸡场的总体平面布局要求科学、合理，既要考虑卫生防疫条件，又要照顾相互之间的关系，做到有利于生产，有利于管理，有利于生活。否则，容易导致鸡群疫病不断，影响生产。科学合理的规划布局可以有效地利用土地面积，减少建场投资，保持良好的环境条件和高效方便的管理。

一、分区规划

鸡场分区规划应注意的原则是：人、鸡、污，以人为先，污为后的排列顺序；风与水，则以风为主的排列顺序。养鸡场各种房舍和设施的分区规划，主要从有利于防疫，有利于组织安全生产出发，根据地势和风向处理好各类建筑的安全问题。鸡场通常根据生产功能，分为生产区、管理区或生活区和病鸡隔离区等。

1. 生活区 生活区或管理区是鸡场的经营管理活动场所，与社会联系密切，易造成疫病的传播和流行，该区的位置应靠近大门，并与生产区分开，外来人员只能在管理区活动，不得进入生产区。场外运输车辆不能进入生产区。车棚、车库均应设在管理区，除饲料库外，其他仓库也应设在管理区。职工生活区设在上风向和地势较高处，以免鸡场产生的不良气味、噪声、粪尿及污水，不致因风向和地面径流污染生活环境和造成人、畜疾病的传播。

2. 生产区　生产区是总体布局的中心主体，是柴鸡生活和生产的场所。生产区位于全场的中心地带，地势应低于管理区，并在其下风向，但要高于病鸡管理区，并在其上风向。生产区内鸡舍的设置应根据常年主风向，按种鸡场（孵化场）、育雏舍、放养鸡舍这一顺序布置鸡场建筑物，以减少雏鸡发病机会，利于鸡的转群。鸡场生产区内，按规模大小、饲养批次不同规划成几个小区，区与区之间要相隔一定距离，放养鸡舍间距根据活动半径不低于150米。根据拟建场区的土地条件，也可用林带相隔，拉开距离，将空气自然净化。对人员流动方向的改变，可筑墙阻隔或沿路种植灌木加以解决。

3. 病鸡隔离区　病鸡隔离区主要是用来治疗、隔离和处理病鸡的场所。为防止疫病传播和蔓延，该区应在生产区的下风向，并在地势最低处，而且远离生产区。隔离舍尽可能与外界隔绝。该区四周应有自然的或人工的隔离屏障，设单独的道路与出入口。

二、鸡舍间距

鸡舍间距要从防疫、排污、采光、防火和节约占地五个方面予以考虑。鸡舍之间距离过小，通风时，上风向鸡舍的污浊空气容易进入下风向鸡舍内，引起病原在鸡舍内传播；采光时，南边的建筑物遮挡北边建筑物；发生火灾时，很容易殃及全场的鸡舍、鸡群；由于鸡舍密集，场区的空气环境容易恶化，微粒、有害气体和微生物含量过高，容易引起鸡群发病。为了保持场区和鸡舍环境良好，鸡舍之间应保持适宜的距离。开放舍间距为20～30米，密闭鸡舍间距为15～25米为宜。

三、鸡舍朝向

鸡舍朝向指用于通风和采光的棚舍门窗的指向。鸡舍朝向的选择应根据当地气候条件、鸡舍的采光及温度、通风、地理环境、排污等情况确定。鸡舍朝南，即鸡舍的纵轴方向为东西向，对我国大部分地区的开放式鸡舍来说是较为适宜的。这样的朝向，在冬季可以充分利用太阳辐射的温热效应和射入舍内的阳光防寒保温；夏季辐射面积较少，阳光不宜直射舍内，有利于鸡舍防暑降温。

鸡舍内的通风效果与气流的均匀性和通风量的大小有关，但主要看进入舍内的风向角多大。风向与鸡舍纵轴方向垂直，则进入舍内的是穿堂风，有利于夏季的通风换气和防暑降温，不利于冬季的保温；风向与鸡舍纵轴方向平行，风不能进入舍内，通风效果差。所以要求鸡舍纵轴与夏季主导风向的角度在45°～90°较好。

四、场地道路

场地道路是鸡场总布局的组成，是场地建筑物之间、场内场外之间联系的纽带，为运输饲料、鸡蛋、鸡、废弃物等提供方便，因此道路需要合理设计和布局。

鸡场场地的道路，分为净道和污道。净道是运送鸡蛋、健康鸡和饲料的道路，污道是运送粪便、死鸡、淘汰鸡和其他废弃物的道路。为了保证净道不受污染，净道末端是鸡舍，不能和污道相通。净道和污道应以草坪或林带相隔。

五、储粪场

鸡场设置粪尿处理区，粪尿处理区距鸡舍30～50米，并在鸡舍的下风向。粪场可设置在多列鸡舍的中间，靠近道路，有利于粪便的清理和运输。储粪场和污水池要进行防渗处理，避免污染水源和土壤。

六、场地绿化

场地绿化不仅美化环境，改善鸡场自然面貌，而且能净化空气，减少噪音对鸡群影响，夏季可降低鸡舍温度，冬季可减少气流速度，缓和恶劣气候对鸡群的侵害。

七、防疫隔离设施

鸡场周围要设置隔离墙，墙体严实，高 2.5～3 米。鸡场周围设置隔离带。鸡场大门设置消毒池和消毒室，供进出人员、设备和用具的消毒。

柴鸡场规划布局图见图 3-8 和图 3-9。

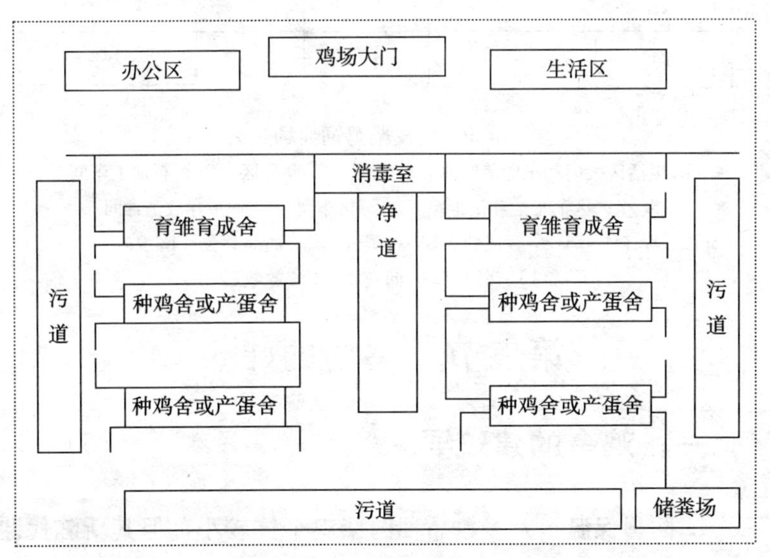

图 3-8　小规模柴鸡饲养场布局

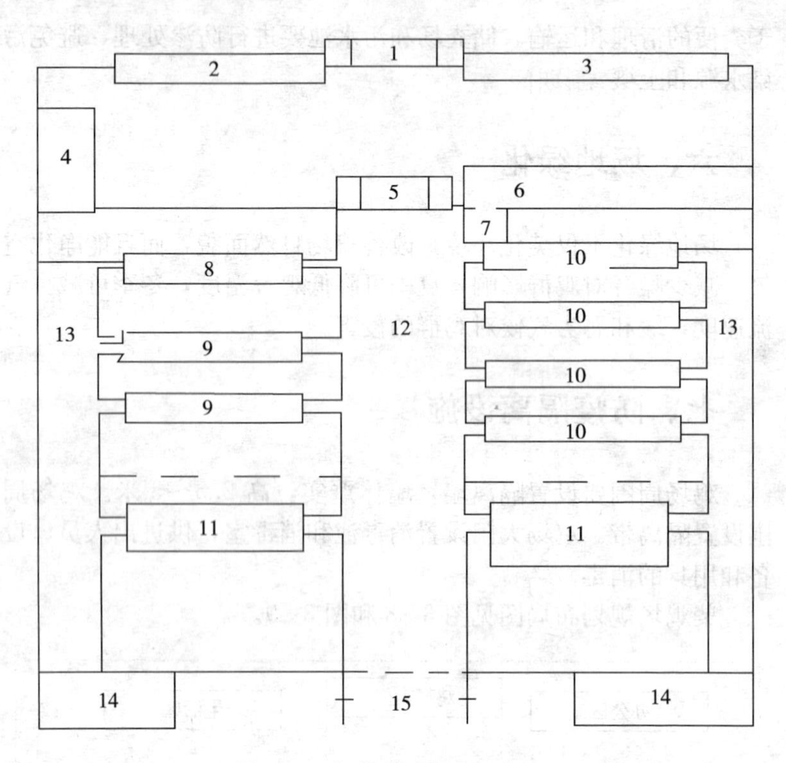

图 3-9　规模柴鸡饲养场布局

1. 生活区大门和车辆消毒池　2. 仓库　3. 办公区　4. 饲料加工车间　5. 生产区消毒池和消毒室　6. 孵化车间　7. 种蛋存放消毒间　8. 育雏室　9. 育成舍　10. 种鸡舍　11. 商品鸡舍　12. 净道　13. 污道　14. 储粪场　15. 放牧道

第三节　鸡场的建筑

一、鸡舍的建筑要求

1. 防暑保温　大多数品种的柴鸡个体较小，但其新陈代谢机能旺盛，体温也比一般家畜高，因此，鸡舍温度要适宜，不可骤变。1日龄至1月龄的雏鸡，由于调节体温和适应低温的机能不健全，如在育雏期间受冷、受热或过度拥挤，常易引起大批死亡。

2. 通风换气　通风是衡量鸡舍环境的第一要素，鸡舍通风的目的有：换气、匀气、排湿、升温、降温、散热等，鸡舍规模无论大小都必须保持空气新鲜，通风良好。只有通风性能良好的鸡舍建筑，才能保证鸡群健康和正常生产，发挥鸡群的产蛋、增重和种鸡的繁殖性能。由于鸡的新陈代谢旺盛，每千克体重所消耗的氧气量是其他动物的2倍，所以必须根据鸡舍的饲养密度，相应增加空气的供应量。衡量鸡舍通风功能良好的标准主要有三个：气流速度、换气量和有害气体含量。

有窗鸡舍采用自然通风换气方式时，可利用窗户作为通风口。如鸡舍跨度较大，可在屋顶安装通风管，管下部安装通风控制闸门，通过调节窗户及闸门开启的大小来控制通风换气量。密闭式鸡舍需用风机进行强制通风，其所起的换气、排湿、降温等作用更为显著和必要。在设计鸡舍时，需按夏季最大通风量计算，一般每千克体重通风量在每小时4～5米，鸡体周围气流速度以夏季每秒1～1.5米、冬季每秒0.3～0.5米为宜。

3. 光照充足　光照分为自然光照和人工光照，自然光照主要对开放式鸡舍而言，充足的阳光照射，特别是冬季可使鸡舍温暖、干燥和消灭病原微生物等。因此，利用自然采光的鸡舍首先要选择好鸡舍的方位，朝南向阳较好。其次，窗户的面积大小也要恰当，优质柴鸡种鸡鸡舍窗户与地面面积之比以1∶5为好，商品鸡舍则相对小一些。

4. 便于冲洗排水和消毒防疫　为了有利于防疫消毒和冲洗鸡舍的污水排出，鸡舍内地面要比舍外地面高出20～30厘米，鸡舍周围应设排水沟，舍内应做成水泥地面，四周墙壁离地面至少有1米的水泥墙裙。鸡舍的入口处应设消毒池。通向鸡舍的道路要分为运料净道和运粪污道。有窗鸡舍窗户要安装铁丝网，以防止飞鸟、野兽进入鸡舍，避免引起鸡群应激和传播疾病。

二、鸡舍的类型

鸡舍基本上分为两大类型，即开放式鸡舍（普通鸡舍）和密闭式鸡舍。不同类型鸡舍各有其特点，应因地选择。

1. 开放式鸡舍 开放式鸡舍又有多种形式，在我国南方炎热的地区往往修建只有简易顶棚而四壁全部敞开的鸡舍；有的地区修建三面有墙、南向敞开的鸡舍；最常见的形式是四面有墙、南墙留大窗户、北墙留小窗户的有窗鸡舍，南边或设或不设运动场。这类鸡舍全部或大部分靠自然通风、自然光照，舍内温度、湿度基本上随季节的变化而变化。由于自然通风和光照有限，在生产管理中这类鸡舍常增设通风和光照设备，以补充自然条件下通风和光照的不足。

开放式鸡舍适用于我国南方和中部地区。一般中、小型鸡场及农户养鸡都选用这类鸡舍。

2. 密闭式鸡舍 密闭式鸡舍又称无窗鸡舍。这种鸡舍顶盖与四壁隔热良好；四面无窗，舍内环境通过人工或仪器控制进行调节，造成鸡舍内“人工小气候”。鸡舍内采用人工通风与光照，通过变换通风量的大小，控制舍内温度、湿度和空气成分。

密闭式鸡舍适用于我国北方地区。

三、鸡舍各部结构要求

1. 地基与地面 地基应深厚、结实。地面要求高出舍外，防潮，平坦，易于清刷消毒。

2. 墙壁 隔热性能好，能防御外界风雨侵袭。我国多用砖或石垒砌，墙外面用水泥抹缝，墙内用水泥或白灰挂面，以便防潮和利于冲刷。

3. 屋顶 屋顶由屋架和屋面两部分组成，要求隔热性能好。屋架可用钢筋、木材、预制水泥板或钢筋混凝土制成，屋面要防风雨、不透水并隔绝太阳辐射，我国常用瓦、石棉瓦或苇草等做成。屋顶下面最好设顶棚，以增加鸡舍的隔热防寒性能。

4. 门窗 门的位置要便于工作和防寒，一般门设在南向鸡舍的南面。门的大小应以舍内所有的设备及舍内工作的车辆便于进出为度。一般单扇门高 2 米，宽 1 米；两扇门，高 2 米，宽 1.6 米左右。

窗的位置和大小关系到鸡舍的采光、通风和保温，开放式鸡舍的窗户应设在前后墙上，前窗应高大，离地面可较低，以便于采光。窗户与地面面积之比为：商品柴鸡舍 1∶8～12，种鸡舍1∶5。后窗应小，约为前窗面积的 2/3，离地面可较高，以利于夏季通风。密闭式鸡舍不设窗户，只设应急窗和通风进出气孔。

5. 鸡舍的跨度、长度和高度 鸡舍的跨度视鸡舍屋顶的形式、鸡舍类型的饲养方式而定。单坡式与拱式鸡舍跨度不能太大，双坡和平顶式鸡舍可大些；开放式鸡舍跨度不宜太大，密闭式鸡舍跨度可大些；笼养鸡舍一般跨度为：开放式鸡舍 6～10 米；密闭式鸡舍 12～15 米。

鸡舍的长度，一般取决于鸡舍的跨度和管理的机械化程度，跨度 6～10 米的鸡舍，长度一般在 30～60 米。跨度较大的鸡舍如 12 米，长度一般在 70～80 米。机械化程度较高的鸡舍可长一些，但一般不宜超过 100 米，否则，机械设备的制作与安装难度较大，材料不易解决。

鸡舍的高度应根据饲养方式、清粪方法、跨度及气候条件确定。跨度不大、平养及不太热的地区，鸡舍不必太高，一般鸡舍屋檐高度为 2～2.5 米；跨度大、夏季气候较热的地区，又是多层笼养，鸡舍的高度为 3 米左右，或者以最上层的鸡笼距屋顶

1～1.5 米为宜；若为高床密闭式鸡舍，由于下部设粪坑，高度一般为 4.5～5 米。

6. 操作间与走道 操作间是饲养员进行操作和存放工具的地方。鸡舍的长度若不超过 40 米，操作间可设在鸡舍的一端，若鸡舍长度超过 40 米，则应设在鸡舍中央。走道是饲养员进行操作的通道，其宽窄的确定要考虑到饲养人员行走和操作方便。走道的位置视鸡舍的跨度而定，平养鸡舍跨度比较小时，走道一般设在鸡舍的一侧，宽度 1～1.2 米；跨度大于 9 米时，走道设在中间，宽度 1.5～1.8 米，以便于采用小车喂料。笼养鸡舍无论鸡舍跨度多大，均应视鸡笼的排列方式而定，鸡笼之间的走道为 0.8～1 米。

7. 运动场 开放式鸡舍地面平养时，一般都设有运动场。运动场与鸡舍等长，宽度约为鸡舍跨度的 2 倍。运动场应向阳、地面平整、排水方便；还应设有遮阳设备；其周围以围篱相隔，以防鸡只串群和其他兽禽侵袭。

8. 鸡舍通风 通风具有排除舍内污气，调节温、湿度等作用。通风的方式有两种，即自然通风和机械通风。开放式鸡舍以自然通风为主，当跨度超过 7 米时，应安装风机辅以机械通风。密闭式鸡舍全靠机械通风。

四、主要建筑物的设计

柴鸡场的主要建筑物有育雏舍、育成舍、种鸡舍和商品鸡舍和放养鸡舍。

（一）育雏舍

育雏舍是饲养出壳到 3～6 周龄雏鸡的专用鸡舍。设计育雏舍时，要特别注意做到保温良好、光亮适度、地面干燥、空气新鲜、工作方便。平面育雏的育雏舍，其墙高以 2.4 米为宜；多层笼养育雏舍，其墙高要 2.8 米。育雏舍的屋顶要设天花板，以利于消毒、保温和防鼠。此外，育雏舍与生长鸡舍应有一定的距离，以利于防疫。

（二）育成舍或育肥舍

育成鸡和育肥鸡一般不需要人工加温，需要增加面积和通风量，对其结构没有特殊要求，可以因地制宜进行建设，但需要考虑冬季的保温和夏季的防暑。

（三）种鸡舍

种鸡舍要求有一定的保温性能，采光和通风条件良好，一般不需要供温设施，通过自身产热就能维持所需温度。种鸡舍要求地面宽阔，跨度一般在 6～8 米，长度依饲养规模而定。鸡舍高度要求在 3.5～4 米，要设置顶棚。阳面窗户面积大，阴面窗户面积小。种鸡自然交配时，舍前应设置运动场，面积是舍内面积的 1～2 倍，舍内设产蛋箱。笼养时采用人工授精技术，无须运动场和产蛋箱。不同的饲养方式，舍内的结构和设施不同。自然交配的种鸡舍有地面平养、网上平养和地面-网上结合平养（图 3-10）；人工授精的种鸡舍笼具排列有一般式和高床式（图 3-11）。

图 3-10　地面-网上结合平养种鸡舍

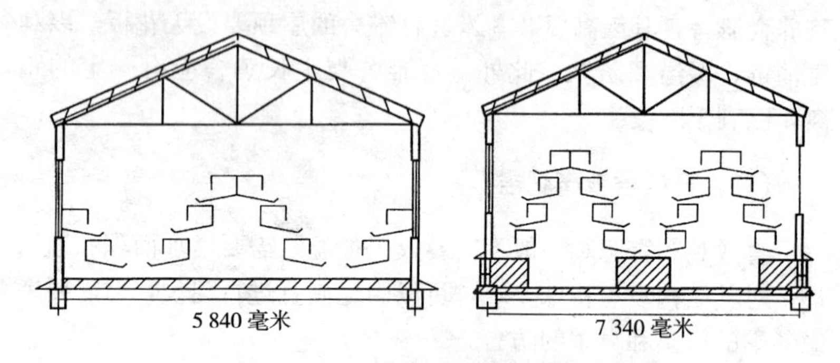

图 3-11　一般式和高床式笼养鸡舍

(四) 放养鸡舍

无论是在农田、果园还是林间隙地中生态放养鸡，棚舍作为鸡的休息和避风雨、保温暖的场所，除了避风向阳、地势高燥外，整体要求应符合放养鸡的生活特点，并能适应野外放牧条件。

1. 普通型放养鸡舍　普通型放养鸡舍主要用于生长鸡或产蛋鸡放养期夜间休息或避雨、避暑。总体要求保温防暑性能及通风换气良好，便于冲洗排水和消毒防疫，舍前有活动场地（图 3-12）。这类棚舍无论放养季节或冬季越冬产蛋都较适宜。棚舍

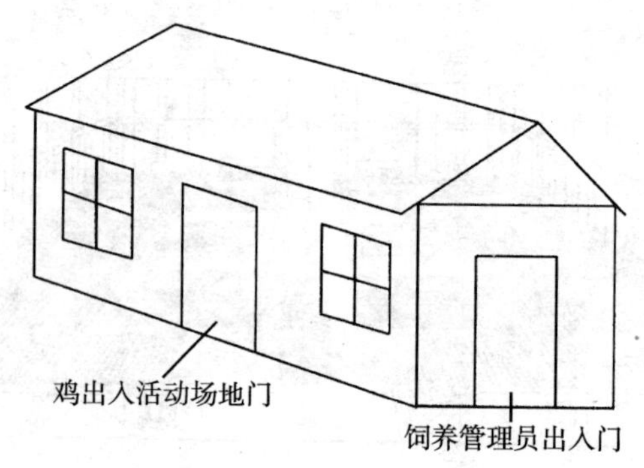

图 3-12　普通型放养鸡舍

跨度4～5米，高2～2.5米，长10～15米。棚舍内设置栖架。每只鸡所占栖架的位置不低于17～20厘米；每一棚舍能容纳300～500只的青年鸡或300只左右的产蛋鸡。产蛋鸡棚舍要求环境安静，防暑保温。每5只母鸡设1个产蛋窝。产蛋窝位置要求安静避光。窝内放入少许麦秸或稻草；开产时窝内放入1个空蛋壳或蛋形物以引导产蛋鸡在此产蛋。

2. 简易型鸡舍　放养鸡的简易棚舍，主要是为了在夏秋季节为放养鸡提供遮风避雨、晚间休息的场所。棚舍材料可用砖瓦、竹竿、木棍、角铁、钢管、油毡、石棉瓦以及篷布、塑编布、塑料布等搭建；棚舍四周要留通风口；对简易棚舍的主要支架用铁丝分4个方向拉牢（图3-13和图3-14）。其方法和形式

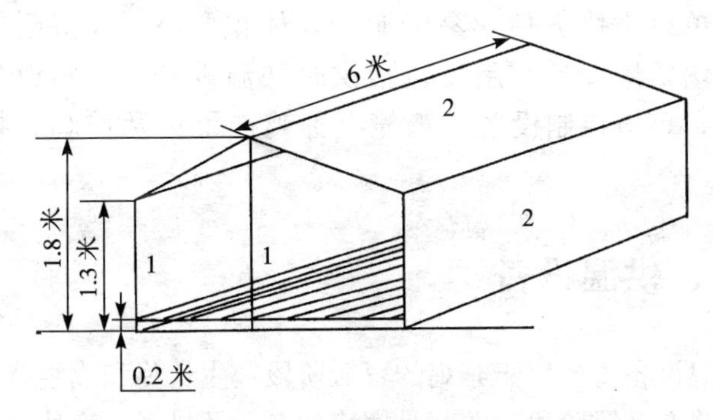

图3-13　简易型塑编布棚

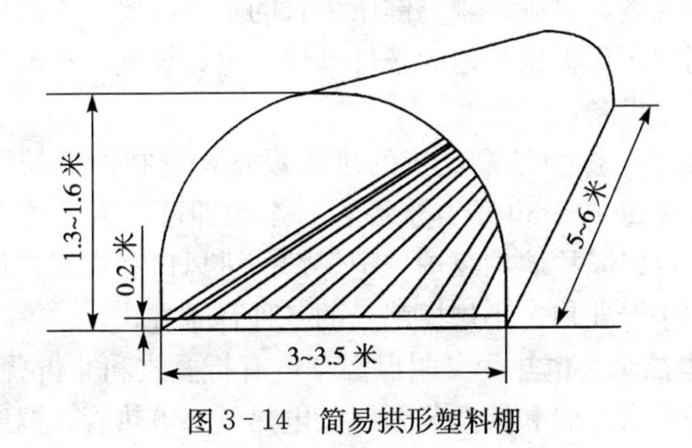

图3-14　简易拱形塑料棚

不拘一格，随鸡群年龄的增长及所需面积的增加，可以灵活扩展。要求棚舍能保温挡风、不漏雨不积水。一般每棚舍应能容纳200～300只的青年鸡或200只左右的产蛋鸡。

简易塑料大棚的突出优点是投资少，见效快，不破坏耕地，节省能源。塑料大棚饲养放养鸡设备简单，建造容易，拆装方便，适合小规模冬闲田、果园养鸡或轮牧饲养法。

第四节　柴鸡安全生产设备及用具

养鸡需要一定的设备和用具，设备要实用，符合养鸡要求，才能把鸡养好。对设备和用具的基本要求是：容易操作，设计简单，维修方便，易于搬动，体积要小，经济耐用。柴鸡养殖场常用设备和用具包括供暖加温设备、喂料设备、饮水设备、环境控制设备、鸡笼、种鸡产蛋箱及捕鸡、装鸡工具等。

一、供温设备

供温设备主要用于雏鸡的育雏阶段，生长鸡和成年鸡基本不用。雏鸡在育雏阶段，尤其是寒冷的冬天及早春、晚秋都需增加育雏室的温度，以满足雏鸡健康生长的基本需要。供温设备有多种，不同地区可根据当地的条件（煤、电、煤气、石油等）选择经济的供温设备。

1. 煤炉　煤炉是最经济的供温设备，且制作简易。保温良好的房舍，每20～30平方米设置一个炉即可。为了防止舍内空气污染，可以紧挨墙砌煤炉，把煤炉的进风口和掏灰口设置在墙外，适用于专业户、小规模鸡场的各种育雏方式。

2. 电热伞　电热伞又叫保温伞，有折叠式和非折叠式两种。伞内侧安装有加温和控温装置（如电热丝、电热管、温度控制器等），伞下一定区域温度升高，达到育雏温度。雏鸡在伞下活动，采食和饮水。伞的直径大小不同，养育的雏鸡数量不等。现在伞的材料多是耐高温的尼龙，可以折叠，使用比较方便，适用于地面平养、网上平养。

3. 红外线灯泡　红外线灯泡分有亮光和无亮光2种。生产中用的大部分是有亮光的，靠红外线灯散发热量，保温效果也很好。每只红外线灯为250～500瓦，通常3～4只灯泡为1组轮流使用。灯泡悬挂在离地面40～60厘米处，每只灯泡用于250～300只雏鸡保温。

4. 立体电热育雏笼　立体电热育雏笼一般为4层，每层4个笼为1组，每个笼宽60厘米、高30厘米、长110厘米，笼内装电热板或电热管作为热源。立体电热育雏笼饲养雏鸡的密度，开始每平方米可容纳70只，随着日龄的增加和雏鸡的生长，应逐渐减少饲养数量，到20日龄应减少到50只，夏季还应适当减少。

5. 烟道供温　根据烟道的设置，可分为地下烟道育雏和地上烟道育雏两种形式。地下烟道育雏：在育雏室，顺着房的后墙地下修建两个直通火道，烟道面与地面相平，火门留在育雏室中央，烟道最后从育雏室墙上用烟囱通往室外。为了保温，在烟道上设有护板，并靠墙挖一斜坡，护板下边都是活动的，可以支起来，便于打扫，这种地下烟道，可以使用当地任何燃料，经济实用，根据舍内温度，昼夜烧火，这是一种经济、简便、有效的供温设备，可广泛采用。地上烟道育雏：烟道设在育雏室的地面上，雏鸡活动在烟道下，这种烟道可使用任何燃料，也可根据舍温调整烧火次数，以保证适宜的舍温需要。

另外，育雏舍还应配置干湿球温度计，随时测量鸡舍温度和相对湿度。根据实际数据及时进行温度和湿度的调整，以保证雏鸡的正常生长。

二、通风设备

鸡舍的通风方式有自然通风和机械通风。

1. 自然通风 主要利用舍内外温度差和自然风力进行舍内外空气交换，适用于开放舍和有窗舍。利用门窗开启的大小鸡舍屋顶上的通风口进行。通风效果决定于舍内外的温差、通风口大小和风力的大小，炎热夏季舍内外温差小，冬季鸡舍封闭严密都会影响通风效果。

2. 机械通风 机械通风是利用风机进行强制的送风（正压通风）和排风（负压通风）。常用的风机是轴流式风机。

三、照明设备

鸡舍必须要安装人工照明系统。人工照明采用普通灯泡或节能灯泡，安装灯罩，以防尘和最大限度地利用灯光。根据饲养阶段采用不同功率的灯泡。如育雏舍用40～60瓦的灯泡，育成舍用15～25瓦的灯泡，产蛋舍用25～45瓦的灯泡。灯距为2～3米。笼养鸡舍每个走道上安装一列光源。平养鸡舍的光源布置要均匀。

四、笼具

如果柴鸡笼养需要笼具，笼具的主要种类如下：

1. 育雏笼 常见的是四层重叠育雏笼。该笼四层重叠，层高333毫米，每组笼面积为700毫米×1 400毫米，层与层之间设置两个粪盘，全笼总高为1 720毫米。一般采用6组配置，其外形尺寸为4 404毫米×1 450毫米×1 720毫米，总占地面积为6.38米^2。雏鸡活动笼两侧挂有饲喂网格片，笼外挂饲槽或饮水槽。目前多采用6～7组的雏鸡活动笼。

2. 育雏育成笼 育雏育成笼每个单笼长1 900毫米，中间有一隔网隔成两个笼格，笼深500毫米，适用于0～20周龄雏鸡，以三层阶梯或半阶梯布置，每小笼养12～15只育成鸡，每整组150～180只。饲槽喂料，乳头饮水器或长流水水槽供水。

3. 种鸡笼 种鸡笼有小群笼具和单体笼具；小群笼每笼放置10～12只母鸡、1只公鸡或20只母鸡、2只公鸡，自然交配；单体笼每笼分4格，每格4只鸡，人工授精。

五、清粪设备

清粪方式有人工清粪和机械清粪。人工清粪需要的设备是铁钎、刮板和粪车；机械清粪的设备有刮板式清粪机、输送带式清粪机。

六、清洗消毒设施

（一）人员的清洗消毒设施

对本场人员和外来人员进行清洗消毒。一般在鸡场入口处设有人员脚踏消毒池，外来人员和本场人员在进入场区前都应经过消毒池对鞋进行消毒。在生产区入口处设有消毒室，消毒室内设有更衣间、消毒池、淋浴间和紫外线消毒灯等，本场工作人员及外来人员在进入生产区时，都应经过淋浴，更换专门的工作服和鞋，通过消毒池，接受紫外线灯照射等过程，方可进入生产区，紫外线灯照射的时间要达到15～20分钟。

（二）车辆的清洗消毒设施

鸡场的入口处设置车辆消毒设施，主要包括车轮清洗消毒池和车身冲洗喷淋机。

（三）场内清洗消毒设施

鸡场常用的场内清洗消毒设施有高压冲洗机、喷雾器和火焰消毒器。

七、喂料和饮水设备

喂料方式有人工喂料和机械喂料。人工喂料时，育雏期的饲喂用具有开食盘、长形饲槽（每只鸡 5 厘米）或料桶（每 15 只鸡 1 个），育成期大号料桶（每 10 只鸡 1 个）或长形饲槽（每只鸡 10 厘米），成年鸡使用长形饲槽。自动喂料时，有自动喂料系统，主要有链环式喂料系统、螺旋式喂料系统、塞盘式喂料系统、轨道车饲喂机等几种形式。饮水设备主要有水槽式、真空饮水器、吊塔式饮水器、杯式和乳头式饮水器等几种。

（一）料盘

雏鸡开食盘主要供开食及育雏早期（0～2 周龄）使用。市场上销售的料盘有方形、圆形等不同形状。食盘上要盖料隔，以防鸡把料刨出盘外。料盘的面积大小视雏鸡数量而定，一般每只开食盘可供 80～100 只雏鸡使用。

（二）料桶

料桶可用于地面垫料平养或网上平养 2 周龄以后的小鸡或大鸡，其结构为 1 个圆桶和 1 个料盘，圆桶内装上饲料，鸡吃料时，饲料从圆桶内流出。它的特点是一次可添加大量饲料，贮存于桶内，供鸡只不停地采食。目前市场上销售的饲料桶有 4～10 千克的几种规格。

（三）食槽

食槽适用于笼养或平养雏鸡、生长鸡、成年鸡，一般采用木板、镀锌板和硬塑料板等材料制作。雏鸡用料槽两边斜，底宽5～7厘米，上口宽10厘米，槽高5～6厘米，料槽底长70～80厘米；生长鸡或成年鸡用料槽，底宽10～15厘米，上口宽15～18厘米，槽高10～12厘米，料槽底长110～120厘米。每只雏鸡需要的料槽的长度见表3-1。

（四）水槽

水槽通常用镀锌铁皮、塑料制成，呈长条V状，挂于鸡笼或同栏之前，多用于笼养或网上平养，一般采用长流水供应。其优点是鸡喝水方便，结构简单，清洗容易，成本低。缺点是水易受到污染，易传播疫病，耗水量大。每只鸡所占的槽位见表3-1。

表3-1　雏鸡需要的料槽及水槽的长度（厘米/只）

周龄	饲槽长度	水槽长度
1～2	3	1
3～4	4	1.5
5～8	5	2

（五）真空饮水器

真空饮水器多用于平养。由一个圆锥形或圆柱形的容器倒扣在一个浅水盘内组成。真空饮水器轻便实用，也易于清洗；缺点是容易污染，大鸡使用时容易翻倒。

（六）自动饮水装置

自动饮水装置适用于大面积的放养鸡场。

1. 自动饮水装置Ⅰ　根据真空饮水器原理，利用铁桶进行改装，如图 3-15 所示。水桶离地 30～50 厘米。将直径 10～12 厘米的塑料管沿中间分隔开用作水槽，根据鸡群的活动面积铺设水槽的网络和长度。

2. 自动饮水装置Ⅱ 将一个水桶放于离地 3 米高的支架上，用直径 2 厘米的塑料管向鸡群放养场区内布管提供水源，每隔一定长度在水管上安置一个自动饮水器，该自动饮水器安装了漏水压力开关（图 3-16）。

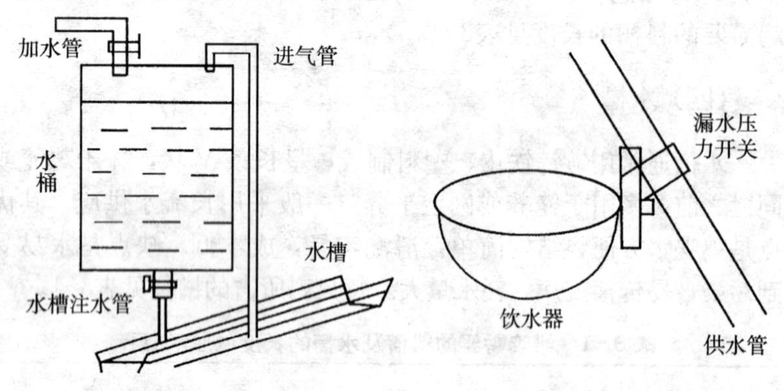

图 3-15 自动饮水装置Ⅰ　　图 3-16 自动饮水装置Ⅱ

生态放养鸡的供水是一个难题。采用普通饮水器，其容水量少，在野外放置受污染较严重，费工、费力、费水。自动饮水装置Ⅰ是普通真空饮水器的放大，1 桶水约为 250 升，可供 500 只鸡 1 天的饮水量，节省了人工，但是水槽连接要严密，水管放置要水平，否则容易漏水溢水；自动饮水装置Ⅱ克服了上面两种饮水装置的缺点，节约人工，且不容易漏水，用封闭的水管导水，污染程度相对较小。水槽尽量设置于树荫处，及时清除水槽内的污物，对堵塞进水口的水槽及时修理。

八、产蛋箱

柴鸡在开产初期就要驯导在指定的产蛋窝内产蛋，不然易造成丢蛋，或因发现不及时而在野外时间长而造成鸡蛋品质无法保证。驯导方法是在产蛋窝内铺设垫草，并预先放入1个鸡蛋或空壳蛋，引导产蛋鸡在预置的产蛋窝产蛋。产蛋窝的材料和形状因地制宜，或根据饲养规模统一制作。简易的如竹篮、编筐、木箱等，统一制作可用砖瓦砌成统一规格的方形窝，离地面高度40～50厘米，一般设2～3层；窝内部空间一般宽30～35厘米、深35～40厘米、高30～40厘米。每5只鸡设1个产蛋箱，并且要设置在安静避光处。

九、诱虫设备

柴鸡野外放养时可以设置诱虫设备，如黑光灯、高压灭蛾灯、白炽灯、荧光灯、支竿、电线、性激素诱虫盒或以橡胶为载体的昆虫性外激素诱芯片等。有虫季节在傍晚后于棚舍前活动场内，用支架将黑光灯或高压灭蛾灯悬挂于离地3米高的位置，每天开灯2～3小时。果园和农田每公顷放置15～30个性激素诱虫盒。

十、其他用具

包括滴管、连续注射器、气雾机等防疫用具以及自动断喙器和称重用具。

第五节 柴鸡安全生产的生物安全措施

生物安全是一项综合兽医生物学、环境学、建筑学、设备工艺生态和微生物学、营养学的系统工程。总的目标是保持鸡群的高生产性能，发挥最大的经济效益。完善的生物安全体系建设是养鸡成功的重要前提，加强饲养管理，保持洁净的环境，保持繁育和生产鸡群无特定病原体化，控制可能存在的病原媒介，尽可能减少鸡群与外来病原微生物的接触，创造良好的生态环境，提高和保证鸡群的健康，使其在生产中最大限度地表现其遗传潜力。

一、加强饲养管理，提高抗病能力

（一）提供充足的营养，防止病原通过饲料和饮水进入鸡舍

柴鸡的体温高、生长快、活动量大，物质代谢旺盛，要维持安全生产需要更多的能量、蛋白质、矿物质和维生素，应根据家禽的营养需要配制全价配合饲料及完善饲喂技术。

1. 合理配制日粮 如果某种营养成分不足或比例不平衡，会使家禽的生长发育受到影响，从而使家禽的抵抗力降低，易患各种疾病。

2. 充足合格的饮用水供给 水质要清洁，没有自来水源的鸡场，最好打井取水，地下水位应在2米以下，不能用场外的井水或河水。

3. 原始饲料和饮水及运转过程中的防污染控制 污染的饲料和饮水是引发多种疫病的原因，发生霉败变质、污染严重的饲料不能喂鸡。

（二）提供适宜的饲养环境

柴鸡的饲养环境是指柴鸡所处的一定范围的小气候环境。柴鸡的健康与生产性能无时无刻不受环境的影响，特别是现代化养鸡生产，在全舍饲、高密度条件下，环境问题更加突出。在柴鸡所处的小气候中，对鸡群的生长发育、生产性能的发挥及抗病能力产生影响的主要环境因素有温度、相对湿度、气流速度、有害气体和病原微生物的含量等。所以，应为柴鸡提供良好的饲养环境，使其健康得以维护，经济性状的遗传潜力得以充分发挥。

二、建立健全卫生防疫制度

（一）鸡场卫生防疫的一般原则

1. 场内的分区及各区在卫生防疫上的要求

（1）养鸡场可分为生产区、管理区和隔离区，各区既要联系，又要严格划分。生产区要建在上风头，管理区在最前面，与生产区应有一定的距离。场内应分设净道和污道。

（2）兽医诊断室、化验室、剖检室、尸体处理等地应建在生产区下风头。

（3）储粪场应设在离生活区和鸡舍较远的地方，最好能距500米以上。应在生活区和鸡舍地势的下风方向。从鸡舍清出的鸡粪要及时运走，可进行发酵或烘干处理，鸡舍排出的废水要进行无害化处理。

2. 加强人员管理，切断外来传染源　人是鸡病传播中最大的潜在危险因素，是最难防范和极易忽略的传播媒介，必须给予足够重视。

（1）专门设置供工作人员出入的通道，可对工作人员及其常规防护物品进行可靠的清洗及消毒处理，最大程度地防止人对病原的携带。

（2）非生产人员不得进入生产区，生产人员要在生产区内居住，进入生产区时，要在消毒室更换消毒的工作服、胶靴，洗手后经消毒池方可进入车间。

（3）饲养人员不能随便到本职工作以外的鸡舍，禁止串换、借用饲养用具。尽可能减少不同功能区内工作人员的交叉现象发生，一旦交叉要有可行的清洗和消毒处理措施。

（4）工作人员应定期进行健康检查，对所有相关工作人员进行经常性的生物安全培训。工作服统一编号、管理，专人专用，不准乱穿别人的衣服、胶靴。

（5）控制参观人员，尽可能谢绝参观，必须进入鸡舍的人员应换上经消毒的衣、帽、靴，并认真消毒后由厂内人员引导参观。

（6）运料车不应进入生产区，生产区的料车工具不出场外。

3. 提高管理水平，加强鸡群控制　尽可能减少鸡群进入鸡舍前的病原携带，通过日常的饲养管理减少病原侵袭和增强鸡群抵抗力。

（1）鸡场应坚持自繁自养，一般不应从其他场引种。必须引种或调入种鸡时，要引进病原控制清楚的鸡群，并重点检测有无蛋媒垂直传播、甚至蛋壳传播的病原，主要加强对白血病、鸡白痢、霉形体病、支原体、病毒性关节炎、减蛋综合征、鸡传染性贫血病病毒等的检测，隔离观察1个月以上，确实健康无病时方可合群。

（2）避免不同品种、不同来源的鸡群混养，贯彻全进全出的饲养方式，尽量做到免疫状态相同。除了必须加入的公鸡外，不应把其他的鸡只加入成年鸡群内，也不要把展览鸡及样品鸡运回鸡场。

（3）从鸡场大小和结构出发合理掌握饲养密度，留心观察鸡群的状态，尤其是要注意饮水量、采食量、粪便、羽毛的异常，呼吸及步态的异常，鸡只是均匀分布还是拥挤成堆或独处一隅。开展鸡群的定期健康状况检查及免疫状态检测，搞好鸡群的日常观察及病情分析。

（4）尽可能减少日常饲养管理中的应激发生，当鸡在进行断喙、转群、免疫或饲养条件发生较大变化及气候骤变时，鸡群会发生应激反应，这种情况下鸡对维生素A、维生素K、维生素C需求量增加，应及时补充。同时避免应激的叠加反应。

（5）孵化过程中的防感染控制。包括种蛋收集、保存、运输、清洗、消毒及孵化室的清洗消毒和孵化技术及管理。

（6）运输环节中的防感染。鸡舍间公用的设备、用具在进入另一鸡舍前必须经过清洁及消毒。装运种蛋、雏鸡、出售鸡及处理鸡的包装箱、用具及车辆，低值的最好弃去，必须反复多次使用的，每次使用均应经过严格消毒。并设专人执行检查验收。

4. 场内卫生制度

（1）保持鸡舍清洁卫生，温度、湿度、通风、光照适当，避免各种逆境因素。

（2）料槽、水槽定期洗刷消毒，及时清理垫料和粪便，减少氨气的产生，防止通过垫料和粪便传播病原微生物及寄生虫。

（3）防止疫病接力传染，有条件的鸡场应实行全场全进全出制，至少每栋鸡舍全进全出。

（4）进雏前、成鸡出售、雏鸡转群后，鸡舍及用具要进行彻底消毒，空闲10～14天后再启用。

（5）及时清除死鸡和病鸡，妥善处理死鸡。病死鸡严禁食用，更不能乱扔，要及时收集进行蒸煮、焚烧或深埋，尤其注意不让猫、狗等拖吃死鸡。

（6）经常注意杀虫、灭鼠、控制飞鸟，消灭疫病的传播媒介。

（7）制定和执行适合本场具体情况的疫病防治程序，定期进行预防注射和药物预防，平养柴鸡定期进行驱虫。

（8）建立健全各种纪录，及时准确、真实地记录不但有助于饲养管理经验的总结和成本核算，而且是分析和解决鸡病防治问题的可靠依据。

5. 周边发生疫情应急处理办法　当周边地区或本场发生疫情时，必须实行封场、封栋：

（1）外来车辆及人员一律不得进入本场。确需进入本场的人员和车辆，经场长批准后方可进入，按照发生传染病时人员进出管理办法以及车辆消毒办法进行严格消毒。

（2）外出回场的本场员工，按照发生传染病时人员进出管理办法进行消毒。

（3）封场、封栋期间，生产区合理安排好各栋人员，并安排好后备人员为各栋提供饲料、药品、水及员工的饭菜等。鸡舍人员与后备人员的物品交接仅限于各栋棚舍门口。

(4) 生产区环境每天至少一次用5%火碱溶液喷雾消毒，做到全面、彻底、有效。舍内每天带鸡消毒1～2次，消毒药每3天更换一种。

(5) 加强营养，投服多维素以缓解应激。

(6) 及时评估鸡群的健康状况，结合抗体监测结果，制定出综合性的防治措施。经过综合评估，确认疫情已过，在强化消毒的前提下方可解除封场、封栋。

(二) 隔离与消毒

隔离就是采取措施使病鸡及可疑病鸡不能与健康鸡接触。消毒就是采取各种可能的手段把传染源排放到外界环境中的病原体消灭。两者都是切断传播途径，阻止疫病的继续蔓延，隔离与消毒是防止柴鸡传染病的重要措施。

1. 隔离 柴鸡多数是群饲，同群的鸡只接触密切，病原体很容易通过空气、饲料、饮水、粪便、用具等迅速传播。因此，在一般情况下，隔离应以鸡群或鸡舍为单位，把已经发生传染病的鸡群内所用鸡只视为病鸡或可疑鸡，不得再与健康鸡接触。视作隔离群或隔离舍的地域，应专人管理，禁止无关人员进入或接近，工作人员出入应遵守严格的消毒制度，用具、饲料、粪便等未经消毒处理，不得运出场外。对病鸡及可疑病鸡，应加强饲养管理，及时从饲料或饮水中投药治疗。如新城疫、传染性喉气管炎等应用弱毒疫苗进行紧急免疫。鸡群应同时进行紧急消毒，每天一次，连续6～7天，或直至病鸡完全恢复。

一旦发生疫情，要及时诊断和采取隔离、防疫、消毒、扑杀等有效措施，尽快把疾病控制或扑灭，把损失降到最低。

2. 消毒 消毒就是把病原微生物在侵入鸡体之前，于鸡体之外杀死，以减少和控制疾病的发生。要把消毒工作制度化，规范化，应当树立预防为主，防重于治，消毒重于投药的观念。根据消毒方法的不同可分为机械性清除、物理消毒法、化学消毒法及生物消毒法。

（1）机械性清除　用机械的方法，如清扫、冲洗、通风等手段达到清除病原体的目的，是最常用的一种消毒方法，它也是日常卫生工作之一。机械清除并不能杀灭病原体，但可使环境中病原体的量大大减少，这种方法简单易行，而且使环境清洁舒适。

（2）物理消毒法　物理消毒常用的方法有：高温、干燥、紫外线等。高温是最常用且效果最确实的物理消毒法，它包括巴氏消毒、煮沸消毒、蒸气消毒、火焰消毒、焚烧等。在鸡场消毒工作中，应用较多的是煮沸消毒及蒸气消毒。紫外线灯照射也是养鸡场常用的消毒方法，应用紫外线消毒时，室内必须清洁，人要离开现场，消毒时间要求在30分钟。

（3）化学消毒法　化学消毒是指用化学药物把病原微生物杀死或使其失去活性。理想的消毒剂应对病原微生物的杀灭作用强大，而对人、鸡的毒性很小或无，不损伤被消毒的物品。消毒能力不因有机物存在而减弱，价廉易得。化学消毒剂包括多种酸类、碱类、重金属、氧化剂、酚类、醇类等，它们各有特点，在生产中应根据具体情况加以选用。

（4）生物消毒法　指利用一些生物进行杀灭或清除病原体的方法。自然界中有些生物在生命活动中可形成不利于病原微生物生存的环境，从而间接地杀灭病原体。如粪便堆放发酵中，利用嗜热细菌繁殖产生的热将病原体灭活。粪便生物消毒法经济实用，且有利于充分利用肥效而广泛采用。

三、制定科学合理的免疫程序

（一）免疫程序的制定

由于不同地区疫病流行情况不同，鸡体健康状况不同，所以没有任何一个免疫程序可以千篇一律地适用于所有地区及不同类型的养鸡场。因此，每一养鸡场都应从本场的实际情况出发，不断摸索，制定出适合本场特点的免疫程序。只有这样，才能真正有效地预防传染病的发生。免疫前后，要避免各种应激，对鸡群增加一些维生素E和维生素C及免疫增强剂以提高免疫效果。制定免疫程序至少应考虑以下几个方面：

（1）当地疫病的流行情况及严重程度。

（2）母源抗体的水平。

（3）鸡群的健康状态及对生产能力的影响。

（4）疫苗的种类及各种疫苗的相互干扰作用。

（5）免疫接种的方法和途径。

（6）上次免疫接种至本次免疫的间隔时间等。

上述因素是相互联系、相互制约的，必须全面考虑。一般来说，首次应考虑当地疫病流行的情况及严重程度，再决定需要哪一种疫苗进行免疫。首免日龄的确定，除了考虑疫病的流行情况外，主要取决于母源抗体的水平，母源抗体滴度高的可推迟接种，相反，母源抗体滴度低的要早接种。

（二）疫苗的选择及使用

用于预防柴鸡传染病的疫苗可分为两大类：一类是灭活苗，是把病毒或细菌灭活后制成的；一类叫活毒疫苗或弱毒疫苗，是用毒力较弱、一般不会引起发病的活的病毒或细菌制成的。弱毒疫苗按生产过程不同，又分为湿苗及冻干苗两种。一般来说，湿苗的生产及使用简单，但不能长时间保存，而冻干苗则相反，生产过程较复杂，但保存时间较长。

1. 疫苗的选择 在生产中，选择哪种疫苗进行免疫接种，要根据鸡的品种、日龄、当地疫病流行情况等多方面因素进行考虑，慎重选择。

（1）柴鸡的品种 不同品种的柴鸡其抗病力和发病规律有所

不同。要有计划地对鸡群进行抗体监测，以便确定最佳的免疫时机，检查免疫后的效果。

（2）日龄　日龄不同应选择不同的疫苗，如同为新城疫疫苗，在雏鸡阶段应选择弱毒疫苗，育成阶段可选择中等毒力的疫苗。另外，不同日龄的鸡，其发病规律也不一样，如减蛋综合征病毒主要侵害性成熟以后的鸡，而传染性法氏囊病毒主要侵害性成熟以前的鸡，因此日龄不同应选择不同的疫苗。

（3）当地疫病流行的情况　当地有该病流行或威胁时才进行该种疫苗的接种，对当地没有威胁的疫病可以不接种，尤其是该疫苗是毒力强的活疫苗或活菌苗时。因为这种疫苗接种后会排毒污染场地，使未经接种或来不及接种的鸡感染发病，而且还会使疾病的血清学诊断复杂化。

2. 疫苗的使用　疫苗必须根据其性质妥善保存。各种疫苗在规定温度下保存的期限，不得超过该制品的有效期。疫苗在使用前，要注意检查。发现玻璃瓶破损或瓶塞松动、没有标签或标签不清、过期失效、制品的色泽和性状与说明书不符或没有按规定的方法保存的，都不能使用。

使用疫苗时应该于临用前才由冰箱中取出，稀释后尽快使用，活毒疫苗尤其是稀释后，于高温下容易死亡，时间越长死亡越多。一般来说，马立克氏病疫苗应于稀释后 2 小时内用完，其他疫苗也应于 4 小时用完，当天未用完的疫苗应废弃，不能再使用。

稀释疫苗时必须使用合乎要求的稀释剂。除个别疫苗要用特殊的稀释剂外，一般用于点眼、滴鼻及注射的疫苗稀释剂是灭菌生理盐水或灭菌的蒸馏水。用于饮水的稀释剂，最好使用蒸馏水或去离子水，也可用洁净的深井水。但不能用含消毒剂的自来水，因为自来水中消毒剂会把疫苗病毒杀死。稀释疫苗的一切用具，包括注射器、针头及容器，使用前必须洗净并经高压灭菌或煮沸消毒。

吸取疫苗的针头要固定，注射时要做到一只一针，以避免通过针头传播病原体。疫苗的用法、用量要按说明书进行，使用前充分摇匀。

四、注重平时的药物预防

对于细菌性传染病、寄生虫病，除加强消毒使用疫苗预防外，还应注重平时的药物预防。在一定条件下采用药物预防和治疗是预防和控制鸡群疫病的有效措施之一。

（一）药物的选择

用于治疗鸡病的药物有许多，一种病有多种药物可供选择，在实际工作中究竟采用哪一种最为恰当，可根据以下几个方面进行考虑：

1. 敏感性好 药物对治疗鸡病发挥着巨大的作用，但又常常导致耐药性菌株的产生，使药物对治疗鸡病无效。所以，在选择药物时，首先应通过药敏试验，选择敏感性好的药物，以减少无效药物的使用。

2. 副作用少 有的药物疗效虽好，但毒副作用严重，选择时应予以放弃，而选择毒副作用小，疗效明显的药物。如产蛋鸡发生慢性呼吸道病后，可选择环丙沙星及北里霉素，而不应选择红霉素和链霉素。因为前两者对产蛋影响较小，而后两者对产蛋影响较大。

3. 残留少 药物的应用会在鸡的体内残留，人若长期使用这类鸡产品，会对人类产生各种危害。例如，预防和治疗球虫可选用残留少的马杜拉霉素，而少用或禁用残留高的克球粉。

（二）用药的注意事项

1. 药物浓度要计算准确 混于饲料或溶于饮水的药物浓度

常以克每吨表示。饮水时，若药物为液体，则以体积每体积计算。将药物加入饲料或饮水前，应根据药物的规定使用浓度、饲料量或饮水量，计算所使用药物的准确量。然后加入饲料或饮水中搅拌均匀，不可随意加大剂量。

2. 首次应用的药物应先进行小群试验　养鸡场以前从未使用过的药物，首次使用时，应先进行小群试验，证明确实有效、安全、无害后，再大群应用，以免浪费药物或导致家鸡药物中毒。

3. 先确诊后用药，切忌滥用药　根据疾病的性质，选用敏感的约物，而不应盲目滥用抗菌药物。

4. 注意合理配伍用药　鸡群发生疾病后，能用一种药就不用多种；如果是混合感染或激发感染，应慎重选择两种或两种以上的药物，避免药物之间发生拮抗或毒性反应。

5. 用药时间不可过长　用药物预防治疗鸡病时，应按疗程用药，一般性药物5～7天，毒性较大的药物3～4天，如需继续用药，须间隔1～2天再用。切不可长时间用药，以防药物在体内积累而引起蓄积性中毒。

6. 交替用药　多数病原微生物和原虫易形成抗药性，所以用药时间不可过长，且应与其他药物交替使用，以免形成抗药性。

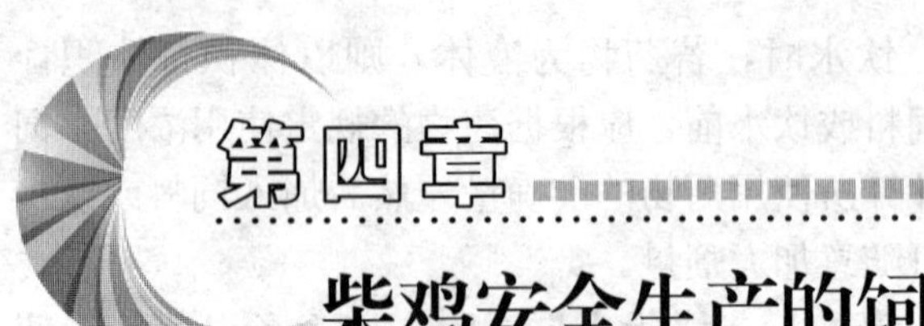

第四章

柴鸡安全生产的饲料配制

饲料是动物赖以生存并进而为人类生产动物产品的基本原料，配合饲料是动物健康高产的科学配餐，它是根据动物营养标准的要求，把多种原料，根据营养互补的原则，合理搭配，配出营养全面的饲料。了解柴鸡的营养需求、选择安全的饲料原料和添加剂、确定合理的饲养标准是配制柴鸡饲料的前提，是柴鸡安全生产的重要保障。

第一节　柴鸡安全生产的营养需求

柴鸡的销售大都以活鸡为主，因此商品柴鸡除要求肉质鲜美、皮脆骨细外，还要求羽毛覆盖完全，有光泽，冠鲜红，体紧凑，这使得柴鸡的营养需要与其他鸡有一定的差异。

一、柴鸡的能量需要

柴鸡维持生命活动和生产活动均需要消耗一定的能量，机体所消耗的能量来源于所采食的饲料，饲料中的碳水化合物、脂肪和蛋白质中蕴藏着能量（化学能）。

柴鸡的能量需要量由许多方面的因素决定，最主要的因素是：

（一）柴鸡所处的生理阶段

生长期、产蛋前期和产蛋期柴鸡的能量需要有很大差异。

生长期的能量需要包括维持和增重的需要，而增重需要则决定于日增重及增重内容物中脂肪与蛋白质的比例。经试验测定，生长柴鸡的能量需要范围为每克增重需 6.3～8.6 千焦。由于生长柴鸡的能量需要随生长而逐日增加，不适合以每日每只代谢能需要量度量，而普遍使用按单位重量（千克）日粮代谢能水平规定范围，使之在随意采食条件下获得适量代谢能。生长柴鸡日粮代谢能水平大致范围应为：0～2 周龄每千克 11.5～12.5 兆焦，2～8 周龄每千克 11～12 兆焦，8～20 周龄每千克 11 兆焦。

产蛋前期，应促使其快速生长。由于柴鸡可调节饲料采食量以获得必要的能量，因而在开产前可在较宽的能量水平范围内实现一定的生长率。通常，每千克日粮应含有代谢能 11.5～12.5 兆焦。

产蛋期的能量需要包括维持需要、产蛋需要和增重需要。维持需要由基础代谢与非生产活动所需能量两部分组成。维持需要的多少由柴鸡个体大小和环境温度决定，个体大的，维持需要量也大；环境温度低，维持需要量大。产蛋需要取决于蛋中的能量及饲料能量用于产蛋的效率。1 枚 50～60 克的蛋，含能量 290～380 千焦，平均每克蛋含能量 6 千焦，饲料代谢能用于产蛋的效率为 65%，所以每产 1 枚蛋约需代谢能 445～585 千焦。柴鸡在 42 周龄前仍处于生长阶段，故体重仍不断增长，据推算，每增重 1 克约需代谢能 12.5 千焦。

（二）饲养方式

柴鸡活动量的多少决定能量的消耗量，从而决定能量的需要量。放养的柴鸡和舍饲的柴鸡相比，活动量大，消耗的能量多，获得相同生产性能所需的能量多。同理，平养的柴鸡比笼养柴鸡需要的能量多。

二、柴鸡的蛋白质和氨基酸需要

蛋白质是构成柴鸡机体和产品的主要物质，如肌肉、鸡蛋、血液、羽毛、皮肤、神经、内脏器官、激素、酶、抗体等主要由蛋白质构成。氨基酸为蛋白质的基本构成单位，氨基酸分为必需氨基酸和非必需氨基酸两类。对于柴鸡来说，赖氨酸、蛋氨酸、异亮氨酸、亮氨酸、色氨酸、组氨酸、苯丙氨酸、缬氨酸、苏氨酸、精氨酸和谷氨酸为必需氨基酸，它们在柴鸡体内不能合成，必须由饲料供给。目前用到的氨基酸添加剂主要为蛋氨酸和赖氨酸。非必需氨基酸在鸡体内可相互转化或由必需氨基酸转化而来，只要满足总蛋白质需求，就不会缺乏。

柴鸡不同的生理阶段其蛋白质和氨基酸的需要量不同。生长阶段其蛋白质的需要量由其体重、日增重、羽毛占体重的百分比决定。即：蛋白质的需要量＝0.001 6（克）×体重（克）＋0.18×日增重（克）＋羽毛占体重百分率×日增重（克）×0.82/0.61。

其中，0.001 6为每千克体重内源氮的日损耗量，0.18为鸡屠体蛋白质含量，0.61为体内蛋白质存留系数。

氨基酸需要量的确定方法是：配制仅缺乏供测氨基酸的基础日粮，然后按不同梯度浓度添加供测氨基酸，以最快生长速率和最高氮利用率的最低供测氨基酸浓度为氨基酸的需要量。柴鸡开产后，其产蛋前期所需蛋白质用于维持、增重（包括羽毛）和产蛋等，随着生长进程，蛋白质用于增重的比例逐步降低，用于维持和产蛋的比例却相应增高，成年后（42～48周龄），则所需蛋白质全部供作维持和产蛋用。柴鸡的维持需要在产蛋前期需蛋白质每天3.2克，产蛋后期需蛋白质每天3.5克；柴鸡的产蛋需要为每枚12.0～14.4克；柴鸡增重的蛋白质需要为每天1.5克。

柴鸡对蛋白质的需要实质上是对各种必需氨基酸的需要。

由于鸡蛋蛋白质含有各种必需氨基酸，而产蛋鸡却不能在体内合成足够的必需氨基酸以供产蛋需要，为此在满足产蛋鸡对蛋白质需要的同时，还必需重视必需氨基酸的供给，即供给产蛋鸡以氨基酸平衡的蛋白质。对产蛋柴鸡必需氨基酸需要量的估测主要是基于产蛋、增重及羽毛生长所需氨基酸。饲料氨基酸的利用效率制约因素颇多，特别随日粮组成和母鸡产蛋率不同而变动，一般饼粕所含氨基酸利用效率可达70%～90%。根据氨基酸的沉积量和利用效率即可确定待测氨基酸的需要量。典型玉米-豆粕日粮中蛋氨酸为第一限制性氨基酸，赖氨酸为第二限制性氨基酸，日粮中胱氨酸不足将增加蛋氨酸需要量，因此科学地确定蛋氨酸、胱氨酸、赖氨酸的需要量对产蛋柴鸡尤其重要。

三、柴鸡的矿物质需要

矿物质是构成骨骼、蛋壳、羽毛、血液等组织不可缺少的成分，对柴鸡的生长发育、生理功能及繁殖系统具有重要作用。柴鸡矿物质需要量的确定，是基于全价性标准的科学实验，即根据健康水平、生长速率、生产性能、骨骼状况及特征性生理生化参数等进行综合性评定。已知柴鸡需要的矿物质元素至少12种，包括常量元素钙、磷、钠、钾、氯、镁及微量元素铁、铜、碘、锰、锌、硒等。饲料中矿物质元素含量过多或缺乏都可能产生不良的后果。

（一）常量矿物元素

1. 钙 钙主要存在于鸡的骨骼中，在鸡的生长发育中，骨骼的正常生长的关键，钙还有一少部分存在于血清、淋巴液及软骨中，有维持肌肉及神经正常生理活动的作用及促使血液凝结的作用。此外，机体内酸碱平衡也需要钙、磷、钠和其他矿物质来维持。如缺钙，鸡便会发生软骨症。产蛋的母鸡需大量钙来形成蛋壳，缺了钙便会产软壳蛋。柴鸡生长前期（0～6周）钙的需要量为0.9%，生长后期（7～18周）0.8%，18至开产2%。产蛋柴鸡对钙的需要量颇大，每产1枚蛋约需2.3克钙用于形成蛋壳，加上维持需要、蛋内容物含钙等，成年母柴鸡每产1枚蛋需要食入4.0克钙，由此可知，产蛋柴鸡体内进行着强烈的钙代谢过程，为此日粮含钙量不应低于3%。

2. 磷 磷对鸡的骨骼和体细胞的形成，对碳水化合物、脂肪和钙的利用，以及对蛋的形成都是必需的。柴鸡对磷的需要量低于对钙的需要量。然而柴鸡对有机磷的利用率极低，故应注意日粮中无机磷的含量。一般认为，生长期日粮中磷含量0.6%～0.7%，产蛋期日粮中磷含量0.6%左右，其中80%为无机磷。产蛋母鸡需要磷多些，因为蛋黄中含有较多的卵磷脂，蛋黄磷蛋白及蛋壳也含有少量的磷。一般常用的含磷饲料为骨粉、磷酸氢钙等。

3. 钠和氯 氯和钠的作用主要维持体液和组织细胞的渗透压，调节机体含水量。另外，钠与钾的相互作用参与神经组织冲动的传递过程。如果鸡日粮中缺乏氯化钠，会引起食欲下降，消化障碍，雏鸡生长发育迟缓，出现啄癖，产蛋鸡产蛋量下降，蛋重减轻。柴鸡对钠和氯的需要量范围为0.1%～0.15%，钠和氯的最佳比例为1∶1，一般实用日粮以食盐作为钠和氯的来源，用量大致为钠或氯需要量的2.5倍。饲料中食盐不足常常导致柴鸡消化不良，食欲下降，产蛋量下降和啄癖症的发生。

4. 钾 钾在机体内以离子形式存在，和钠离子、氯离子共同维持组织渗透压，且保持细胞有一定的容积，可组成缓冲液，维持酸碱平衡，并参与糖代谢。钾在植物性饲料中的含量较多，因此鸡一般不会发生钾的缺乏症。采食过量则可以从粪便中排出，故也不会出现钾中毒。

5. 镁　镁在机体内分布很广，体内约有70%的镁存在于骨髓中。镁作为磷酸酶、焦磷酸酶、ATP酶的主要成分，在糖代谢和蛋白质代谢中起一定的作用。镁还与钙磷代谢有关，并保持神经、肌肉以及器官的正常机能。饲料中要求镁的含量每千克400～600毫克。日粮中的镁含量不足，可导致柴鸡镁的缺乏，患镁缺乏症。缺镁时，柴鸡神经过敏，易惊厥。雏鸡采食不含镁的日粮时，平均只能存活6～8天，日粮中镁过量，则可造成拉稀等症状。

6. 硫　硫是蛋白质中不可缺少的无机元素，存在于蛋氨酸、胱氨酸中，同时参与某些维生素和碳水化合物的代谢。日粮中的蛋白质含量充足时，鸡一般不缺硫。日粮中硫以硫酸钠、硫酸锌和硫酸镁的形式添加。添加量的多少以饲料中的含量来定。

（二）微量矿物质元素

微量元素的需要量受鸡群生态、环境、饲料和饲养条件等的影响，各国公布的标准定量存在一定的差异，我国规定的各种微量元素的需要量是根据国内的试验资料和经验，并参照美国NRC标准制定（表4-1），在实际应用时一般将标准所列数值作为添加量，将饲料天然含量作为裕量。

表4-1　柴鸡微量元素需要量（毫克/千克）

微量元素	0～6周龄	7～12周龄	13～18周龄	19周龄至开产	产蛋期
铜	5	4	4	4	5
铁	80	60	60	60	50
锰	60	30	30	30	30
锌	40	35	35	35	30
硒	0.15	0.10	0.10	0.10	0.15
碘	0.35	0.35	0.35	0.35	0.30

1. 铁 铁在鸡体内主要构成血红素，还有的铁组成肌红蛋白、细胞色素酶和多种氧化酶。血红素是红细胞中运输氧的工具。如果铁元素不足，雏鸡患贫血症，氧供应不足，导致生长停滞。

2. 铜 铜是多种酶类的重要组成部分，铜与铁的吸收有关，缺铜也会发生贫血症。铜对鸡羽毛色泽有影响。适量的铜具有促生长的作用，能提高蛋白质利用。一般饲料都含有铜，可满足鸡的需要，所以很少出现缺铜。

3. 锌 锌是多种酶和激素的成分，参与一系列蛋白质、脂肪等代谢过程。饲料中锌的需要量与许多因素有关，如钙、铜、蛋白质、植酸等。缺锌会使雏鸡生长受阻，食欲不振，羽毛发育不良，胫跖关节增大，腿软无力，行走困难，产蛋量减少，孵化率降低等。

4. 锰 锰的主要作用是与磷、钙代谢，生长发育，胚胎发育、繁殖、健康有关。日粮中缺锰，雏鸡骨骼发育不良，患曲腱症，运动失调，生长受阻和体重下降；成年鸡体重减轻，蛋壳变薄和孵化率降低等。所以，锰是鸡营养中不可缺少的微量元素之一，在配合日粮时，应考虑供给适量的锰。

5. 硒 硒是较迟发现的对鸡的繁育生长有密切影响的微量元素。饲料中硒的需要量极低，但缺硒地区生长的饲料缺硒，用这种饲料喂鸡常需要在饲粮中添加硒。但硒又是有毒的元素，含量超过0.000 5%就会影响鸡的正常生长。硒的作用主要与维生素E及抗氧化剂有关。缺硒的主要症状是渗出性素质、心肌损伤、心包积水等。

6. 碘 碘是甲状腺形成甲状腺素所必需，甲状腺素是一种含碘的氨基酸，它具有调节代谢机能和全身氧化过程的作用。日粮缺碘则起鸡的碘缺乏症，主要表现为甲状腺肿胀，比正常的甲状腺大几倍，代谢机能降低，生长发育受阻，嗜睡，丧失生殖力，重症的会死亡。

四、柴鸡的维生素需要

维生素是一组化学结构不同，营养作用、生理功能各异的低分子有机化合物，存在于各种青绿饲料中。维生素不是形成机体各组织器官的原料，也不是能量物质，它们主要以辅酶或催化剂的形式参与体内的代谢活动，从而保证机体组织器官的细胞结构和功能正常，以维持动物的健康和各种生产活动。维生素的一般功能为：

（1）*促进动物生长发育，改善饲料报酬*　维生素添加剂可提高饲料的营养全价性和利用率，促进幼龄动物的生长发育，大幅度提高饲料报酬。幼龄动物缺乏维生素 A 后，生长发育受阻，消瘦、下痢，甚至死亡。缺乏维生素 D 的家禽易发生佝偻病和软骨症，生长停滞。缺乏维生素 B_1、泛酸、烟酸、维生素 B_6、维生素 B_{12} 等均导致食欲不振、消化不良、生长停滞。

（2）*提高繁殖性能*　种母鸡缺乏维生素 E，种蛋孵化期间易造成胚胎死亡；种蛋中含有足够的维生素可提高孵化率。种母鸡缺乏维生素 B_2、维生素 B_6、维生素 B_{12}、烟酸及泛酸时，产蛋率及孵化率均降低。

（3）*增强抵抗应激能力*　在生理紧张、运输、冷或热应激、饲养密度过高等状况下，饲料中适当补加维生素 C 和维生素 E，有利于减轻各种应激造成的不利影响。当发生螺旋体病、沙门氏杆菌病时，适当添加维生素 C 可改善体况，提高抗应激能力。热应激或其他应激时，家禽对维生素的需要量增加，此时添加维生素 C 有较好的抗应激效果。维生素对维持家禽正常的免疫功能也具有重要的作用，日粮中补充高于需要量 3～6 倍的维生素 E，可提高畜禽体液免疫力和激发吞噬作用而提高抗病能力。

（4）*改善畜禽产品质量*　日粮中缺乏维生素 D，蛋鸡易产软壳蛋、薄壳蛋，降低蛋品的商品价值。肉类在贮藏过程中品质也受到维生素含量的影响。增加日粮中维生素 E 含量可防止冷冻或新鲜肉脂肪的氧化，提高贮藏品质。日粮中维生素 E 含量在每千克 40 毫克或更高时，对于胴体肉、脂味道有稳定作用。

维生素种类较多，根据维生素的溶解特征将其分为两类，即脂溶性维生素和水溶性维生素。

（一）脂溶性维生素

1. 维生素 A 维生素 A 是一种脂溶性维生素，其功用非常广泛。

（1）维持正常的视觉 维生素 A 是合成视紫红质的原料，视紫红质存在于人和动物视网膜内的杆状细胞中，是由视蛋白与视黄醛（维生素 A 醛）结合而成的一种感光物质。因此，如果血液中维生素 A 水平过低时，就不能合成足够的视紫红质，从而导致功能性夜盲症。

（2）保护上皮组织（皮肤和黏膜）的健全与完整 维生素 A 促进结缔组织中黏多糖的合成，从而促进黏膜和皮肤的发育与再生、维护生物膜结构的完整。当维生素 A 不足时，黏多糖的合成受阻，引起上皮组织干燥和过度角质化，使上皮组织易被细菌感染而产生一系列的继发病变，尤其是对眼、呼吸道、消化道、泌尿及生殖器官的影响最为明显。

（3）促进性激素的形成，提高繁殖力 缺乏维生素 A 时，对鸡的孵化、生长、产蛋等均有不良影响。

（4）促进生长，增进健康，调节机体代谢，增加免疫球蛋白的产生，提高抗病力 缺乏维生素 A 时，生长发育迟缓，脂肪沉积少，肌肉萎缩，影响体内蛋白质的合成，体重下降，导致生产力及对传染病、寄生虫病侵袭的抵抗力下降。

（5）维护骨骼正常生长和修补 维生素 A 不足会使骨骼厚度增加，影响骨骼组织发育。

（6）维持神经细胞的正常功能 维生素 A 缺乏时，造成骨骼发育不良，压迫中枢神经，脊髓部分堵塞，导致神经系统的机能障碍，出现神经损伤与失调，如严重的共济失调及痉挛等。

（7）增强免疫细胞膜的稳定性、增加免疫球蛋白的产生、提高动物机体免疫能力　维生素A只存在于动物体内。植物性饲料不含维生素A，但含有胡萝卜素，黄玉米中含有玉米黄素，它们在动物体内都可以转化为维生素A。胡萝卜素在青绿饲料中比较丰富，在谷物、油饼、糠数中含量很少。一般配合饲料每千克所含胡萝卜素及玉米黄素，大约相当于维生素A 1 000国际单位左右，远远不能满足鸡的需要。所以对于不喂青绿饲料的鸡来说，维生素A主要依靠多种维生素添加剂来提供。

2. 维生素D　维生素D（抗佝偻病维生素）是几种脂溶性类固醇衍生物的综合名称。维生素D中以维生素D_2和维生素D_3最重要、最常用。对鸡来说，维生素D_3最重要，因为其效能比维生素D_2高25～40倍。维生素D相当稳定，但硫酸锰可使维生素A和维生素D受到破坏。

维生素D对任何年龄的鸡都是很重要的，因为鸡的骨骼、蛋壳等形成时的钙、磷代谢，一定要有维生素D的参与。如果缺乏维生素D，即使日粮中有数量充足、比例适当的磷和钙，也会使钙、磷吸收和代谢作用发生障碍而从消化道排出体外，以至血液中缺乏钙、磷而引起佝偻症。因为维生素D有降低肠内酸、碱度造成酸性反应条件，加强磷酸钙盐的溶解，促进肠壁吸收钙、磷的作用，提高了血液中的含钙量。维生素D能对甲状旁腺起抑制作用，使肾小管的再吸收能力增加，无机磷排出减少。所以，维生素D和钙、磷对甲状旁腺内分泌有密切关系，它是调节钙、磷吸收的要素。如果日粮中维生素D缺乏，雏鸡出现生长发育不良，羽毛松乱，两腿无力，喙、爪软易弯曲，走路不稳，常以飞节蹲伏休息。飞节与肋骨关节肿大，肋骨与肋软骨连接处显著肿大，形成圆形结节。胸骨弯曲，腿骨变形，胸部正中内陷，使胸腔变小，园而内部器官受到挤压。产蛋母鸡在缺乏维生素 D 约两三个月后才开始出现症状，起初出现产薄壳蛋和软壳蛋数量增加，随后产蛋量下降，蛋形变小，孵化率低。有些母鸡体重减轻，动作迟缓或暂时不能走路，以后身体坐伏腿上，喙、爪和胸骨变软，肋骨失去正常硬度，胸骨和椎骨接分处内陷，全部肋骨沿胸廓呈向内弧形的特征。缺乏维生素 D 的种蛋孵化后，胚胎往往在 8～16 日龄死亡。胚胎的皮肤出现明显的浆液性大囊泡状水肿，皮下组织呈弥漫性增生，生长发育受阻，有时见到明显的足肢短小，肝脏脂肪浸润。对患佝偻病的雏鸡，如一次大剂量喂服维生素 D_3 20 000 国际单位，治疗效果很好，并能维持其抗佝偻病作用达 8 周。

对初产母鸡来说，则能维持 5 周。一般治疗雏鸡初期的维生素 D_3 缺乏症可每次喂浓鱼肝油 1～2 滴，每天两次即可。维生素 D 对鸡如此重要，怎样获得呢？获得维生素 D 最经济有效的途径是利用日光中的紫外线照射鸡体和饲喂经光照射的酵母粉或晒干的青绿饲料。由于维生素 D_3 的前身是 7-脱氢胆固醇，存在于鸡体表皮组织中，如皮肤、羽毛经阳光中的紫外线照射，就可以转化为维生素 D_3 而被吸收，经血液输运送至肝脏贮存备用。所以，生长中的雏鸡，每天有 11～45 分钟的阳光照射，产蛋鸡照射时间要长些就可以满足维生素 D 的需要。还可用紫外光照射酵母粉来获得维生素 D_3 作补充剂。青绿饲料作物含有麦角固醇，如晒作干草时，能将麦角固醇转变为维生素 D_2。维生素 D 在动物的肝脏、奶油、蛋黄中最丰富。

3. 维生素 E 维生素 E 又叫抗不育维生素或生育酚，是一种脂溶性维生素，其主要功能有以下几个方面：

(1) 作为一种细胞内抗氧化剂，主要作用是抑制有毒的脂类过氧化物的生成，使不饱和脂肪酸稳定，防止细胞内和细胞膜上不饱和脂肪酸被氧化破坏，从而保护了细胞膜的完整，延长细胞的寿命。在胃肠或体组织中，维生素 E 的抗氧化作用可防止类胡萝卜素和维生素 A 等脂溶性维生素以及碳水化合物代谢的中间产物被氧化破坏。另外，维生素 E 还可保护巯基不被氧化，以保持某些酶的活性。

（2）刺激垂体前叶，促进分泌性激素，调节性腺的发育和提高繁殖机能。

（3）促进促甲状腺激素和促肾上腺皮质激素的产生。

（4）调节碳水化合物和肌酸的代谢，提高糖和蛋白质的利用率。

（5）促进辅酶 Q 和免疫蛋白的生成，提高抗病能力。

（6）在细胞代谢中发挥解毒作用，如对黄曲霉毒素、亚硝基化合物和多氯联二苯的解毒作用，还具有抗癌作用。

（7）维生素 E 以辅酶形式在体内递氢系统中作为氢的供体。

（8）维护骨骼肌和心肌的正常功能，防止肝坏死和肌肉退化。

维生素 E 在植物油、谷物胚芽及青饲料中含量丰富。相对来说，米糠、大麦、小麦、棉籽饼中含量也稍多，豆饼、鱼粉次之，玉米及小麦中较贫乏。虽然维生素 E 具有抗氧化的作用，但本身很不稳定，在酸败脂肪、碱性物质中以及在光线下易被破坏。青草在晒制过程中维生素 E 可损失 90%左右，饲料在贮存期间，6 个月维生素 E 可损失 30%～50%。鸡对维生素 E 的需要量与日粮组成、饲料品质、不饱和脂肪酸或天然抗氧化物含量有关。在正常情况下，若不喂饲青绿饲料，0～14 周龄的幼鸡、产蛋种鸡及肉用仔鸡要求每千克饲粮添加维生素 E 10 国际单位；15～20 周龄的青年鸡和商品产蛋鸡要求添加 5 国际单位。

4. 维生素 K　维生素 K 是一种与血液凝固有关系的维生素，具有促进凝血酶原合成的作用。凝血酶原是凝血酶的前身。凝血酶原在肝脏中合成时需要维生素 K 参与。此外，维生素 K 还具有利尿，增强肝脏的解毒功能，并有降低血压的作用。

动物体内维生素 K 的合成与代谢受多方面因素的影响。例如，维生素 K 吸收所需要的胆盐不能进入消化道；日粮中的脂肪水平低，长期饲用磺胺类或抗生素等药物，都将影响胃肠道微生物合成维生素 K。此外，饲料中的维生素 K 抑制因子（双羟香豆素、磺胺喹沙啉、丙酮苄羟香豆素等）、饲料霉变（放线菌 D）及鸡的球虫、毛细线虫或其他寄生虫病等因素均可妨碍维生素 K 的代谢和合成，影响维生素 K 的利用，出现维生素 K 缺乏症。

维生素 K 不足将导致凝血时间延长，出血不止，即便是轻微的创伤或挫伤也可能引起血管破裂。出现皮下出血以及肌肉、脑、胃肠道、腹腔、泌尿生殖系统等器官或组织的出血或尿血、贫血，甚至死亡。

维生素 K 在青绿饲料中含量丰富，鱼粉等动物性饲料中也有一定的含量，其他饲料中比较贫乏。动物肠道的微生物能少量合成维生素 K，鸡粪与垫料中的微生物也能合成一些，若地面平养鸡，当鸡扒翻垫料啄食鸡粪时可获取。

（二）水溶性维生素

1. 维生素 B_1 维生素 B_1 的分子结构含有硫和氨基，故又称为硫胺素，是一种白色粉末，易溶于水。在加热和在碱性的环境中易被破坏。

维生素 B_1 经磷酸化作用可转变为焦磷酸硫胺素，是催化 α-酮酸脱羧必需的辅酶，维生素 B_1 不足时，丙酮酸不能进入。三羧循环中被氧化，积累于血液及组织中，特别是脑及心肌等代谢强度高的组织，并由于能量供应不足而引起机能失调现象，称为多发性神经炎。同时，维生素 B_1 又是其他生物化学反应所必需的物质，如当维生素 B_1 缺乏时，能使机体内一种增强肠蠕动的乙酰胆碱受到胆碱酯酶的分解破坏，以致肠蠕动减慢，肠壁弛缓，食欲不振，影响生长。

缺乏维生素 B_1 的症状是：雏鸡表现生长不良，食欲减少，体温降低，羽毛松乱无光泽，体重减轻，两腿无力，步伐不稳。

严重时，外周神经发生多发性神经炎。起初，趾的屈肌发生麻痹，进而腿、翅、颈的伸肌发生痉挛，头向背后极度弯曲，瘫痪，倒地不起。成年鸡病状发生较缓慢，一般鸡冠发紫，其他神经症状和雏鸡相似。剖检病鸡，可见皮肤广泛发生水肿，肾上腺肥大，生殖器官萎缩，胃肠壁严重萎缩，心脏右侧常扩张。

对维生素 B_1 缺乏症的严重病鸡，肌肉注射硫胺素每只 5 毫克，能很快见效。糠麸类、豆饼、花生饼、多种青料及其干粉、发酵饲料和干酵母粉中，都含有相当丰富的维生素 B_1，舍饲鸡如吃到糠麸类饲料，放牧鸡又吃到青饲料时，一般不会出现维生素 B_1 缺乏症。

2. 维生素 B_2　维生素 B_2 又叫核黄素，参与碳水化合物和蛋白质的代谢，是鸡体较易缺乏的一种维生素。维生素 B_2 具有提高蛋白质在体内的沉积、促进畜禽正常生长发育的作用，也具有保护皮肤、毛囊黏膜及皮脂腺的功能。核黄素是各种动物生长和组织修复所必需的。此外，核黄素还具有强化肝脏功能，调节肾上腺素分泌、防止毒物侵袭的功能，并影响视力。在冷应激时或饲喂高能量低蛋白质饲粮的畜禽，对维生素 B_2 的需求量增高。日粮中补充维生素 B_2 可防治鸡的蜷爪麻痹症、口角眼睑皮炎以及 B_2 缺乏引起的生长受阻等症状。维生素 B_2 在青绿饲料、苜蓿粉、酵母粉、蚕蛹粉中含量丰富，鱼粉、油饼类饲料及糠麸次之，籽实饲料如玉米、高粱、小米等含量较少。

3. 泛酸　泛酸是辅酶 A 的辅基，因此泛酸是通过辅酶 A 的作用发挥其生理功能的。辅酶 A 是机体酰化作用的辅酶，在糖、脂肪、蛋白质等代谢中发挥重要的作用。泛酸与维持皮肤和黏膜的正常生理功能、毛发的色泽和对疾病的抵抗力（增强免疫效应）等也有着密切的关系。此外，它还具有提高肾上腺皮质机能的功效，所以泛酸的生理功能非常广泛。泛酸的缺乏可使机体的许多器官和组织受损，出现各种不同的症状，包括生长、繁殖、皮肤、毛发、胃肠神经系统等诸多方面。

4. 烟酸 烟酸又称烟酰胺、维生素 B_5。烟酸在体内转化成烟酰胺之后，与核糖、磷酸、腺嘌呤一起组成脱氢酶的辅酶：辅酶Ⅰ（NAD）和辅酶Ⅱ（NADP）。这两种辅酶在细胞呼吸的酶系统中起着重要作用，与碳水化合物、脂肪和蛋白质代谢有关。辅酶Ⅰ和辅酶Ⅱ参与葡萄糖的无氧和有氧氧化、甘油的合成与分解、脂肪酸的氧化与合成、甾类化合物（类固醇）的合成、氨基酸的降解与合成、视紫红质的合成等重要代谢过程。日粮中添加维生素 B_5 添加剂可预防因维生素 B_5 缺乏引起的糙皮病、皮肤生痂、黑舌病、脚和皮肤鳞状皮炎、关节肿大、胃和小肠黏膜充血、结肠和盲肠坏死状肠炎以及孵化率降低等症状。

5. 维生素 B_6 维生素 B_6 在动物体内经磷酸化作用，转变为相应的具有活性形式的磷酸吡哆醛和磷酸吡哆胺。其主要功能如下：①转氨基作用。磷酸吡哆醛和磷酸吡哆胺作为转氨酶的辅酶起着氨基的递体功能，这对于非必需氨基酸的形成是重要的；②脱羧作用。维生素 B_6 是一些氨基酸脱羧酶的辅酶，参与氨基酸的脱羧基作用。③转硫作用。维生素 B_6 是半胱氨基脱硫酶的辅酶。由此可见，维生素 B_6 在氨基酸的代谢中起主要作用。若缺乏将引起氨基酸代谢紊乱，阻碍蛋白质合成和减少蛋白质沉积。日粮中补充维生素 B_6 可预防因其缺乏引起的氨基酸代谢紊乱、蛋白质合成受阻、被毛粗糙、皮炎、生长迟缓、神经中枢及末梢病变、肝脏等器官的损伤等症状。

6. 叶酸 叶酸又称维生素 B_{11}，四氢叶酸是叶酸在体内的活性形式，是传递一碳基团，如甲酰、亚胺甲酰、亚甲基或甲基的辅酶。四氢叶酸参与的一碳基团反应主要包括丝氨酸和甘氨酸相互转化、苯丙氨酸形成酪氨酸、丝氨酸形成谷氨酸、半胱氨酸形成蛋氨酸、乙醇胺合成胆碱、组氨酸降解以及嘌呤、嘧啶的合成。另外，四氢叶酸与维生素 B_{12} 和维生素 C 共同参与红细胞和血红蛋白的生成，促进免疫球蛋白的生成，保护肝脏并具解毒作用等。日粮添加叶酸添加剂对改善母猪的繁殖性能及家禽的种蛋孵化率具有显著效果。

7. 维生素 B_{12}　维生素 B_{12} 在动物体内主要功能是：①在甲基的合成和代谢中与叶酸协同起辅酶作用，参与一碳单位的代谢，如丝氨酸和甘氨酸的互变，由半胱氨酸形成甲硫氨酸、从乙醇胺形成胆碱。②甲基丙二酰辅酶 A 异构酶的辅酶，在糖和丙酸代谢中起重要作用。③参与髓磷脂的合成，在维护神经组织中起重要作用。④参与血红蛋白的合成，控制恶性贫血病。

日粮缺乏维生素 B_{12} 时，雏鸡生长缓慢或停滞、贫血、脂肪肝、死亡率高；种鸡的种蛋孵化率下降。

8. 生物素　生物素又称维生素 H，在动物体内，生物素以多种羧化酶的辅酶形式，直接或间接地参与蛋白质、脂肪和碳水化合物的代谢过程。主要功能表现为：①参与碳水化合物的代谢。生物素是中间代谢过程中所必需的羧化酶的辅酶。生物素酶催化羧化和脱羧反应，这些反应与细胞内 CO_2 的定位或固定有关。②参与蛋白质代谢。生物素在蛋白质合成、氨基酸的脱氨基、嘌呤合成以及亮氨酸和色氨酸的分解代谢中起重要作用。③参与脂类代谢。生物素直接参与体内长链脂肪酸的生物合成。

日粮中添加生物素可防治生物素缺乏症。雏鸡缺乏生物素时，生长减缓，食欲不振，生长速度下降；鸡的脚、胫和趾、嘴和眼周围皮肤炎症，角化，开裂出血，生成硬壳性结痂；种蛋孵化率降低。

9. 胆碱　胆碱又称维生素 B_4，胆碱与其他 B 族维生素的差别在于胆碱在代谢过程中不作催化剂。若体内供给足够的甲基，这些动物自身能合成胆碱来满足其需要。但对雏鸡来说，胆碱却起着维生素的作用。胆碱在体内的功能主要表现在以下三个方面：①防止脂肪肝。胆碱作为卵磷脂的成分在脂肪代谢过程中可促进脂肪酸的运输，提高肝脏利用脂肪酸的能力，从而防止脂肪在肝中过多的积累。②胆碱是构成乙酰胆碱的主要成分，在神经递质的传递过程中起着重要的作用。③胆碱是机体内甲基的供体，3 个不稳定的甲基可与其他物质生成化合物，如与同型半胱氨酸生成蛋氨酸，还可与其他物质合成肾上腺素等激素。在动物机体内可利用蛋氨酸和丝氨酸合成胆碱。胆碱与蛋氨酸、甜菜碱有协同作用。日粮中添加胆碱添加剂；保证胆碱的足量供给，可预防胫骨短粗症、脂肪肝的发生；同时起到维护神经功能的正常，提供活性甲基，节约蛋氨酸的作用。

10. 维生素 C 维生素 C 是一种活性很强的还原剂，在体内它处于可以氧化型和还原型的动态平衡中。因此，维生素 C 既可作为供氢体，又可作为递氢体，在物质代谢中发挥作用。①保护巯基（—SH）。在体内，许多含巯基的酶需要有自由的还原型—SH基才能发挥其催化活性。而维生素 C 能使这些酶分子中的巯基保持还原状态，从而使这些酶具有催化活性；维生素 C 在谷胱甘肽还原酶催化下，可使氧化型谷胱甘肽还原为还原型谷胱甘肽，而还原型谷胱甘肽可与重金属离子（铅）和砷化物、苯以及细菌毒素等结合后排出体外，从而保护了含巯基酶的—SH基而具有解毒作用。②使不饱和脂肪酸不易被氧化，或使脂肪过氧化物还原，消除其对组织细胞的破坏作用。③促进造血作用。使难以吸收的 Fe^{3+}，还原成易于吸收的 Fe^{2+}，促进肠道内铁的吸收，也有利于铁在体内的储存和血红蛋白的形成。维生素 C 在红细胞中可直接还原高铁血红蛋白为血红蛋白。可促进叶酸转变为有生理活性的四氢叶酸。

维生素 C 是脯氨酸和赖氨酸羟化酶的辅酶，有助于形成羟脯氨酸和羟赖氨酸。而胶原蛋白中含有较多的羟脯氨酸，所以维生素 C 可促进胶原蛋白的合成；有助于促进胶原组织，如骨、结缔组织、软骨、牙质和皮肤等细胞间质的形成并维持毛细血管的正常通透性。维生素 C 还与胆固醇代谢有关。维生素 C 有助于胆固醇的环状部分羟化后使侧链分解成胆酸，使胆固醇以胆酸的形式从肠道排出。此外，维生素 C 可促进儿茶酚胺类和 5-羟色胺的合成。

维生素C可改善病理状况，提高心肌功能，减轻维生素A、维生素E、维生素B_1、维生素B_{12}及泛酸等不足所引起的缺乏症。维生素C还能使机体增强抗病力和防御机能，增强抗应激作用。

柴鸡对其需要量虽然很少，但生物作用很大，主要以辅酶和催化剂的形式广泛参与体内代谢的多种化学作用，从而保证机体组织器官的细胞结构功能正常，调控物质代谢，以维持机体健康和各种生产活动。缺乏时，可影响正常的代谢，出现代谢紊乱，危害机体健康和正常生产。常用饲料中易缺乏的维生素有维生素A、维生素D_3、维生素E、核黄素、尼克酸、泛酸和维生素B_{12}等。柴鸡维生素的需要量是最低保健量，即消除表观缺乏症状及保持有关生理生化指标正常所需剂量。诸多因素如饲料加工和储存条件，日粮组成和采食水平，环境温度和疾病等应激因素，均可影响柴鸡对维生素的需要，因而生产中采用超量供给方式以确保柴鸡对维生素的需要。柴鸡维生素需要量参考值见表4-2。

表4-2　柴鸡维生素需要量参考值

维 生 素	0～6周龄	7～12周龄	13～18周龄	19周龄至开产	产蛋期
维生素A（国际单位）	1 500	1 500	1 500	1 500	4 000
维生素D_3（国际单位）	200	200	200	200	500
维生素E（毫克）	10.00	5.00	5.00	5.00	5.00
维生素K_3（毫克）	0.50	0.50	0.50	0.50	0.50
硫胺素（毫克）	1.80	1.30	1.30	1.30	0.80
核黄素（毫克）	3.60	1.80	1.80	3.60	2.20
吡哆醇（毫克）	3.00	3.00	3.00	3.00	3.00
尼克酸（毫克）	27.00	11.00	11.00	11.00	10.00
泛酸钙（毫克）	10.00	10.00	10.00	10.00	2.20

（续）

维 生 素	0～6 周龄	7～12 周龄	13～18 周龄	19 周龄至开产	产蛋期
生物素（毫克）	0.15	0.10	0.10	0.10	0.10
叶酸（毫克）	0.55	0.25	0.25	0.25	0.25
维生素 B_{12}（微克）	10.00	3.00	3.00	3.00	4.00
胆碱（毫克）	1 300	900	500	500	500

五、柴鸡水的需要

水是鸡体的主要组成部分（鸡体内含水量在50%～60%，主要分布于体液、淋巴液、肌肉等组织中），对鸡体内正常的物质代谢有特殊作用，是鸡体生命活动过程不可缺少的物质。

柴鸡对水的需要量受各种因素的影响，而影响最大的是环境温度。不同气温下柴鸡的饮水量不同，35℃时，柴鸡的需水量为每千克体重 80 克，18℃时为 55～60 克，－2.8℃时为 40 克。

一般情况下水不会缺乏，但由于停电引起供水不足时，则常会出现缺水，后果非常严重。产蛋鸡如果缺水 24 小时，产蛋量将下降 30%，恢复供水后需 25～30 天才能恢复正常产蛋。若缺水 36 小时，则再不能恢复正常产蛋。一旦断水后再给饮水，应逐渐恢复给水，限制饮水，防止暴饮而死亡，特别是雏鸡。

第二节　常用饲料原料

饲料原料是柴鸡安全生产的关键，应选用符合安全无公害和不影响柴鸡肉和蛋风味的饲料原料。柴鸡的常用饲料原料有几十种，各有其特性，营养含量差异也较大。

一、能量饲料

柴鸡饲料中常用的能量饲料主要包括动植物油脂和谷物籽实及其加工副产品。在柴鸡生产中常用的谷物籽实类饲料有玉米、小麦、大麦、稻谷、高粱、燕麦、黑麦等。谷物籽实类饲料的干物质消化率高，其中无氮浸出物含量为70%～80%，纤维素含量低，一般为3%～8%，可利用的能量高于其他饲料。粗蛋白质含量为8%～12%，但蛋白质品质比较差，蛋氨酸、赖氨酸、色氨酸、苏氨酸含量较低，所以能量饲料中无论是蛋白质还是几种必需氨基酸，均不能满足柴鸡的需要，一定要和蛋白质饲料配合使用。

（一）玉米

玉米是柴鸡的基础饲料，号称“饲料之王”。玉米的颜色有黄白之分，黄玉米含有少量胡萝卜素和叶黄素，有助于皮肤的着色，故柴鸡多用黄玉米作能量饲料。玉米中所含的可利用能值高，表观代谢能值达每千克13.8兆焦耳。但其蛋白质含量低，为7.2%～9.3%，氨基酸组成不均衡，赖氨酸、蛋氨酸、胱氨酸和色氨酸较缺乏。遗传改良的高赖氨酸玉米中赖氨酸含量可比常规玉米高36%左右。玉米中钙含量仅为0.02%左右，磷含量约为0.25%，但其中50%～60%为植酸磷，柴鸡对其利用率很低。除成本因素外，在柴鸡日粮中玉米用量不受限制，只要按柴鸡饲养标准中满足蛋白质、钙、磷的水平，能量饲料全部可用玉米来满足。一般，鸡日粮中玉米占50%～70%。

（二）小麦

小麦的代谢能值约为玉米的90%，蛋白质含量为11%～16%。小麦中氨基酸组成优于其他谷实类饲料，但氨基酸含量仍然较低，尤其是赖氨酸。与玉米一样，小麦中钙少磷多，且磷主要是植酸磷，但小麦种皮含有比其他谷物高得多的植酸酶，可起到提高磷利用率的作用。由于小麦含有较多会增加柴鸡消化道食糜黏稠度的可溶性多糖——阿拉伯木聚糖，这使得柴鸡对小麦中养分的利用率较低，从而降低养分的消化率和饲料转化率。使用小麦酶能提高小麦的利用率，提高饲喂效果。日粮中小麦添加比例的多少，在设计配合饲料时要经过精确计算，前期料中小麦的安全用量是不使用或在4～7日龄使用5%，中期料逐渐增加到10%，后期料逐渐增加到15%。

（三）稻谷和糙米

稻谷粗纤维含量约为10%，代谢能含量低于玉米，每千克约11.00兆焦。稻谷蛋白质含量约为8%。稻谷去外壳后为糙米，其营养价值比稻谷高，其消化率和能值与玉米相似，糙米中含有胚芽，所以其蛋白质略高于玉米。稻谷在柴鸡日粮中用量应有一定限度，因含粗纤维高影响饲料消化率和适口性。使用稻谷和糙米时与其他谷实类饲料一样，要注意与优质的饼粕类或动物性蛋白质饲料配合，补充蛋白质的不足。

二、蛋白质饲料

柴鸡蛋白质饲料可分为植物性蛋白质饲料、动物性蛋白质饲料、单细胞蛋白质饲料。

（一）植物性蛋白质饲料

植物性蛋白质饲料主要指植物性饼粕及某些豆类。此外，玉米蛋白、浓缩叶蛋白及某些植物性加工副产品也属此类。

1. 豆科籽实类　豆科籽实的营养特点是蛋白质含量丰富，一般为20%～40%，无氮浸出物含量较谷实类低，仅为28%～

62%，但它的能量值高于玉米。蛋白质的品质优良，特别是赖氨酸的含量比较高，但蛋氨酸含量相对较少。值得注意的是，生大豆中含有抗营养因子，如抗胰蛋白酶，会影响动物适口性和饲料的消化率。抗胰蛋白酶可在高温下被破坏，故大豆常加工成膨化全脂大豆取代豆粕。

(1) 大豆饼（粕） 豆饼（粕）是我国主要的植物性蛋白质饲料的来源，约占饼粕类饲料总量的70%。大豆饼（粕）的蛋白质含量为40%～50%。大豆饼（粕）蛋白质品质较好，含赖氨酸约为2.5%，其含量低于鱼粉但高于其他饼粕类饲料，蛋氨酸含量相对低，约为0.46%。氨基酸利用率较其他饼粕类饲料高。钙和磷含量较谷物类饲料高，但50%～70%磷为植酸磷，利用率低。豆饼（粕）是柴鸡日粮中主要的蛋白质饲料源，其用量一般不受限制，但需要注意补充蛋氨酸。

(2) 棉仁饼（粕） 棉仁饼（粕）是棉籽经脱壳之后压榨或浸提后的残渣。棉仁饼（粕）中蛋白质含量为33%～40%。粗纤维一般含量为11%，故棉仁饼（粕）的鸡代谢能低，为每千克7.1～9.2兆焦。棉仁饼（粕）蛋白质质量较差，赖氨酸含量低于豆饼（粕），约为1.34%，蛋氨酸约为0.38%，胱氨酸约为0.75%，氨基酸利用率低。棉仁饼（粕）中含有棉酚，柴鸡摄入过量易引起中毒。柴鸡日粮中一般仅限使用3%～5%的棉仁饼（粕），且在后期使用。

(3) 菜籽饼（粕） 菜籽饼（粕）是菜籽榨（浸）油后的残渣。蛋白质含量为33%～38%，赖氨酸含量约为1.0%～1.8%，蛋氨基酸含量为0.5%～0.9%，色氨酸含量为0.3%～0.5%，氨基酸利用率比豆饼（粕）低。粗纤维含量为12%，无氮浸出物含量为30%，代谢能为每千克7.1～8.4兆焦。菜籽饼（粕）能量低、蛋白质品质差、适口性差，且含有毒物质——硫葡萄糖苷，从柴鸡营养需要讲，日粮中不宜过量使用菜籽饼（粕），一般用量为3%～5%，使用时期为生长后期。

(4) 花生饼(粕) 花生饼(粕)是花生去壳后的花生仁经榨(浸)油后的残渣。花生饼粕蛋白质含量为44%～48%。蛋白质品质较差，赖氨酸含量1.32%、蛋氨酸0.27%。花生饼粕的适口性好，优于其他饼粕类饲料，仅次于豆饼(粕)。花生饼(粕)不宜作为柴鸡饲料中唯一蛋白质来源，宜与大豆饼(粕)配合使用。应用过程中应注意预防黄曲霉毒素污染。柴鸡生长前期最好不用，其他阶段用量宜在4%以下。

2. 玉米蛋白粉 玉米蛋白粉是玉米提取淀粉后的副产品。我国的玉米蛋白粉蛋白质含量一般为30%～70%，赖氨酸和色氨酸含量严重不足，不及相同粗蛋白含量的鱼粉的1/4，但蛋氨酸含量高，与相同蛋白质含量的鱼粉相当。蛋白质的适口性一般，一般柴鸡料中的用量为2%～3%，不得超过5%，否则应注意补充氨基酸。

(二) 动物性蛋白质饲料

动物性蛋白质饲料中钙、磷含量高，且比例适宜；部分维生素含量丰富，如维生素B_{12}等。柴鸡对动物性蛋白质饲料养分利用率高。

1. 鱼粉 鱼粉因加工和来源不同品质差异较大。优质鱼粉的蛋白质含量一般为55%～65%，脂肪含量小于10%，含钙3.8%～4.5%，磷2.5%～3.0%，食盐含量小于4%。鱼粉蛋白质、赖氨酸、蛋氨酸、胱氨酸和色氨酸含量高，且消化率也高。此外，鱼粉含微量元素硒多，每千克高达2毫克。鱼粉中维生素含量丰富，尤其是B族维生素，鱼粉中含有所用植物性饲料都不具有的维生素B_{12}。鱼粉用量过高时，既增加成本又会使禽肉产生腥味，还易造成肌胃糜烂，所以柴鸡饲料中鱼粉的适宜用量为1%～6%。国产鱼粉一般含盐量高，配合饲料时要加以考虑，适当降低食盐的添加量，避免食盐中毒。

2. 肉粉、肉骨粉、骨肉粉 由废弃的胴体、内脏等加工而成的产品，蛋白质含量变化很大，一般在50%左右。蛋白质含量高的肉骨粉，钙磷含量较少；蛋白质含量低者被称为骨肉粉，其钙磷含量较高。肉骨粉蛋白质含量为20%～26%，脂肪含量为8%～12%，钙含量为10%～14%，磷含量为3%～8%。赖氨酸含量丰富，但蛋氨酸和色氨酸较少。缺乏维生素A和D、核黄素、烟酸等，但维生素B_{12}较多。肉骨粉在柴鸡日粮中可使用5%左右。

3. 血粉 血粉是屠宰牲畜所得血液经干燥后制成的产品，含粗蛋白质80%以上，赖氨酸含量为6%～7%，但异亮氨酸、蛋氨酸含量较低。血粉中含铁多，每千克约含2 900毫克。血粉适口性差，日粮中不宜多用，易引起腹泻，柴鸡日粮中应控制在1%～3%。

4. 昆虫 放养鸡一般采食到的植物性饲料多，补食的饲料量有限，所以容易缺乏蛋白质，特别是动物性蛋白质而影响生长和生产。解决动物性蛋白质不足问题，饲养者可以利用人工方法生产一些昆虫类、蚯蚓等动物性蛋白质直接喂鸡，既保证充足的动物性蛋白质供应，促进生长和生产，降低饲料成本，又能够提高产品质量。

（1）黄粉虫 黄粉虫干品含脂肪30%，含蛋白质高达50%以上，此外还含有磷、钾、铁、钠、铝等常量元素和多种微量元素。因干燥的黄粉虫幼虫含蛋白质40%左右、蛹含57%、成虫含60%，被誉为“蛋白质饲料宝库”。

（2）蝇蛆 蝇蛆是营养成分全面的优质蛋白资源。分析测试结果表明，蝇蛆含粗蛋白质59%～65%、脂肪2.6%～12%，无论是原物质还是干粉，蝇蛆的粗蛋白质含量都与鲜鱼、鱼粉及肉骨粉相近或略高，蝇蛆的营养成分较全面，含有动物所需要的17种氨基酸，并且每种氨基酸的含量均高于鱼粉，蛋氨酸含量是鱼粉的2.7倍，赖氨酸含量是鱼粉的2.6倍。同时，蝇蛆还含有多种生命活动所需要的微量元素，如铁、锌、锰、磷、钴、铬、镍、硼、钾、钙、镁、铜、硒、锗等。蝇蛆是代替鱼粉的优良动物蛋白饲料。使用蝇蛆生产的虫子鸡，肌肉纤维细，肉质细嫩，口感爽脆，香味浓郁，补气补血，养颜益寿，虫子鸡的蛋俗称安全蛋，富含人体所需的17种氨基酸，10多种微量元素和多种维生素，特别是被称为“抗癌之王”的硒和锌的含量是普通禽类的3～5倍，是当代最为理想的食疗珍禽和理想的营养滋补佳品，被誉为“蛋中极品”。

（3）蚯蚓　蚯蚓含有丰富的蛋白质，适口性好、诱食性强，是畜、禽、鱼类等的优质蛋白饲料。蚯蚓粪中有22.5％的粗蛋白质，丰富的粗灰分、钙、磷、钾、维生素和17种氨基酸。据报道，将90％蚯蚓粪、10％蚯蚓粉和少量微生物配成生物饲料，按1％～5％的添加量，可使柴鸡球虫病、呼吸道、消化道疾病减少50％，蛋鸡产蛋高峰期延长25天左右。鸡蛋个大、味香、红心。

（三）单细胞蛋白质饲料

单细胞蛋白饲料主要是指通过发酵方法生产的酵母菌、细菌、霉菌及藻类细胞生物体等。单细胞蛋白饲料营养丰富、蛋白质含量较高，且含有18～20种氨基酸，组分齐全，富含多种维生素。如啤酒酵母、味精渣等。单细胞蛋白质饲料也存在适口性问题，因此在配合饲料中不宜多用，以1％～2％为宜。

三、矿物质饲料

柴鸡常用的矿物质饲料主要有以下几种：

（一）食盐

钠和氯都是动物所需的重要无机物。食盐是补充钠、氯的最简单、价廉的有效的物质。食盐的生理作用是刺激唾液分泌、促进其他消化酶的作用，同时可改善饲料的味道，促进食欲，保持体内细胞的正常渗透压。食盐中含氯60%，含钠40%，饲料用食盐多属工业用盐，含氯化钠95%以上。食盐在畜禽配合饲料中用量一般为0.25%～0.5%，食盐不足可引起食欲下降，采食量降低，生产性能下降，并导致异嗜癖。采食过量时，只要有充足的饮水，一般对动物健康无不良影响，但若饮水不足，可能出现食盐中毒，若雏鸡料中含盐达0.9%以上则会出现生长受阻，严重时会出现死亡现象。因此，使用含盐量高的鱼粉、酱渣等饲料时应特别注意。可以用食盐作为载体，制成微量元素预混料的食盐砖，供给放牧家畜舔食用。在缺硒地区、缺铜地区和缺锌地区等，也可分别制成含亚硒酸钠、含硫酸铜和硫酸锌的食盐砖使用。

（二）含钙饲料

1. 石粉　石粉为天然的碳酸钙，含钙在35%以上。同时还含有少量的磷、镁、锰等。一般来说，碳酸钙颗粒越细，吸收率越好。用于蛋鸡产蛋期以粗粒为好。在肉鸡饲料中，一般添加1%～2%，产蛋鸡料在7%左右。种鸡饲料中一般用石粉和贝砂（贝壳碎粒，粒度为5.9～11.9毫米）各半，使用效果较好。目前还有相当一部分厂家用石粉作微量元素载体，其特点是松散性好，不吸水，成本低。

2. 贝壳粉　贝壳粉是所有贝类外壳粉碎后制得的产物总称，包括牡蛎壳粉、河蚌壳粉以及蛤蜊壳粉等。粒度大的叫贝砂。其主要成分为碳酸钙，一般含碳酸钙96.4%，折合含钙量为36%左右。贝壳粉用于蛋鸡、种鸡饲料中，可增强蛋壳强度，片状贝壳粉效果更好。贝壳粉价格一般比石粉贵1～2倍，所以饲料成本会因之上升，特别是产蛋鸡、种鸡料需钙含量高，用贝壳粉会比石粉明显影响成本。应根据实际情况取舍，最好用30%贝砂，70%石粉，既不影响蛋的质量，成本也增加不多，但必须是优质贝砂。

3. 蛋壳粉 蛋壳粉是蛋加工厂的废弃物，包括蛋壳、蛋膜、蛋等混合物经干燥灭菌粉碎而得，优质蛋壳粉含钙可达34%以上，还含有粗蛋白质7%、磷0.09%。蛋壳粉用于蛋鸡、种鸡饲料中，可增加蛋壳硬度，其效果优于使用石粉。有资料报道，蛋壳粉生物利用率甚佳，是理想的钙源之一。

（三）含磷饲料

1. 磷酸二氢钠 磷酸二氢钠为白色粉末，含两个结晶水或无结晶水，含磷在26%以上，含钠为19%，重金属以铅计不应超过每千克20毫克。磷酸二氢钠水溶性好，生物利用率高，既含磷又含钠，适用于所有饲料，特别适用于液体饲料或鱼虾饲料。

2. 磷酸氢二钠 磷酸氢二钠为白色细粒状，无水磷酸氢二钠含磷为21.82%、含钠在31%以上。12水化合物含磷8.7%、钠12.84%。其水溶性好，生物利用率高，同时补磷又补钠，可用于液体饲料，也可用于一般饲料，在氯足够时可代替部分氯化钠使用，以免氯过高。

（四）钙磷平衡饲料

1. 骨粉 骨粉是以家畜（多为猪、牛、羊）骨骼为原料，经蒸汽高压灭菌后干燥粉碎而制成的产品，按其加工方法不同，可分为蒸制骨粉、脱胶骨粉和焙烧骨粉。骨粉含钙24%～30%，含磷10%～15%，蛋白质10%～13%。骨粉的质量取决于有机物的脱去程度，有机物含量高的骨粉不仅钙、磷含量低。而且常携带有大量细菌，易发霉结块，并产生异臭，降低品质。由于原料质量变异较大，骨粉质量也不稳定。目前有逐渐向骨源磷酸氢钠方向发展的趋势，大规模饲料厂较少使用骨粉。骨粉在猪、鸡的配合饲料中的使用量为1%～3%，使用骨粉作饲料时，仍需注意氟的含量应在安全范围内。

2. 磷酸氢钙（磷酸二钙）　磷酸氢钙为白色或灰白色粉末。含钙量不低于23%，含磷量不低于18%。铅含量每千克不超过50毫克。磷酸氢钙的钙、磷利用率高，是优质的钙、磷补充料，占鸡饲料1.2%～2.0%。

3. 磷酸钙（磷酸三钙）　磷酸钙为白色晶体或无定型粉末，含钙38.69%、磷19.97%。其生物利用率不如磷酸氢钙，但也是重要的补钙剂之一。市场上销售的淡黄色、灰色、灰中间白色等产品，都是不纯的，而且杂质相当高，特别是那些含磷低于16%甚至不足15%的，质量较差，有的含氟高达1.8%以上，根本不能使用，购买时一定要注意。

4. 磷酸二氢钙（磷酸一钙）　磷酸二氢钙为白色结晶粉末，含钙量不低于15%，含磷不低于22%。其水溶性、生物利用率均优于磷酸氢钙，是优质钙、磷补充剂，适用于鱼虾饲料，利用率优于其他磷源，适于作液体饲料，乳猪料等相对价值高的饲料。作一般饲料虽好，但价格略高些。

（五）砂砾

它不是饲料，但可帮助消化，提高饲料转化率。可在日粮中添加0.5%～1%的砂砾，或在运动场内置砂盘让柴鸡自由啄取。

四、青绿饲料

青绿饲料主要指天然水分含量等于或高于60%的青绿多汁饲料。主要包括天然牧草、人工栽培牧草、青饲作物、叶菜类、非淀粉质根茎瓜类、水生植物及树叶类等。这类饲料种类多、来源广、产量高、营养丰富，对促进动物生长发育、提高畜产品品质和产量等具有重要作用，被人们誉为“绿色能源”。其营养特点为：

（一）水分含量高

陆生植物的水分含量为60%～90%，而水生植物可高达90%～95%。因此其鲜草含的干物质少，能值较低。陆生植物每千克鲜重的消化能为1.2～2.5兆焦。如以干物质为基础计算，其消化能值为每千克8.37～12.55兆焦。尽管如此，优质青绿饲料干物质的能量营养价值仍可与某些能量饲料相媲美，如燕麦籽实干物质所含消化能为每千克12.55兆焦，而麦麸为每千克10.88兆焦。

（二）蛋白质含量较高，品质较优

一般禾本科牧草和叶菜类饲料的粗蛋白质含量为1.5%～3.0%，豆科牧草为3.2%～4.4%。若按干物质计算，前者粗蛋白质含量达13%～15%，后者可高达18%～24%。后者可满足动物在任何生理状态下对蛋白质的营养需要。不仅如此，由于青绿饲料是植物体的营养器官，含有各种必需氨基酸，尤其以赖氨酸、色氨酸含量较高，故蛋白质生物学价值较高，一般可达70%以上。

（三）粗纤维含量较低

幼嫩的青绿饲料含粗纤维较少，木质素低，无氮浸出物较高。若以干物质为基础，则其中粗纤维为15%～30%，无氮浸出物为40%～50%。粗纤维的含量随着植物生长期的延长而增加，木质素的含量也显著增加。一般来说，植物开花或抽穗之前，粗纤维含量较低。

（四）钙、磷比例适宜

青绿饲料中矿物质含量因植物种类、土壤与施肥情况而异。以温带草地牧草为例，一些重要矿物质元素的含量范围钙为

0.25%～0.5%，磷为0.20%～0.35%，比例较为适宜，特别是豆科牧草钙的含量较高，因此依靠青绿饲料为主食的动物不易缺钙。此外，青绿饲料尚含有丰富的铁、锰、锌、铜等微量矿物质元素。但牧草中钠和氯一般含量不足，所以放牧家畜需要补给食盐。

（五）维生素含量丰富

青绿饲料是维生素营养的良好来源。特别是胡萝卜素含量较高，每千克饲料含50～80毫克。在正常采食情况下，胡萝卜素的摄入量要超过其本身需要量的100倍。此外，青绿饲料中维生素B族、维生素E、维生素C和维生素D的含量也较丰富，如每千克青苜蓿中含硫胺素为1.5毫克、核黄素4.6毫克、烟酸18毫克。但缺乏维生素D，维生素B_6（吡哆醇）的含量也很低。另外，青绿饲料幼嫩、柔软、多汁，适口性好，还含有各种酶、激素和有机酸，易于消化。

放养柴鸡可在放养地觅食青草、树叶等天然的青绿饲料资源。如果天然饲料量不足时会严重影响鸡的生长或生产，消耗较多的精饲料，增加生产成本。所以，应该充分利用牧地开发饲料资源，生产更多的绿色饲料，降低饲养成本。但利用青绿饲料喂鸡，必须注意以下问题：

1. 控制比例　鲜嫩的青绿饲料适口性好，鸡爱吃，但由于含水量大，不宜多喂，必须与其他饲料配合饲喂，且比例不能过高，否则易引起拉稀或肠炎。一般，青绿饲料应占雏鸡日粮的15%～20%，占成鸡日粮的20%～30%；树叶类青绿饲料，粗纤维含量多，添加量占日粮的10%左右为宜。在乏青季节或大型养鸡场，也可用干草粉或树叶粉代替青绿饲料喂鸡，在日粮中的比例干草粉占5%～10%、树叶粉占5%～8%为宜。

2. 合理调制　多数青绿饲料都可以直接用来喂鸡，但容易造成浪费，经粉碎后单独或拌入饲料中饲喂，鸡更容易采食，利用率也高。尤其是块根类和瓜类饲料，更应粉碎后喂给，必要时煮熟再喂。水生植物如浮莲、水葫芦等，往往含有一些寄生虫卵或幼虫，则必须煮熟后再喂。

3. 保持清洁 喂前洗净，去掉泥土等脏物，并剔除腐败变质的饲料，防止中毒。青绿饲料酸度高，喂鸡时可拌入2%左右的贝壳粉，以中和酸度。饲喂不当引起鸡拉稀或肠炎等疾病时，应立即停喂或限量饲喂，并在日粮中加入0.2%～0.4%土霉素进行治疗，待鸡恢复常态后再按正常比例喂给。

第三节 常用饲料添加剂

柴鸡常用的饲料添加剂主要有以下几种：

一、氨基酸类添加剂

家禽饲料中应用较普遍的有蛋氨酸和赖氨酸。也可添加精氨酸、苏氨酸、谷氨酸等，但成本较高不常用。无鱼粉或低鱼粉日粮必须添加蛋氨酸，蛋白质饲料以豆粕为主的日粮中赖氨酸可以添加很少或不加。常规柴鸡日粮中氨基酸添加量为0.05%～0.2%。氨基酸添加剂形式目前主要有固态和液态两种。

二、维生素类添加剂

柴鸡日粮中使用的维生素添加剂有14种，按溶解性可分为脂溶性维生素和水溶性维生素，脂溶性维生素包括维生素A、维生素D、维生素E、维生素K；水溶性维生素包括硫胺素、核黄素、泛酸、烟酸、吡哆醇、叶酸、生物素、维生素B_{12}、胆碱、维生素C。

（一）脂溶性维生素添加剂

1. 维生素A添加剂

（1）维生素A的理化特性　维生素A是一类具有相似结构和生物活性的高度不饱和脂肪醇。维生素A是视黄醇和3-脱氢视黄醇的统称，后者生理活性仅为前者的40%。维生素A一般指视黄醇。维生素A在自然界中主要以脂肪酸酯的形式存在。胡萝卜素在动物体内可转化成维生素A，故称维生素A前体或维生素A原。重要的维生素A原有α-胡萝卜素、β-胡萝卜素、γ-胡萝卜素和隐黄质。其中β-胡萝卜素的活性最高，如以β-胡萝卜素的生物活性为100%，α-胡萝卜素、γ-胡萝卜素和隐黄质则依次为50%、28%和58%。

（2）维生素的计量单位　有国际单位和美国药典单位，还可用1微克视黄醇作为标准维生素A视黄醇当量。世界卫生组织规定1国际单位=0.344微克维生素A醋酸酯。其他不同化学形式的维生素A的国际单位与活性成分重量间的换算关系是：

1国际单位=0.300微克结晶维生素A（视黄醇）；

1国际单位=0.358微克维生素A乙酸酯；

1国际单位=0.550微克维生素A棕榈酸酯。

（3）维生素A的添加剂形式

①维生素A油：大多从鱼肝中提取，一般是加入抗氧化剂后制成微囊作添加剂，也称鱼肝油。其中每克含维生素A 850国际单位和维生素D 65国际单位。

②维生素A乙酸酯：它可由β-紫罗兰酮为原料化学合成的，外观为鲜黄色结晶粉末，易吸湿，遇热或酸性物质、见光或吸潮后易分解。加入抗氧化剂和明胶制成微粒作为饲料添加剂，此微粒为灰黄色至淡褐色颗粒，易吸潮，遇热和酸性气体或见光或吸潮后易分解。产品规格有每克30万国际单位、每克40万国际单位和每克50万国际单位。

③维生素A棕榈酸酯：外观为黄色油状或结晶固体，不溶于水，溶于乙醇，易溶于乙醚、三氯甲烷、丙酮和油脂中。经过预处理的维生素A酯，在正常贮存条件下，如果是在维生素预混料中，每月损失0.5%～1%；如在维生素矿物质预混料中，每月损失2%～5%；在全价配合饲料（粉料或颗粒料）中，温度在23.9～37.8℃时，每月损失5%～10%。两种酯化产品都要求存放于密封容器中，置避光、防湿的环境中。温度最好控制在20℃以下，且温度变化不宜过大。此种条件下贮存的维生素A添加剂，一年内活性成分损失得很少。

④β-胡萝卜素：外观呈棕色至深紫色结晶粉末；不溶于水和甘油，难溶于乙醇、脂肪和油中，微溶于乙醚、丙酮、三氯甲烷和苯，对光和氧敏感。1毫克β-胡萝卜素结晶相当于1 667国际单位的维生素A生物活性。饲料中多用10%的β-胡萝卜素预混剂，外观为红色至棕红色，流动性好的粉末。

2. 维生素D添加剂

（1）维生素D的特性　维生素D又称钙（或骨）化醇，系类固醇的衍生物。自然界中维生素D以多种形式存在。在动物皮下的7-脱氢胆固醇，经紫外光照射后转化为维生素D_3，在酵母或植物细胞中的麦角固醇，经紫外光照射后转化为维生素D_2。

①维生素D_2：又叫麦角固醇、麦角钙（骨）化固醇、钙化固醇，外观呈白色至黄色的结晶粉末，无臭味；易溶于乙醇、乙醚、氯仿中。遇光、氧和酸迅速破坏，故应保存于避光容器内，以氮气填充。

②维生素D_3：又称胆钙化固醇，与维生素D_2的结构相似。从稀释的丙酮中可结晶成精制白色针状物，无臭味；易溶于乙醇、氯仿等有机溶剂中，但不溶于水。维生素D_3比维生素D_2稳定。猪对维生素D_2和维生素D_3的利用率相同，而家禽对维生素D_2的利用率仅是维生素D_3的1/40～1/30。因而对于家禽来说只能用维生素D_3。

（2）维生素D的添加剂形式和产品规格

①维生素D_2和D_3的干燥粉剂：外观呈奶油色粉末，含量每克50万国际单位或每克20万国际单位。

②维生素D_3微粒：是饲料工业中使用的主要维生素D_3添加剂。维生素D_3添加剂是以含量为每克130万国际单位以上的维生素D_3为原料，配以一定量的2，6-二叔丁基-4-甲基苯酚（BHT）及乙氧喹啉抗氧化剂，采用明胶和淀粉等辅料，经喷雾法制成的微粒。维生素D_3的产品规格有每克50万国际单位、每克40万国际单位和每克30万国际单位。

③维生素AD微粒：是以维生素A乙酸酯原油与含量为每克130万国际单位以上的维生素D_3为原料，配以一定量的BHT及乙氧喹啉抗氧化剂，采用明胶和淀粉等辅料，经喷雾法制成的微粒。每单位重量中维生素A乙酸酯与维生素D_3之比为5∶1

维生素D的计量单位为国际单位或国际鸡单位，与结晶维生素D_3的关系为：1国际单位维生素D=1国际鸡单位D=1美国药典单位维生素D=0.025微克结晶维生素D_3活性。

3. 维生素E添加剂

（1）维生素E的理化特性　维生素E亦称生育酚。目前已知的至少有8种，它们是一组化学结构相似的酚类化合物，结构上的差别只在于甲基的数量和位置。其中有四种（α、β、γ、δ）较为重要，而以α-生育酚分布最广，效价最高，最具代表性。α-生育酚还具有吸收氧的能力，具有重要的抗氧化特性，常用作抗氧化剂，用以防止脂肪、维生素A等氧化分解，但能被酸败的脂肪破坏。

（2）维生素E的添加剂形式及规格　维生素E的主要商品形式有D-α-生育酚、DL-α-生育酚、D-α-生育酚乙酸酯和DL-α-生育酚乙酸酯。饲料工业中应用的维生素E商品形式有两种，一种是DL-α-生育酚乙酸酯油剂，为微绿黄色或黄色的黏稠液体，遇光色渐渐变深。本品中加入了一定量的抗氧化剂。

另一种为维生素E粉剂，是由DL-α-生育酚乙酸酯油剂加入适当的吸附剂制成，一般有效含量为50%。本品一般呈白色或浅黄色粉末，易吸潮，在饲料工业中常用。

维生素E的活性单位仍以国际单位表示。其关系如下：

1毫克DL-α-生育酚乙酸酯=1国际单位维生素E；

1毫克DL-α-生育酚=1.10国际单位维生素E；

1毫克D-α-生育酚=1.49国际单位维生素E；

1毫克D-α-生育酚乙酸酯=1.36国际单位维生素E。

维生素E添加剂的活性也常以百分数表示，如市售添加剂的维生素E含量为50%。我国已制订饲料添加剂维生素E粉国家标准（GB 7293—87）和饲料添加剂维生素E（原料）国家标准（GB 9454—88）。

4. 维生素K添加剂

（1）维生素K的特性　维生素K是一类甲萘醌衍生物的总称，共分两大类：一类是从天然产物中分离提纯获得的，即从绿色植物中提取的维生素K_1和来自微生物的代谢产物维生素K_2。另一类是人工合成的，包括亚硫酸钠甲萘醌和甲萘醌，统称为维生素K_3；以及乙酰甲萘醌——维生素K_4。其中最重要的是维生素K_1、维生素K_2和维生素K_3。维生素K_1为黄色黏稠状物；维生素K_2则是淡黄色晶体。二者对热稳定，但易受碱、光破坏。对胃肠黏膜刺激性较大。维生素K_3外观为白色或灰黄褐色结晶粉末，无臭，遇光易分解，易吸潮。溶于水，难溶于乙醇，几乎不溶于乙醚和苯；常温下稳定，遇光易分解；对皮肤和呼吸道有刺激性。维生素K_3的活性约比维生素K_2高3.3倍。饲料添加剂中常用的是维生素K_3，专指甲萘醌或由亚硫酸氢钠和甲萘醌反应而生成的亚硫酸氢钠甲萘醌（MSB）。

（2）维生素K的添加剂形式

①亚硫酸氢钠甲萘醌（MSB）：即维生素K_3，有两种规格，一种含活性成分94%，未加稳定剂，故稳定性较差。另一种

MSB用明胶微囊包被，稳定性好，含活性成分25%或50%。

②亚硫酸氢钠甲萘醌复合物（MSBC）：是甲萘醌和MSB的复合物。规定含甲奈醌30%以上，是一种晶粉状维生素K_3添加剂，可溶于水，水溶液pH为4.5～7。加工过程中已加入稳定剂，50℃以下对活性无影响。

③亚硫酸嘧啶甲萘醌（MPB）：是近年来维生素K_3添加剂的新产品。呈结晶性粉末，系亚硫酸甲萘醌和二甲嘧啶酚的复合体。含活性成分50%，稳定性优于MSBC，但有一定毒性，应限量使用。

（二）水溶性维生素添加剂

1. 维生素B_1添加剂

（1）维生素B_1的理化特性　维生素B_1又称硫胺素，抗神经炎素。一种是盐酸硫胺素，另一种是单硝酸硫胺素。外观呈白色结晶粉末，易溶于水，微溶于乙醇，不溶于乙醚、三氯甲烷、丙酮和苯等有机溶剂，在黑暗干燥条件下和在酸性溶液中稳定，在碱性溶液中易氧化失活。单硝酸硫胺素外观呈白色结晶或微黄色晶体粉末；微溶于乙醇和三氯甲烷，吸湿性较小，稳定性较好。

（2）商品形式　用于饲料工业的维生素B_1添加剂主要有两种：一是盐酸硫胺，该产品为白色结晶或结晶性粉末，有微弱的臭味，味苦。干燥品在空气中迅速吸收约4%的水分。二是硝酸硫胺，为白色或微黄色结晶或结晶性粉末，有微弱的臭味，无苦味。稳定性比盐酸硫胺好，但水溶性比盐酸硫胺差。维生素B_1添加剂的活性成分含量常以百分数表示，大多数产品的活性成分含量达到96%。动物日粮中以每千克饲料中含有多少毫克（毫克）表示。

2. 维生素B_2添加剂

（1）维生素B_2的理化特性　维生素B_2是一种含有核糖和异咯嗪的黄色物质，故又称核黄素。外观呈橙黄色针状晶状或结晶性粉末；微臭，味微苦，溶于水和乙醇，在酸性溶液中稳定，在碱性溶液中或遇光时易变质，不溶于乙醚、丙酮和三氯甲烷等有机溶剂中。耐热，储存在干燥的环境中较稳定，在35℃的条件下储存二年基本上无损失，宜在干燥、避光的环境储存，同时避免与还原剂、稀有金属等接触。在生物体内，维生素B_2以黄素单核苷酸和黄素腺嘌呤二核苷酸的形式存在。

（2）*商品形式* 维生素B_2的主要商品形式为核黄素及其酯类，为黄色至橙黄色的结晶性粉末。维生素B_2添加剂常用的是含核黄素96%、55%、50%等的制剂。

3. 泛酸添加剂

（1）*泛酸的理化特性* 泛酸即维生素B_3，因为它在自然界中分布十分广泛，所以又称之为遍多酸。它是α，γ-二羟-β，β-二甲基丁酸与β-丙氨酸通过肽键缩合而成一种有机机酸。为淡黄色黏稠的油状物，易溶于水和乙醇中；吸湿性极强，不稳定，在酸性和碱性溶液中易受热被破坏，在中性溶液中比较稳定，对氧化剂和还原剂极为稳定。泛酸具有旋光性，只有右旋（D—）异构体具有维生素B_3的活性，消旋型（DL-）泛酸（盐）活性为右旋的50%。

（2）*泛酸的添加剂形式* 游离的泛酸是不稳定的，吸湿性极强，所以在实际中常用其钙盐。泛酸钙添加剂的活性成分是泛酸，含量以百分数表示。有98%、66%和55%几种。1毫克D-泛酸钙活性与0.92毫克泛酸相当；而1毫克DL-泛酸钙活性则仅相当于0.45毫克泛酸。泛酸钙若单独贮放，其稳定性好，但不耐酸、碱，也不耐高温。若在pH≥8或pH<5的环境条件下损失加快。在35℃条件下储存2年，损失高达70%，在多维预混料中，与烟酸是配伍禁忌，切勿直接接触，同时要注意防潮。

4. 胆碱添加剂

（1）*胆碱的理化特性* 胆碱又称维生素B_4，是β-羟乙基-三甲胺羟化物，以三甲胺与氯乙醇为原料化学合成。外观为无色粉末，在空气中极易吸水潮解；易溶于水、甲醇、乙醇，难溶于丙酮、三氯甲烷，不溶于石油醚和苯，具强碱性，与酸反应生成稳定的白色结晶盐。

（2）胆碱的添加剂形式　胆碱的商品形式主要为氯化胆碱，是胆碱与盐酸反应得到的白色结晶。易溶于水和乙醇，不溶于乙醚和苯。有液态和粉粒固态两种形式。液态氯化胆碱添加剂的有效成分为70%，为无色透明的黏稠液体，稍具有特异的臭味，具有很强的吸湿性。固态粉粒的氯化胆碱添加剂的有效成分为50%或60%，是以70%氯化胆碱水溶液为原料加入脱脂米糠、玉米芯粉、稻壳粉、麸皮、无水硅酸等赋形剂而制成，也具有特殊的臭味，吸湿性很强。氯化胆碱本身稳定，未开封的氯化胆碱至少可储存2年以上。在氯化胆碱的使用中，最值得注意的是胆碱对其他维生素有极强的破坏作用，特别是在有金属元素存在时，对维生素A、维生素D、维生素K的破坏较快。因而维生素添加剂产品的设计中，最好不要将胆碱加入1%的预混料中，一般是把氯化胆碱单独制成预混剂，直接加入到全价饲料中去，减少胆碱与其他维生素的接触机会。

5. 维生素B_5添加剂

（1）维生素B_5的理化特性　维生素B_5包括尼克酸（烟酸）和尼克酰胺（烟酰胺）。为无色针状结晶，溶于水和乙醇，不溶于丙酮和乙醚；不为酸、碱、光、氧或热破坏。尼克酰胺为无色针状结晶，味苦；易溶于水、乙醇和甘油，微溶于乙醚和三氯甲烷；在强酸或强碱中加热时，烟酰胺水解生成烟酸。

（2）维生素B_5的添加剂形式　维生素B_5的商品形式为烟酸和烟酸胺两种。烟酸该产品为白色至微黄色结晶性粉末，无臭，味微酸，较稳定，但不能与泛酸直接接触，它们之间很容易发生反应，影响其活性。市售商品的有效含量为98%～99.5%。饲料工业中使用的烟酰胺含量在98%左右。该产品为白色至微黄色结晶性粉末，无臭，味苦。

6. 维生素 B_6 添加剂

(1) 维生素 B_6 的理化特性　维生素 B_6 包括三种吡啶衍生物，即吡哆醇、吡哆醛、吡哆胺。它们在生物体内可相互转化且都具有维生素 B_6 的活性。外观呈白色结晶；味酸苦；对热和酸相当稳定；易氧化；易被碱和紫外光所破坏；易溶于水。

(2) 维生素 B_6 的添加剂形式　饲料工业中一般使用盐酸吡哆醇，外观为白色至微黄色结晶粉末，易溶于水，微溶于乙醇，不溶于三氯甲烷和乙醚对热敏感，遇光和紫外线照射易分解。维生素 B_6 稳定性好，宜贮存于阴凉、干燥处。

7. 叶酸添加剂

(1) 叶酸的理化特性　叶酸又称维生素 B_{11}，化学名称为蝶酸谷氨酸。叶酸外观为黄至橙黄色结晶性粉末；易溶于稀碱，稀酸；溶于水，不溶于乙醇、丙酮、乙醚等有机溶剂中。对空气和热均稳定，酸、碱、氧化剂与还原剂对叶酸均有破坏作用。叶酸本身不具生物活性，需要在体内进行加氢还原后生成5，6，7，8-四氢叶酸（THFA）才具生理活性。

(2) 叶酸的添加剂形式　纯的叶酸为黄色或橙黄色结晶性粉末，无臭，无味，对空气和温度非常稳定，但对光照；尤其是紫外线、酸碱、氧化剂、还原剂等则不稳定。叶酸产品有效成分在98%以上。但因具有黏性，也要进行预处理，如加入稀释剂降低浓度，以克服其黏性而有利于预混料的加工。叶酸添加剂商品活性成分含量仅有3%或4%。

8. 生物素添加剂

(1) 生物素的理化特性　生物素又称维生素 H，是一种含硫元素的环状化合物。大约有8种同分异构体。其中只有右旋异构体（D-生物素）具有生物学活性。长针状结晶粉末，溶于稀碱溶液中，微溶于水和乙醇，不溶于脂肪等大多数有机溶剂。对空气、光线和热相对稳定，但能被紫外线、强酸：强碱、氧化剂和甲醛等破坏。

（2）生物素的添加剂形式 生物素的商品形式为D-生物素。纯品干燥后含生物素98%以上，商品可含有相当于标示量的90%～120%。饲料添加剂所用剂型常为用淀粉、脱脂米糠等稀释的粉末状产品，含生物素一般为1%（标签上标有H-1）或2%（标签上标有H-2）。外观为白色至淡黄色粉末，无臭无味。原包装保存期至少1年以上，置阴凉干燥处即可，一旦开封应尽快用完。

9. 维生素B_{12}添加剂

（1）维生素B_{12}的理化特性 维生素B_{12}因其分子中含有氰和大约4.5%的钴，又称作氰钴胺素或钴胺素，是惟一含有金属元素的维生素。维生素B_{12}结构复杂。呈深红色结晶粉末，具有吸湿性，微溶于水，溶于乙醇，不溶于丙酮、乙醚、三氯甲烷等有机溶剂中。

（2）维生素B_{12}的添加剂形式 主要商品形式有氰钴胺、羟基钴胺（水合钴胺）等。外观为红褐色细粉，作为饲料添加剂有1%、2%和0.1%等剂型。

10. 维生素C添加剂

（1）维生素C的理化特性 又称抗坏血酸。自然界中具有生物活性的是L-抗坏血酸。为白色结晶或结晶性粉末，无臭，有酸味，易溶于水。稍溶于乙醇，不溶于乙醚和三氯甲烷等有机溶剂中。具有强还原性，遇空气、热、光、碱性物质、痕量铜和铁可加快其氧化。抗坏血酸钙为白色至黄白色结晶性粉末，无臭无味，易溶于水。

（2）维生素C添加剂的商品形式 维生素C的商品形式为抗坏血酸、抗坏血酸钠、抗坏血酸钙以及包被抗坏血酸。有100%的结晶，50%的脂质包被产品以及97.5%的乙基纤维素包被产品等产品形式。其中包被的产品比未包被的结晶稳定性高4倍多。由于维生素C的稳定性差，目前饲料工业中使用的产品一般为稳定型维生素C。主要产品有：

①抗坏血酸聚磷酸盐：L-抗坏血酸-2-聚磷酸盐（Aspp）这种化合物在加工储存过程中不被破坏，而动物食入后又能消化，分解为维生素C和磷酸盐。Aspp的抗氧化性比一般形态的维生素C大20～1 300倍。在25℃或40℃下，颗粒料中Aspp的稳定性比非磷酸化维生素C高数十倍。

②抗坏血酸单磷酸盐：包括抗坏血酸单磷酸镁（AMP-Mg）、抗坏血酸单鳞酸钠（AMP-Na）和抗坏血酸单磷酸钙（AMP-Ca），三种化合物在较热和潮湿的环境中非常稳定，且易被动物吸收利用。

③抗坏血酸硫酸盐：这类产品主要有抗坏血酸硫酸钾和抗坏血酸硫酸镁等。抗坏血酸硫酸钾（商品名称为Astos）比普通维生素C的稳定性强，且饲用效果好。

④乙基纤维包被维生素C：这种产品的维生素C稳定性比普通维生素C稳定性有所提高，但仍不太理想，脂肪包被维生素C产品的脂肪层有助于隔绝水分以防止其中维生素C被氧化。当水产动物食入该物质后，脂肪层就被脂肪酶分解，其中的维生素C就释放出来而被动物吸收。在饲料常规的膨化和制粒过程中，脂肪包被维生素C产品中维生素C损失率低于20%。

三、微量元素添加剂

1. 铜元素的添加剂 可作饲料添加剂的含铜化合物有：碳酸铜、氯化铜、氧化铜、硫酸铜、磷酸铜、焦磷酸铜、氢氧化铜、碘化亚铜、葡萄糖酸铜等。其中最常用的为硫酸铜，其次是氧化铜和碳酸铜。一般认为对雏鸡而言，硫酸铜、氧化铜对增重有同样的效果。

（1）硫酸铜 硫酸铜的生物学效价最好，成本低，饲料中应用最为广泛。市售产品有两种：5个结晶水的硫酸铜为蓝色、无味的结晶或结晶性粉末；0～1个结晶水的硫酸铜为青白色、无味粉末，由5个结晶水的硫酸铜脱水所得。5个结晶水的硫酸铜易吸湿返潮、结块，对饲料中的有些养分有破坏作用，不易加工，加工前应进行脱水处理，而1个结晶水的硫酸铜克服了5个结晶水的硫酸铜的缺点，使用方便，更受欢迎。

（2）氧化铜 为黑色结晶。在有些国家和地区，因其价格较硫酸铜便宜，且对饲料中其他营养成分破坏性较小，加工方便而较其他化合物使用普遍；但在液体饲料或代乳品中，均应使用溶于水的硫酸铜。

（3）碱式碳酸铜 为青绿色，无定形粉末或暗褐色的结晶。

2. 含铁元素添加剂 用于饲料添加剂的有：硫酸亚铁、硫酸铁、碳酸亚铁、氯化亚铁、磷酸铁、柠檬酸铁（枸橼酸铁）、柠檬酸铁铵、葡萄糖酸铁、富马酸铁（延胡索酸铁）、DL-苏氨酸铁、蛋氨酸铁、甘氨酸铁等。常用的一般为硫酸亚铁。一般认为硫酸亚铁利用率高，成本低。有机铁也能很好的被动物利用，且毒性低，加工性能优于硫酸亚铁，但价格昂贵，目前只有少量应用于幼畜日粮和疾病治疗等特殊情况下。若能降低产品价格将是很有前途的。氧化铁几乎不能被动物吸收利用，但在某些预混合饲料产品中用作饲料的着色剂。硫酸亚铁其产品主要有含1个结晶水（$FeSO_4 \cdot H_2O$）和7个结晶水的硫酸亚铁两种。

7个结晶水硫酸亚铁为淡绿色结晶或结晶性粉末，易潮解结块，加工前必须进行干燥处理。7个结晶水硫酸亚铁不稳定，在加工和贮藏过程中易氧化为不易被动物利用的三价铁。而且由于其吸湿性和还原性，对饲料中的某些维生素等成分易产生破坏作用。

1个结晶水硫酸亚铁为灰白色粉末，由7个结晶水硫酸亚铁加热脱水而得，因其不易吸潮起变化，加工性能好，与其他成分的配伍性好，在国外应用较多。我国主要是7个结晶水硫酸亚铁。目前已研制出包被7个结晶水硫酸亚铁制剂，其有效性、稳定性好，但价格较高。

3. 含锌元素的添加剂 可用作饲料添加剂的含锌化合物有：

硫酸锌、氧化锌、碳酸锌、氯化锌、醋酸锌、乳酸锌等。其中常用的为硫酸锌、氧化锌和碳酸锌。一般认为，这三种化合物都很好地被动物所利用，生物学效价基本相同。但也有报道指出，氧化锌对1～3月龄仔猪的生物学有效性比含7个结晶水的硫酸锌低17%。醋酸锌的有效性与7个结晶水的硫酸锌相同。据近年来的研究，锌与蛋氨酸、色氨酸的络合物具有很高的有效性，是很有前途的锌添加物，目前主要因价格偏高而未能广泛应用。

（1）硫酸锌　市场上的硫酸锌有两种产品即7个结晶水硫酸锌和1个结晶水硫酸锌。7个结晶水硫酸锌为无色结晶或白色无味的结晶性粉末，加热、脱水即制成为白色、无味粉末的1个结晶水硫酸锌。7个结晶水硫酸锌易吸湿结块，影响加工及产品质量，加工时需用水处理。而1个结晶水硫酸锌因加工过程无需特殊处理，使用方便，更受欢迎。

（2）氧化锌　为白色粉末。它不仅有与硫酸锌相同的效果，而且有效成分的比例高（含锌80.3%），成本低，稳定性好，贮存时间长，不结块、不变性，在预混料和配合饲料中对其他活性物质无影响，具有良好的加工特性，因此越来越受欢迎。

4. 含锰元素饲料添加剂　作为饲料添加剂的含锰化合物有硫酸锰、碳酸锰、氧化锰、氯化锰、磷酸锰、醋酸锰、柠檬酸锰、葡萄糖酸锰等，其中常用的为硫酸锰、氧化锰和碳酸锰，氯化锰因易吸湿使用不多。据研究，有机二价锰生物有效性都比较好，尤其是某些氨基酸络合物，但成本高，未能大量应用。

（1）硫酸锰　市场上一般为1个结晶水的硫酸锰为淡红色粉末。此外还有含2～7个结晶水的硫酸锰，都能很好地被动物利用。硫酸锰产品随结晶水的减少其锰的利用率降低，但含结晶水越多，越易吸湿、结块，加工不便，且影响饲料中其他成分（如维生素）的稳定性，故1个结晶水的硫酸锰应用广泛。

（2）碳酸锰　为白色、无定形、无臭粉末，市场上多为1个结晶水的碳酸锰。在日本为锰的主要添加剂之一。

（3）氧化锰　添加于饲料的氧化锰主要是一氧化锰，由于烘焙温度不同，可生产不同含量的产品，美国王子公司生产的氧化锰有含锰55%、60%、62%的三种规格，分别为棕色、绿棕色和绿色粉末。氧化锰化学性质稳定，有效成分含量高，相对价格低，许多国家逐渐以氧化锰代替硫酸锰。对防治鸡腱炎的研究表明，药品级硫酸锰、碳酸锰、氧化锰和高锰酸钾效果相近；而一些天然矿石的氧化锰、碳酸锰类因含有较多的杂质和其特殊的物理化学结构效果欠佳。

5. 含碘元素饲料添加剂　可作为碘源的化合物有：碘化钾、碘化钠、碘酸钾、碘酸钠、碘酸钙、碘化亚铜、3，5二碘水杨酸、乙二胺二氢碘化物、百里酚碘等。其中碘化钾、碘化钠可为家畜充分利用，但稳定性差，易分解造成碘的损失，碘酸钙、碘酸钾较稳定，其生物学效价与碘化钾相似，故在美国的微量元素预混料中应用最为广泛，但由于溶解度低主要用于非液体饲料，二碘水杨酸的效价不高，应用不多，乙二胺二氢碘化物是一种防止腐蹄病的药物，也可作碘的营养添加剂使用。饲料中最常用的为碘比钾、碘酸钙。

（1）碘化钾、碘化钠　碘化钾为无色或白色结晶性粉末，碘化钠为无色结晶，二者皆无臭或略带碘味，具有苦味及碱味，利用效率高，但其碘不稳定，通常添加柠檬酸铁及硬脂酸钙（一般添加10%）作为保护剂，使之稳定。我国主要用碘化钾。碘化钾、碘化钠添加于饲料作碘源生物学效价高，但对于防止和治疗“腐蹄病”、“软组织粗颌病”无作用。

（2）碘酸钙　为白色结晶或结晶性粉末，无味或略带碘味。其产品有无结晶水，1个和6个结晶水化合物。作为饲料添加剂的多为含0～1个结晶水的产品，其含碘量为62%～64.2%，基本不吸水，微溶于水，很稳定。其生物学效价与碘化钾相似，故逐渐取代碘化钾广泛添加于非液体饲料作为碘源，但据报道，猪碘酸钙的中毒剂量比碘化钾低得多。

(3) 乙二胺二氢碘化物（EDDI） 为白色或乳黄色结晶或结晶性粉末吸水性很强，较稳定，但在一定湿热条件下能与硫酸铜、硫酸锌和硫酸亚铁等反应，产生金属和碘的化合物并释放出游离碘。EDDI 生物学效价好，可应用于各种饲料（包括液体料）作为碘源。

6. 含硒元素饲料添加剂 硒酸钠和亚硒酸钠为常用硒原料添加剂。亚硒酸钠为亚硒酸的钠盐。硒酸钠为白色结晶粉末，易溶于水，亚硒酸钠为白色或粉红色结晶粉末，不易溶于水。亚硒酸钠因不溶于水，添加饲料中较稳定。硒酸钠与亚硒酸钠均为家禽饲料的优良的硒源，后者利用率较高。硒为剧毒性物质，应注意用量及饲料均匀度，每千克饲料中超过 3～5 毫克即有中毒的可能。

四、药物添加剂

1. 抗球虫药类 氨丙啉、氨丙啉＋乙氧酰胺苯甲酯、氨丙啉＋乙氧酰胺苯甲酯＋磺胺喹恶啉、硝酸二甲硫胺、氯羟吡啶、氯羟吡啶＋苄氧喹甲酯、尼卡巴嗪、尼卡巴嗪＋乙氧酰胺苯甲酯、氢溴酸常山酮、氯苯、二硝托胺、拉沙洛西钠、莫能菌素、盐霉素、马杜霉素、海南霉素。

2. 驱虫药类 越霉素 A、潮霉素 B。

3. 抑菌促生长剂类 喹乙醇、杆菌肽锌、硫酸黏杆菌素、杆菌肽锌＋硫酸黏杆菌素、北里霉素、恩拉霉素、维吉尼霉素、黄霉素、土霉素钙、金霉素钙、氨苯胂酸、磷酸泰乐菌素。

4. 中草药类 苍术、杨树花、陈皮、沙棘、金荞麦、党参、蒲公英、神曲、石膏、玄明粉、滑石、牡蛎。

5. 抗菌促生长类 包括多肽类、磷酸化多糖类、大环内酯类、聚醚类、氨基苷类等。多肽类：使用较多的为杆菌肽、黏杆菌素、恩拉霉素、维吉尼霉素、硫肽霉素、阿伏霉素。磷酸化多糖类：黄霉素、魁北霉素。聚醚类：莫能菌素、盐霉素。大环内酯类：泰乐菌素。氨基苷类：越霉素A、潮霉素B。

饲料药物添加剂使用规范见表4-3。

表4-3　饲料药物添加剂使用规范

品　名	商品名	规　格	用　量	休药期	其他注意事项
二硝托胺预混剂	球痢灵	0.25%	每吨饲料添加本品500克	3天	
马杜霉素铵预混剂	抗球王，加福	1%	每吨饲料添加本品500克	5天	
尼卡马嗪预混剂	杀球宁	20%	每吨饲料添加本品100～125克	4天	高温季节慎用
尼卡巴嗪、乙氧酰胺苯甲酯预混剂	球净	25%尼卡巴嗪+16%乙氧酰胺苯甲酯	每吨饲料添加本品500克	9天	高温季节慎用
甲基盐霉素预混剂	禽安	10%	每吨饲料添加本品600～800克	5天	禁止与泰乐菌素、竹桃霉素并用，防止与人眼接触
甲基盐霉素、尼卡巴嗪预混剂	猛安	8%甲基盐霉素+8%尼卡巴嗪	每吨饲料添加本品310～560克	5天	禁止与泰乐菌素、竹桃霉素并用；高温季节慎用
拉沙洛西钠预混剂	球安	15%或45%	每吨饲料添加75～125克（以有效成分计）	3天	
氢溴酸常山酮预混剂	速丹	0.6%	每吨饲料添加本品500克	5天	
盐酸氯苯胍预混剂		10%	每吨饲料添加本品300～600克	5天	
盐酸氨丙啉、乙氧酰胺苯甲酯预混剂	加强安保乐	25%盐酸氨丙啉+16%乙氧酰胺苯甲酯	每吨饲料添加本品500克	3天	每1 000千克饲料中维生素B_1大于10克时明显拮抗

（续）

品　名	商品名	规　格	用　量	休药期	其他注意事项
盐酸氨丙啉、乙氧酰胺苯甲酯、磺胺喹恶啉预混剂	百球清	20%盐酸氨丙啉＋1%乙氧酰胺苯甲酯＋12%磺胺喹恶啉	每吨饲料添加本品500克	7天	每1 000千克饲料中维生素B_1大于10克时明显拮抗
氯羟吡啶预混剂		25%	每吨饲料添加本品500克	5天	
海南霉素钠预混剂		1%	每吨饲料添加本品500～750克	7天	
赛杜霉素钠预混剂	禽旺	5%	每吨饲料添加本品500克	5天	
地克珠利预混剂		0.2%或0.5%	每吨饲料添加1克（以有效成分计）		
莫能菌素钠预混剂	欲可胖	5%，10%或20%	每吨饲料添加90～110克（以有效成分计）	5天	禁止与泰乐菌素、竹桃霉并用；搅拌配料时禁止与人的皮肤、眼睛接触
杆菌肽锌预混剂		10%或15%	每吨饲料添加4～40克（以有效成分计）		
黄霉素预混剂	富乐旺	4%或8%	每吨饲料添加5克（以有效成分计）		
维吉尼亚霉素预混剂	速大肥	50%	每吨饲料添加本品10～40克	1天	
那西肽预混剂		0.25%	每吨饲料添加本品1 000克	3天	
阿美拉霉素预混剂	效美素	10%	每吨饲料添加本品50～100克		

（续）

品　名	商品名	规　格	用　量	休药期	其他注意事项
盐霉素钠预混剂	优素精、赛可喜	5%，6%，10%，12%，45%，50%	每吨饲料添加50～70克（以有效成分计）	5天	禁止与泰乐菌素、竹桃霉素并用
硫酸黏杆菌素预混剂	抗敌素	2%，4%，10%	每吨饲料添加2～20克（以有效成分计）	7天	
牛至油预混剂	诺必达	每1 000克中含5-甲基-2异丙基苯酚和2-甲基-5-异丙基苯酚25克	每吨饲料添加本品450克（用于促生长）或50～500克（用于治疗）		
杆菌肽锌、硫酸黏杆菌素预混剂	万能肥素	5%杆菌肽+1%黏杆菌素	每吨饲料添加2～20克（以有效成分计）	7天	
土霉素钙		5%，10%，20%	每吨饲料添加10～50克（以有效成分计）		
吉他霉素预混剂		2.2%，11%，55%，95%	每吨饲料添加5～11克（用于促生长）或100～330克（用于防治疾病），连用5～7天。以上均以有效成分计	7天	
金霉素（饲料级）预混剂		10%，15%	每吨饲料添加20～50克（以有效成分计）	7天	
恩拉霉素预混剂		4%，8%	每吨饲料添加1～10克（以有效成分计）	7天	
磺胺喹恶啉、二甲氧苄啶预混剂		20%磺胺喹恶啉+4%二甲氧苄啶	每吨饲料添加本品500克	10天	连续用药不得超过5天

（续）

品　名	商品名	规　格	用　量	休药期	其他注意事项
越霉素A预混剂	得利肥素	2%，5%，50%	每吨饲料添加5～10克（以有效成分计）	3天	
潮霉素B预混剂	效高素	1.76%	每吨饲料添加8～12克（以有效成分计）	3天	避免与人皮肤、眼睛接触
地美硝唑预混剂		20%	每吨饲料添加本品400～2 500克	3天	连续用药不得超过10天
磷酸泰乐菌素预混剂		2%,8.8%,10%,22%	每吨饲料添加4～50克（以有效成分计）	5天	
盐酸林可霉素预混剂	可肥素	0.88%，11%	每吨饲料添加2.2～4.4克（以有效成分计）	5天	
环丙氨嗪预混剂	蝇得净	1%	每吨饲料添加本品500克		
氟苯咪唑预混剂	弗苯诺	5%，50%	每吨饲料添加30克	14天	
复方磺胺嘧啶预混剂	立可灵	12.5%磺胺嘧啶＋2.5%甲氧苄啶	每千克体重每日添加本品0.17～0.2克	1天	
硫酸新霉素预混剂	新肥素	15.4%	每吨饲料添加本品500～1 000克	5天	
磺胺氯吡嗪钠可溶性粉	三字球虫粉	30%	每吨饲料添加600毫克（以效成分计）	1天	

注：1. 表中所列的商品名是由相应产品供应商提供的产品的商品名。给出这一信息是为了方便本标准的使用者，并不表示对该产品的认可。如果其他等效产品具有相同的效果，则可使用这些等效产品。2. 摘自中华人民共和国农业部公布的《药物饲料添加剂使用规范》。

五、酶制剂

目前可以在饲料中添加的酶制剂包括淀粉酶、α-半乳糖苷酶、纤维素酶、β-葡聚糖酶、葡萄糖氧化酶、脂肪酶、麦芽糖酶、甘露聚糖酶、果胶酶、植酸酶、蛋白酶、角蛋白酶、木聚糖酶等。由于饲料原料结构的复杂性，饲料工业生产中更多使用的是复合酶制剂。复合酶制剂是含2种或2种以上单酶的产品。

1. 非淀粉多糖酶　非淀粉多糖酶类包括木聚糖酶、β-葡聚糖酶、β-甘露聚糖酶、纤维素酶、α-半乳糖苷酶、果胶酶等，作用于饲料中相应的非淀粉多糖（NSP）。畜禽体内并不分泌本类酶，必须由饲料中外源添加，是主要的饲用酶制剂。

2. 植酸酶　植酸酶具有特殊的空间结构，能够依次分离植酸分子中的磷，将植酸（盐）降解为肌醇和无机磷，同时释放出与植酸（盐）结合的其他营养物质。

3. 内源消化酶　内源消化酶是可以由动物消化道自身分泌的酶，主要指蛋白酶、淀粉酶和脂肪酶。在某些特殊情况下，内源酶也需要由饲料中补加。

复合酶制剂通常以纤维素酶、木聚糖酶和β-葡聚糖酶为主，以果胶酶、蛋白酶、淀粉酶、半乳糖苷酶、植酸酶等为辅。

六、微生态制剂

微生态制剂是利用正常微生物或促进微生物生长的物质制成的活的微生物制剂，即一切能促进正常微生物群生长繁殖的及抑制致病菌生长繁殖的制剂都称为“微生态制剂”。具有调节肠道微生物菌群，快速构建肠道微生态平衡的功效。常用的微生态制剂有：

（1）乳酸菌类　嗜酸乳杆菌、嗜热乳杆菌、双歧杆菌、醋酸菌群。

(2) 杆菌类　枯草芽孢杆菌、纳豆芽孢杆菌、地衣芽孢杆菌、蜡状芽孢杆菌、放线菌群。

(3) 酵母菌　作为中国专业从事酵母及酵母衍生物产品的上市公司，其饲料酵母产品同样出色。

(4) 产酶益生素　筛选的益生素可以产酶，促进消化。

七、其他添加剂

由于大量的饲料从生产到使用需要一定的贮存或间隔的时间。在这期间，饲料中各种养分会因内部或外部因素的影响而受到破坏，并有可能产生有毒有害的物质。比如饲料中含有多种易被氧化的营养成分，如不饱和脂肪酸、微量元素、维生素在空气中易被氧化破坏，饲料营养价值下降，适口性变差；饲料在贮存过程中，极易被微生物污染，在适宜条件下，微生物进行大量繁殖，尤其是梅雨季节，更是如此，从而使饲料发霉变质。这些有毒有害物质轻者影响动物的健康，导致生产性能下降，重者，会危及人类的生命安全。为解决这一问题，在饲料生产中广泛使用抗氧化剂和防霉剂，以延长贮存期，减少贮存期间营养成分的损失，从而保证饲料质量。

（一）抗氧化剂

抗氧化剂是指添加于饲料中，能够阻止或延迟饲料中某些营养物质氧化，提高饲料稳定性和延长饲料贮存期的微量物质。

1. 乙氧喹　又称乙氧基喹啉，是人工合成的抗氧化剂，为黄色至黄褐色黏稠性液体，有特殊臭味。几乎不溶于水，易溶于盐酸水溶液，极易溶于丙酮，苯及三氯甲烷等有机溶剂及油脂中。在空气中极易氧化，在自然光照下即可氧化变为黑褐色，黏度增加。抗氧化性能好，通过与自动氧化链中自由基 R 或 ROO

结合而防止氧化反应，能有效防止饲料中油脂和蛋白质的氧化，并能防止维生素 A、胡萝卜素、维生素 E 的氧化变质，具有代替部分维生素 E 的功能，价格较低，是目前在饲料中使用量最多的一种。目前国内外使用的饲料抗氧化剂主要是乙氧喹和以其为主复配而成的抗氧化剂。

2. 二丁基羟基甲苯　又名丁羟甲苯，稳定性优于其他抗氧化剂，对热稳定，与金属离子作用不会着色。其作用机理与乙氧喹相似，具有防止饲料中多不饱和脂肪酸酸败的作用，故可保护饲料中的维生素 A、维生素 D、维生素 E 等脂溶性维生素和部分 B 族维生素不被氧化，提高饲料中氨基酸的利用率，减少日粮能量和蛋白质的用量。总之，对饲料中脂肪、叶绿素、维生素、胡萝卜素等均有保护作用。有利于蛋黄和胴体的色素沉着，家禽体脂碘价的提高。

3. 丁基羟基茴香醚　丁基羟基茴香醚多用作油脂抗氧化剂，对热稳定。除了抗氧化外，还有较强的抗菌能力。添加量为每千克 150 毫克时可抑制金葡萄球菌；添加量为每千克 200 毫克可控制饲料中青霉、黑曲霉的孢子生长；添加量为每千克 250 毫克，可完全抑制黄曲霉菌毒素的产生。

（二）防霉剂

饲料霉变引起的饲料浪费是世界性难题。农作物在田间收获、加工、储存过程中都可感染霉菌。霉菌因其种类繁多，生长性强、繁殖力强等，给饲料的贮存带来了诸多不利。作为预防霉变的重要措施，首先是加强饲料管理，消除霉菌滋生的条件；其次是使用防霉剂。

目前常用的防霉剂主要为有机酸，有机酸盐类及有机酸或有机酸盐与特殊的载体结合制成的复合防霉剂。

1. 丙酸及其盐　丙酸为无色液体，具有挥发性，带有乙醇味，是应用最早、最广的防霉剂之一。要求即时起作用、防酶时间不需要太长时，丙酸是较好的防霉剂。丙酸盐为白色颗粒或粉末，无臭或稍有异臭味，溶于水。我国生产的克霉灵、除霉净等主要成分为丙酸盐类。丙酸盐的有效作用成分是丙酸分子而非丙酸盐类。

2. 山梨酸及其盐 山梨酸又名2，4-己二酸，为化学合成品，白色结晶粉末或无色针状结晶，无臭或少有刺激性气味，溶于水，其盐为无色或白色鳞片结晶或白色结晶粉末，在空气中易受潮分解不稳定，一般应用较少。而山梨酸却和丙酸一样是目前最常用的防霉剂。

3. 苯甲酸及其盐 苯甲酸为无色或白色针状或鳞片状结晶，稍溶于水。是目前使用量最大的防霉剂之一。添加量一般为0.1%～0.3%。有效成分为非离解态的苯甲酸活性分子。

特别提示：饲料添加剂的用量很小，但在饲养中却起着重要的作用，若使用不当则其效果会受影响，甚至会产生有害的作用。使用时应注意以下问题：

（1）搅拌均匀 饲粮中混合添加剂时，必须要搅拌均匀，否则即使是按规定的量饲用，也往往起不到作用，甚至会出现中毒现象。若采用手工拌料，可采用三层次分级拌和法。具体做法是先确定用量，将所需添加剂加入少量的饲料中，拌和均匀，即为第一层次预混料；然后再把第一层次预混料掺到一定量（饲料总量的1/5～1/3）饲料上，再充分搅拌均匀，即为第二层次预混料；最后再把二层次预混料掺到剩余的饲料上，拌匀即可。这种方法称为饲料三层次分级搅和法。由于添加剂的用量很少，只有多层次分级搅拌才能混均。

（2）混于干粉料中 饲料添加剂只能混于干饲料（粉料）中，短时间贮存待用才能发挥它的作用。不能混于加水的饲料和发酵的饲料中，更不能与饲料一起加工或煮沸使用。

（3）配伍禁忌 在同时饲用两种以上的添加剂时，应考虑有无拮抗、抑制作用，是否会产生化学反应。

（4）添加量要适当 添加剂的用量都有一个适宜的范围，用量小起不到应有的作用，用量过大会造成浪费或导致中毒。如硒、喹乙醇等的中毒剂量与安全剂量之间的差距不大，用量过多就容易出现中毒，而氨基酸、酶等的用量过大则是浪费（其成本比较高），维生素、微量元素用量不足则会出现缺乏症。

（5）*使用添加剂要有明确的目的*　不同的添加剂其作用是不同的，要根据鸡群及所使用饲料的实际情况选择使用。如使用肉粉、鱼粉的产蛋鸡料就不需添加赖氨酸，成年鸡也不需使用抗球虫药物；在冬季或饲料加工后不长时间贮存的情况下也没必要使用防霉剂；育成鸡饲料中也不需添加调味剂等。

（6）*使用方法要合理*　如驱虫药物只是在地面散养条件下定期使用，对于抗菌及抗球虫药物为防止产生抗药性，应间歇性替换使用不同的药物。某些添加剂如速补-16、电解质、速溶多维等可以通过饮水的方式补给，而另一些添加剂如微量元素、复合维生素、抗氧化剂、防霉剂等则必须混入预混料中。

（7）*贮存方法要得当*　一些添加剂成分在高温、高湿条件下与空气接触容易氧化分解而失效，因此需要密封贮存于干燥、凉爽的地方。对于一次配料用不完的添加剂一定要将开口扎紧。某些添加剂之间有拮抗作用，通常要在配制饲料时混合加入，若提前将其混在一起则会降低某些成分的效果。如微量元素和维生素、胆碱与其他维生素、食盐与维生素等若混在一起容易产生某种化学反应而影响使用效果，若同时添加一些载体（稀释剂）如石粉、玉米粉等则可减轻这些不良反应，也可以贮存一段时间而不明显影响使用效果。此外，在使用营养性添加剂时，应根据情况适量多加。如维生素要给予20%～50%的容量，否则有时会显得不足。

第四节　柴鸡的饲养标准

饲养标准是根据大量饲养实验结果和动物生产实践的经验总结，对各种特定动物所需要的各种营养物质的定额作出的规定，这种系统的营养定额及有关资料统称为饲养标准。简言之，即特定动物系统成套的营养定额就是饲养标准，简称“标准”。早期的“饲养标准”基本上是直接反应动物在实际生产条件下摄入营养物质的数量，“标准”的适用范围比较窄。现行饲养标准则更为确切和系统地表述了经实验研究确定的特定动物（不同种类、性别、年龄、体重、生理状态、生产性能、不同环境条件等）能量和各种营养物质的定额数值。

一、饲养标准的种类

饲养标准的种类大致可分为两类，一类是国家规定和颁布的饲养标准，称为国家标准；另一类是大型育种公司根据自己培育出的优良品种或品系的特点，制定的符合该品种或品系营养需要的饲养标准，称为专用标准。饲养标准在使用时应根据具体情况灵活运用。

二、饲养标准的指标

1. 采食量 以干物质或风干物质采食量表示。饲养标准中规定的采食量，是根据动物营养原理和大量试验结果，科学地规定了动物不同生长（理）阶段的采食量。

2. 能量 由于饲料存在消化利用率问题，因此就有消化能（DE）、代谢能（ME）、净能（NE）之说。一般家禽类对能量的需要用 ME 表示。

3. 蛋白质 鸡一般用粗蛋白（CP）表示对蛋白质的需要。

4. 氨基酸 饲养标准中列出了必需氨基酸（EAA）的需要量，其表达方式有用每天每只需要多少表示，有用单位营养物质浓度表示等。

对于柴鸡而言，蛋白质营养实际是氨基酸营养，用可利用氨基酸表示动物对蛋白质需要量也将是今后发展的方向。

5. 维生素　一般脂溶性维生素需要量用国际单位表示，而水溶性维生素需要量用毫克/千克或微克/千克表示。

6. 矿物质　常量矿物质元素主要列出了钙、磷、锌、钠、氯需要量，用百分数表示；微量元素列出了铁、锌、铜、锰、碘、硒需要量。微量元素一般用毫克/千克表示。

三、饲养标准的使用

根据柴鸡的不同阶段的生理特点及营养需要特点，合理确定其不同营养物质的需要量。主要注意：

能量水平随环境等条件变化进行调整。柴鸡对能量的需要受许多因素影响，性别、周龄、营养状态、日粮及环境因素等都影响柴鸡对能量的需要。

饲养标准中列中了必需氨基酸的需要量常以日粮的百分比或每天每只需要多少克表示。要想获得最佳的生产性能，日粮中就必须提供数量足够的必需氨基酸。

柴鸡的饲养标准中列出了 12 种矿物质，包括钙、磷、钠、氨、钾、镁、铜、碘、铁、锰、硒和锌。日粮中钙过多会干扰磷、镁、锰、锌等元素的吸收利用，对于非产蛋鸡来说，钙和非植酸磷（有效磷）的比例 2∶1 左右较合适，但产蛋鸡对钙的需要量高，钙和非植酸磷的比例应达到 12∶1。

柴鸡体内合成的维生素 C，一般可满足需要，只有在应激状况下才补充维生素 C，而维生素 A、维生素 D、维生素 E、维生素 K、B 族维生素、核黄素、泛酸、胆碱、烟酸、维生素 B_6、生物素、叶酸、维生素 B_{12} 都要进行补充。

四、柴鸡的饲养标准

我国柴鸡的品种繁多，各有特点，各种柴鸡对营养的需求也不完全一样，所以，目前尚无柴鸡的国家饲养标准，但可以根据我国柴鸡的营养特点，结合生产实际，参考我国鸡的营养标准得出一个比较合理的参考标准（表4-4）。

表4-4 柴鸡的饲养标准

项目	生长期		产蛋期		产蛋率		
	0～6周龄	7～12周龄	13～18周龄	19周龄至开产	>80%	65%～80%	<65%
代谢能（兆焦/千克）	11.92	11.72	11.30	11.50	11.50	11.50	11.50
粗蛋白质（%）	18.00	16.00	14.00	14.00	16.50	15.00	15.00
钙（%）	0.80	0.70	0.60	2.00	3.50	3.40	3.40
总磷（%）	0.70	0.60	0.50	0.55	0.60	0.60	0.60
有效磷（%）	0.40	0.35	0.30	0.32	0.33	0.32	0.30
赖氨酸（%）	0.85	0.64	0.45	0.70	0.73	0.66	0.62
蛋氨酸（%）	0.30	0.27	0.20	0.34	0.36	0.33	0.31
色氨酸（%）	0.17	0.15	0.11	0.16	0.16	0.14	0.14
精氨酸（%）	1.00	0.89	0.67	0.77	0.77	0.70	0.66
维生素A（国际单位）	1 500	1 500	1 500	1 500	4 000	4 000	4 000
维生素D_3（国际单位）	200	200	200	200	500	500	500
维生素E（毫克/千克）	10.00	5.00	5.00	5.00	5.00	5.00	10.00
维生素K_3（毫克/千克）	0.50	0.50	0.50	0.50	0.50	0.50	0.50
硫胺素（毫克/千克）	1.80	1.30	1.30	1.30	0.80	0.80	0.80
核黄素（毫克/千克）	3.60	1.80	1.80	3.60	2.20	2.20	3.80
吡哆醇（毫克/千克）	3.00	3.00	3.00	3.00	3.00	3.00	4.50
尼克酸（毫克/千克）	27.00	11.00	11.00	11.00	10.00	10.00	10.00
泛酸钙（毫克/千克）	10.00	10.00	10.00	10.00	2.20	2.20	10.00
生物素（毫克/千克）	0.15	0.10	0.10	0.10	0.10	0.10	0.15
叶酸（毫克/千克）	0.55	0.25	0.25	0.25	0.25	0.25	0.35
维生素B_{12}（微克/千克）	10.00	3.00	3.00	3.00	4.00	4.00	4.00
胆碱（毫克/千克）	1 300	900	500	500	500	500	500

（续）

项　目	生长期		产蛋期		产蛋率		
	0～6周龄	7～12周龄	13～18周龄	19周龄至开产	>80%	65%～80%	<65%
铜（毫克/千克）	5.00	4.00	4.00	4.00	5.00	5.00	8.00
铁（毫克/千克）	80.00	60.00	60.00	60.00	50.00	50.00	30.00
锰（毫克/千克）	60.00	30.00	30.00	30.00	30.00	30.00	60.00
锌（毫克/千克）	40.00	35.00	35.00	35.00	30.00	30.00	65.00
硒（毫克/千克）	0.15	0.10	0.10	0.10	0.10	0.10	0.10
碘（毫克/千克）	0.35	0.35	0.35	0.35	0.30	0.30	0.30

第五节　柴鸡的饲料配方

一、饲料配方的设计

（一）饲料配方设计的原则

1. 营养平衡性　根据柴鸡日龄段的营养需要，能够全面满足柴鸡的营养需求，以充分发挥柴鸡的生产性能。

2. 经济性　饲料配方在满足营养需要的基础上，尽可能降低饲料的成本。

3. 安全性　按照农业部发布的有关标准配制。要确保安全养殖，在饲料方面须做到：

（1）饲料配方除满足柴鸡生长需要外，还应考虑到柴鸡适应环境能力的需要，例如，对温度的变化和改换饲料配方的应激以及提高柴鸡免疫力都需要补充营养；应考虑到饲料配方中更多的营养组分的需要量，除蛋白质、维生素和矿物质外，还有脂肪酸等。

（2）选用符合无公害食品标准的饲料原料，特别是一些天然植物，它们可提供维生素、矿物质、色素、多糖或其他提高柴鸡免疫力的活性组分。

（3）选用合格的饲料添加剂，品种严格遵守《允许使用的饲料添加剂品种目录》。

（4）在生产贮存过程中没有被污染或变质。

（二）确定饲养标准

饲养标准是根据大量科学试验和生产实际经验得出的各种营养物质的需要量。由于目前给出的饲养标准是试验得出的一般性数据，而实际上不同柴鸡品种、不同饲养环境下对营养物质的需求量是不同的，因此，要配合能够满足柴鸡需要且不造成浪费经济性配方，就必须根据各影响条件的具体变化对饲养标准进行修正。

（三）原料选择和营养成分测定

虽然配制柴鸡配合饲料的原料众多，但为保持柴鸡肉和柴鸡蛋特殊的风味，在制作柴鸡的饲料配方时应谨慎选择原料，因为饲料原料成分对柴鸡肉和蛋风味有较大影响。

1. 饲料养分对风味的影响

（1）*常规饲料养分对风味的影响*　柴鸡肉中的蛋白质与肉风味形成有很重要的关系，如甘氨酸会产生牛肉汤味，谷氨酸会产生鸡肉汤或烤火腿味。不过，由于日粮常规养分一般不影响鸡胴体的组成，所以日粮常规养分在相当大的范围内变化而不明显影响肉风味。例如，饲喂含代谢能 13.0 兆焦/千克与 13.8 兆焦/千克的两种日粮的柴鸡无显著风味差异。

饲料中的特殊组分可以改变鸡体的风味物质含量，尤其是某些风味物质可从肠道转移至肌肉组织。例如，含有不饱和油脂特别是鱼油的饲料会引起禽肉鱼腥腐败味。

（2）*微量添加成分对鸡肉风味的影响*　影响肌肉风味的因素很多，仅化合物方面就不下 40 种。添加维生素（维生素 E、维生素 D 等）、矿物质（钙、镁、硒等）及其他一些饲料添加剂能够缓解动物应激，增强机体抗氧化能力，减少脂质氧化，改善肉的嫩度，减少滴水损失等。高水平维生素 E（每千克 200 毫克）可明显抑制鸡肉在冷冻、解冻然后在 4℃储存过程中异味的产生。日粮添加稀土可显著提高肉仔鸡鸡肉香味和肉汤滋味。

β-胡萝卜素防止脂质过氧化，保持肉的风味，延长贮存时间。维生素 E 主要通过它的抗氧化作用而实现对肉禽产品品质的改善。维生素 E 的改善作用主要有：改善肉色，延缓宰后失色；减少滴水损失；影响肉的风味；对禽肉的储存也有影响。

在饲料中添加 3%的绿茶粉或废茶粉，可显著增加鸡脯肉中维生素 A 和维生素 E 的含量，同时还可以增加鸡肉的鲜美味。中草药添加剂可提高肉场鲜、甜、香味，去除腥味。

添喂调味香料：在屠宰前用添喂调味香料如丁香、胡椒、生姜、甜辣椒等的饲料喂鸡，能明显改善鸡肉的肉质，使肉增香，味道更好。调味香料还具有防腐和药物功效，可延长保鲜期，以保持鸡肉新鲜。

（3）饲料原料对鸡肉风味的影响　饲料对肠道菌群的改善可影响禽肉风味，可能是肠道微生物能合成或改变肠道中某些有助于风味形成的化合物。用全麦和新鲜绿色蔬菜喂养的鸡其肠道中大肠杆菌和粪链球菌以及其他菌类的菌数较高，如此得到的鸡肉风味较之正常喂养的鸡更丰富，肉味更浓，更具烧烤味，但有时也有腐败味。饲喂玉米的禽比饲喂小麦、大麦和燕麦的禽肉风味更强。饲料中添加菜籽饼或高粱也会引起鸡肉异味。

构成鸡肉香味的主要成分在一定配合饲料中含量很少，而在大蒜中含量丰富。因此在配合饲料中加入大蒜素可使鸡肉香味变得更加浓郁。用大蒜作饲料添加剂还可以预防疾病和改善肉品质量。

桑叶粉：出栏前 4 周的柴鸡在饲料中加 3%的桑叶粉，能大幅度提高柴鸡的品质，使肉质香味更浓，口感特别好，并可降低鸡舍臭气。

果园土壤表层腐叶可改善鸡肉风味。一般笼养鸡不如放养鸡的肉质，专家提出笼养鸡的饲料配方组成：鸡配合饲料占70%～

85%，牧草饲料占10%～20%，菜园或果园土壤表层腐叶占5%～10%。用这种饲料喂笼养柴鸡，其肉质和口感与放养柴鸡一样，且所产的蛋，蛋黄呈鲜黄或橘黄色，蛋清浓厚。

2. 在选择原料时还应注意以下几点

（1）了解原料营养成分的特性　主要把握住各种原料哪些可用，哪些不可用，能用的最大限量等。如棉籽饼或棉籽粕中含有棉酚，因此饲料标准中限定配合饲料中棉籽酚的含量不超过每千克20毫克，即棉籽粕的含量限定在3%左右。如果通过各种方法把棉酚的含量降低（如生物、化学脱毒等）棉籽粕的用量可以加大，棉籽粕的资源可以得以充分利用。豆粕是一种很好的蛋白原料，但豆粕的生熟程度是一个很重要的技术指标，因为大豆中含有红血球凝集素、尿素酶、胰蛋白酶抑制酶等毒素，这些毒素在大豆的加工过程中通过加热可以去除，但加热的程度不同，其结果也不一样，加热不够豆粕偏生，其中的毒素破坏不了，豆粕中的粗蛋白质就难以消化吸收，鸡吃后拉稀，影响生长和生产，如果加热过度其中的毒素是破坏了，却也影响豆粕质量，因此饲料厂一定要检测豆粕生熟。

（2）选择质优价廉的原料　每个饲料厂都想使自己的产品质量最好，价格最低，只有这样才能扩大市场占有，提高经济效益，为达到目的，设计配方前要先对原料进行评价，凭经验，挑选物美价廉的原料，然后进行设计。

（3）适当控制所用原料的种类　可以用作配合饲料的原料很多，一般来说使用的原料种类越多，越能弥补饲料营养上的缺陷，价格应变能力也强，但生产上成本升高，饲料厂可根据自己的实际情况适当控制原料的种类。

（4）了解和利用原料的物理性质　原材料有各种物理性质，如容易粉碎、难以粉碎、粉尘多、粉尘少、易溶、难溶、适口性好、适口性差等等，配方设计中要充分利用这些物理性质。如多用玉米豆粕饲料的颜色多呈黄色，使用少量的油脂和液体原料可抑制生产中的粉尘，还有专用的调整适口性的原料——调味剂，如香料、糖精、味精等等，这类原料的合理使用，也能提高饲料的质量。

（5）*选择饲料添加剂*　配合饲料中使用的添加剂，首先要符合有关饲料的卫生、安全、法则，其中抗生素类要根据配合饲料的种类，按规定选用。维生素、矿物质和氨基酸等营养性添加剂，只要符合规格要求就行，这些营养性添加剂，有些是补充原料中含量不足的，如氨基酸，有些是不计原料中含量的，即按营养需要量添加，如维生素、微量矿物质元素。选择添加剂，除考虑价格因素外，还要注意它们的生物效价和稳定性高等。

（四）需要考虑的其他因素

饲料的适口性，饲料的可消化性，饲料的容积，含有毒素的饲料要控制用量，为简化饲料加工工艺，组成配方的原料品种应尽可能少一些，油脂的用量不宜过多，否则容易霉变；动物性原料要考虑品质，适量添加，避免感染细菌性疾病；由于国产鱼粉含盐量较高，使用国产鱼粉时，应根据其含盐量对食盐添加量进行调整。

（五）饲料配方的设计方法

饲粮配合方法有许多种，如：有交叉法、代数法、试差法和使用电子计算机优选配方。现介绍几种常用方法。

1. 交叉法　也叫方形法、对角线法。在饲料种类少、营养指标单一的配方设计。如用粗蛋白质含量为40%的浓缩料搭配玉米（粗蛋白质含量8.7%）配制粗蛋白质含量为22%的全价配合日粮。

第一步：画一长方形，在对角线交叉点上写上所要配制日粮的粗蛋白质含量。在长方形在左上角和左下角分别写上玉米和浓缩料的粗蛋白质含量。

第二步：沿两条对角线用大数减小数，结果写在相应的右上角及右下角，所得结果便是玉米和浓缩料的份数。如图所示：

第三步：两料份数相加，即得日粮总分数，为了便于按百分

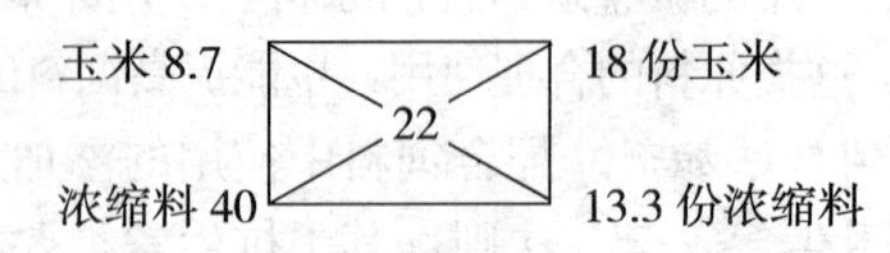

比配合日粮，需将两料换算成百分数即可。

玉米（%）=18/（18+13.3）=57.5%

浓缩料（%）=13.3/（18+13.3）=42.5%

2. 试差法 也叫凑数法。这是最常用的一种配料计算方法。具体做法是：首先根据经验初步拟出各种饲料原料的大致比例，然后用各自的比例去乘以原料所含的各种养分的百分含量，再计算各种原料的同种养分之和，即得到该配方的每种养分的总量。将所得结果与饲养标准进行对照，若有任一养分超过或不足时，可通过增加或减少相应的原料比例进行调整和重新计算，直至所有的营养指标都基本满足要求为止。调整的顺序为能量、蛋白质、磷（有效磷）、钙、蛋氨酸、赖氨酸、食盐等。

第一步：找到所需资料。柴鸡饲养标准、中国饲料成分及营养价值表（各个时期有不同的版本）、各种饲料原料的价格。

第二步：查饲养标准。

第三步：根据饲料成分表查出所用各种饲料的养分含量。

第四步：按能量和蛋白质的需求量初拟配方。根据饲养工作实践经验或参考其他配方，初步拟定日粮中各种饲料的比例。肉仔鸡饲粮中各类饲料的比例一般为：能量饲料 60%～70%，蛋白质饲料 25%～35%，矿物质饲料等 2%～3%（其中维生素和微量元素预混料一般各为 0.1%～0.5%）。

第五步：调整配方，使能量和粗蛋白质符合饲养标准规定量。方法是降低配方中某一饲料的比例，同时增加另一饲料的比例，两者的增减数相同，即用一定比例的某一饲料代替另一种饲料。

第六步：计算矿物质和氨基酸用量。根据上述调整好的配方，计算钙、非植酸磷、蛋氨酸、赖氨酸的含量。对饲粮中能量、粗蛋白质等指标引起变化不大的所缺部分可加在玉米上。

第七步：列出配方及主要营养指标。维生素、微量元素添加剂、食盐及氨基酸计算添加量可不考虑。

3. 使用电子计算机优选配方

第一步：使用计算工具。现在计算饲料配方一般都用配方软件，这方面的软件很多，可根据情况选用，如中国农大编的《金牧饲料配方软件》，这些软件中设置了各种动物的饲养标准，设置了适用于各种动物的原料数据库，提供了计算配合饲料，浓缩饲料和预混料的功能。提供了丰富的药品和添加剂使用指南和营养专家指导等。这些软件安装方便，计算快捷，计算的配方营养全面，价格最低，能为饲料企业带来丰厚的利润。

第二步：具备详细的原料价格，凡是输入到软件中的原料，不管该原料在配方中使用量的大小，都必须提供详细的准确的价格，以便计算出准确的饲料成本。

第三步：提供详细的原料营养成分值，提供的营养成分值包括的项目应与营养标准和饲料标准相吻合，提供的数据要完整。同时应根据动物营养学知识和相关标准的要求，对某些原料提出合理的约束，如棉粕在蛋鸡料中的用量等。

第四步：选定合适的营养标准，选定标准时，首先考虑能量浓度，不同的标准，能量浓度不同，如美国的 NRC 标准中能量水平很高，而我国的标准中能量水平偏低，因为能量饲料在配方中占的比例最大，因此对饲料成本影响也最大确定饲料的能量浓度，首先要看能量饲料的价值，如果价格偏低，可以适当把配方能量水平提高，其他各种营养成分也按比例提高。这样可以减少采食量，提高饲料报酬。饲料能量水平是决定进食量的主要因素。可以这么说，鸡就是为能量而食（只要吃的能量够了，就停止采食）由于鸡在采食方面有自行调节采食量的本能，所以在设计配方时，先确定能量浓度以后，再根据营养标准中规定的能量、粗蛋白质、钙、磷、氨基酸等的比例，确定这些营养素的需要量，确定的原则是能量高，采食量少，其他营养素的浓度就要高。能量低，采食量大，其他营养素的浓度低。

二、柴鸡各阶段饲料配制关键技术

1. 柴鸡育雏料 柴鸡在第1、2周龄相对生长速度很快，第1周体重比出壳时增加近2倍，因此应加强早期营养，如果出现营养不良就很难补救。育雏料的目标是建立良好的食欲和获得最佳的早期生长。这一时期的日粮占柴鸡饲料成本的很小一部分，在制定饲料配方时主要考虑生产性能，由于雏鸡的消化器官还没有发育完全，所以对饲料原料的要求是消化率高、营养含量高特别是氨基酸、维生素E和微量元素锌，另外还要添加免疫活性物质，刺激雏鸡免疫系统的发育，添加增食剂和诱食剂提高采食量。这一阶段，能量饲料最好选择玉米。

2. 柴鸡育成期料 育成鸡营养水平不宜过高，应以本品种的营养需求和标准体重为准，合理调整日粮配方，并结合光照的控制，使18周龄育成鸡的体成熟和性成熟基本同步完成。尤其在10～12周龄，鸡处于性腺发育阶段，高水平蛋白质饲料会促使性腺发育加快而提前开产，较低水平的蛋白质饲料可使性腺正常发育，有利于产蛋期蛋鸡生产性能的发挥。

3. 柴鸡产蛋期料

（1）*产蛋前期料* 18～22周龄将开产鸡料钙含量提高到2%，22～24周龄含钙量提高到3%，逐步过渡为产蛋期料，蛋白质含量为16%。

（2）*产蛋高峰期料* 25～34周龄或产蛋率达85%以上，蛋白质含量17%。

（3）*产蛋后期料* 指从51周龄开始或产蛋率在60%～70%的产蛋期，应降低营养能量、蛋白质水平并限制饲养，限饲量为自由采食量的90%～95%，钙含量增至3.7%～4.0%。

三、饲料配方实例

表 4-5 柴鸡饲料配方举例（%）

		豆粕	玉米	麸皮	棉籽粕	花生粕	鱼粉	磷酸氢钙	预混料	食盐	麦饭石	石粉	合计
0～6 周	(1)	28	66	—	—	—	—	1.2	1	0.3	2.5	1	100
	(2)	22	66	—	4	2.5	—	1.2	1	0.3	2	1	100
	(3)	22	66	—	3	2.5	—	1.2	1	0.3	3	1	100
7～12 周	(1)	18.5	68.5	—	3	2	—	1	1	0.3	4.9	0.8	100
	(2)	23	69	—	—	—	—	1	1	0.3	4.9	0.8	100
	(3)	16	68.5	—	3	3	1	1	1	0.3	5.4	0.8	100
13～18 周	(1)	8	65	18	5	—	—	—	1	0.3	1.7	1	100
	(2)	8	65	18	2	3	—	—	1	0.3	1.7	1	100
	(3)	10	65	18	—	—	2	—	1	0.3	2.7	1	100
19 周至开产	(1)	15	67	11.2	—	—	—	0.5	1	0.3	—	5	100
	(2)	10	67	11.2	2	3	—	0.5	1	0.3	—	5	100
	(3)	5	67	11.2	2	7	—	0.5	1	0.3	1	5	100
产蛋期	(1)	19.2	65	—	—	5	—	1.5	1	0.3	—	8	100
	(2)	12	64.2	—	3	10	—	1.5	1	0.3	—	8	100
	(3)	25	64.2	—	—	—	—	1.5	1	0.3	—	8	100

第五章 柴鸡安全生产育雏育成期的饲养管理

第一节 柴鸡育雏期的饲养管理

0～6 周龄称为育雏期，它是柴鸡生长发育最为关键的阶段，也是最难饲养的阶段，稍有不慎，就会引起生长发育受阻、发生疾病，甚至引起死亡，降低育雏成活率，严重影响以后生产性能的发挥。

一、育雏方式

柴雏鸡的饲养方式包括平面饲养和立体笼养。常见平面饲养的有厚垫料地面散养、发酵床散养、网架平面散养和立体笼养。

（一）厚垫料地面散养

1. 垫料的选择 地面散养的垫料应选择清洁、干燥、柔软、吸水性良好、无霉变的垫料，如刨花、锯末、干草、稻壳、切碎的麦秸或玉米秸、洁净的黄沙等。最好选用清洁木材特制的刨花，使用前应充分晾晒、消毒。如选用木材加工厂的刨花、锯末等下脚料做垫料，应充分晾晒，捡净里面的碎木块、铁丝、铁钉等杂物，以防刺伤鸡的脚趾。

2. 垫料的铺设 在育雏舍地面上均匀铺设 5～10 厘米厚的垫料。育雏早期可在垫料下面铺设一层塑料薄膜，以利防潮、保温，2 周后撤出塑料薄膜。

3. 垫料的维护　育雏舍内垫料要保持干燥。每天翻凉一次，并及时清理、更换饮水器具周围潮湿的垫料。当舍内垫料潮湿或板结时，应及时更换新的垫料或在上面铺一层新垫料。以保持舍内干燥。

图 5-1　垫料饲养

4. 特点　饲养面温差小，光照均匀一致；鸡活动充分，体质健壮。但饲养密度较小，寄生虫病的发病率较高；更换垫料劳动强度大。

特别提示： 注意与火源隔离，防止发生火灾；注意饮水器具的维修与保养，及时更换垫料；更换垫料时要小心谨慎，防止出现雏鸡堆积、压死等事故；注重鸡球虫病的预防。

（二）发酵床散养

发酵床养鸡技术是一种无臭味、无污染、零排放的生态农业技术。它运用多种有益微生物如酵母菌、芽孢杆菌、双歧杆菌、枯草杆菌等，迅速降解、消化鸡的排泄物，利用鸡进行发酵床的管理，能够有效地除臭，降低鸡舍氨气浓度，减少发病率，提高肉蛋品质和经济效益。

1. 发酵床的建设　发酵床要求深 30～40 厘米。即可建于地面以上，也可将地面深挖 15 厘米，周围用砖、土坯等材料围起来，垫料不外漏即可。发酵床地面要求为泥地，如为水泥地，每平方米面积要打 6～10 个直径为 4 厘米的孔。

2. 发酵床垫料的组成　发酵床的垫料由作物秸秆（稻草、麦秸、玉米秸等）或锯末、水、土、食盐、菌液组成。首先将秸秆切至10～15厘米长，按每立方米垫料使用1千克菌液（以百宜宝EM液为例）、2～3千克无污染的新土、0.15千克食盐（粗盐）的比例加水（将菌液食盐先加入水中）混合均匀，均匀喷洒在垫料上，使垫料水分达30%左右，均匀铺30～40厘米厚。

图5-2 发酵床育雏

3. 垫料的发酵 发酵床做好后，要经过1周左右的发酵才能使用。当垫料20厘米深处温度低于35℃时，发酵完成，翻动垫料散发出混有曲香的原料味，即可将雏鸡放入。垫料发酵要求环境温度在18℃以上，温度过低发酵时间相对较长。

4. 发酵床的维护 发酵床除根据垫料数量和含水量维护外，主要靠闻气味来判断发酵床是否处于正常运转状态。

（1）*垫料厚度的控制* 垫料厚度随季节和饲养密度的变化来调整。冬季适当增加垫料厚度，夏季适当降低垫料厚度。饲养密度大垫料要厚些，密度小垫料要薄些。每20天左右将垫料深翻15厘米，以松软垫料，增加厚度。

（2）*发酵床含水量的控制* 控制表层含水量在40%左右，即看起来是湿的，但用力捏又捏不出水来。防止湿度过低出现扬尘。可用手抓起垫料，对着阳光吹，如果有扬尘要及时喷洒水。如阴雨天气，表层垫料过于潮湿，出现板结时，需用耙子和铲子插入垫料约 15 厘米深，抖动几下进行松料，或将表层垫料翻至下面。

（3）垫料的补充　正常运转的垫料有清香的原料味或发酵粪便的气味，无氨味和臭味。如果垫料中有氨味和轻臭味时要采取补充新垫料，增加垫料厚度；添加新菌液，按每平方米 1 千克菌液喷洒至表层或 15 厘米以下层中；翻动垫料层，增强发酵效果。

（4）旧垫料的使用　1 个好的有活力的微生态垫料，可以连续使用 3 年以上。垫料如果板结过快，可挖出上层 20 厘米的旧垫料，换上新制作的垫料。旧垫料最多使用两次。

（5）饮水器具的维护　发酵床养鸡最好使用乳头饮水器，并做好饮水器具的维护，减少或杜绝滴漏，保持垫料的正常含水量。

特别提示：

（1）经常饮用 1∶200 倍的百宜宝 EM 原液稀释液，能够保持鸡肠道微生态菌群的健康，提高饲料的转化率，保证发酵床的正常运转。

（2）严格控制饲养密度：密度过大，粪便积聚太多，有益菌不能有效分解粪便。

（3）严格控制发酵床垫料湿度：垫料湿度控制在 40%左右。

（4）密切注意益生菌活性：及时添加菌液保证发酵正常进行。

（5）正常使用的旧垫料要在阳光下暴晒几天后才能使用，且只能占发酵床垫料的一半。如鸡群发生大的传染病，垫料彻底消毒处理后才能使用。

（6）注意通风换气和日常防疫，保持舍内空气清新，保证鸡群健康。

（三）网架平面散养

网架平面散养是将雏鸡在离地面 50～60 厘米高的架网上饲养，鸡不与粪便直接接触，有利于寄生虫病的预防，适用于柴种鸡的饲养。

1. 网架材料选择 网架材料应因地制宜，可选择木棍、木条、竹条、竹竿、三角铁做支架，金属网、塑料网等做隔离网片。网片网眼直径为12毫米×12毫米，木条和竹条宽度为1～1.5厘米。

2. 网架铺设首先铺上金属网片，再铺上塑料网。木条或竹条间距1.5～2厘米，上面再铺设塑料网。

3. 网架维护 根据鸡的大小及时撤出塑料网片，及时清理网架上积存的粪便。修补破损网片与网架。

特别提示：网架应牢固、平整、光滑无毛刺、无破损。每日清理网架下粪便，保持舍内空气新鲜。

图5-3 网架平面散养

（四）立体笼养

立体笼养育雏适合规模化商品柴鸡的饲养。

1. 笼具选择 育雏笼为层叠式，一般4～5层，每层高度330毫米，层间隙50～70毫米，两层之间设有接粪板，笼侧面挂设料槽或水槽。也可根据自身经济条件，利用当地材料自行打造。

2. 笼具使用 应根据雏鸡大小，及时调节笼眼大小和水槽、料槽高度，既有利于雏鸡采食和饮水，又不浪费饲料。同时还不至于造成跑鸡或雏鸡采食和饮水不足，影响生长发育。

特别提示：育雏初期，使用上层笼，随鸡的生长逐渐向下扩群；照明用灯具应高低错落有致，上下层光线分布均匀；育雏期间要及时将上下笼内的鸡只调换，以提高整体均匀度。

图 5-4　笼养育雏

二、育雏前的准备

（一）技术培训

这是柴鸡安全生产的关键之所在。进雏鸡以前应对相关人员进行柴鸡饲养管理和疾病防治技术的培训，充分了解柴鸡的生物学特性，经考核合格后方能上岗，切忌匆忙上马。

（二）制定鸡群周转计划

根据鸡场现有鸡舍配套面积、设备、饲养方式、生产工艺等条件，确定雏鸡、育成鸡和产蛋鸡饲养数量和规模；由最终生产产品的数量、成活率逆向推算出各阶段饲养的数量，由此来确定鸡场鸡的存栏数量；再根据柴鸡各阶段饲养周期，逆向推算出各阶段鸡的入舍时间、淘汰时间和数量，同时应根据当地市场终产品上市时间，最终确定进雏时间和数量。这就确定了本鸡场鸡群的周转计划，从而实现柴鸡全年的均衡生产。

（三）制定育雏计划

柴鸡饲养场的进雏时间不能由季节、温度等条件来定，应依据鸡场周转计划中终产品上市时间来决定。科学完善的育雏计划包括饲养雏鸡的品种、数量，育雏舍大小、维修、消毒、预温调试时间，饲养员、技术员安排，饲料、药品、疫苗来源等方面。其中进雏鸡数量应为育成计划的110％～115％。

（四）育雏舍的维修、清洗与消毒

1. 育雏舍的维修　育雏舍的维修包括地面、墙壁、门窗和通风、供温、降温、照明、笼具、喂料、饮水、消毒等设备。进雏鸡前应保证门窗开关自如、关闭严密、挡鼠板安全有效；地面、墙壁完整，便于清洗消毒；网架、笼具完整无破损；通风、供温、降温、照明、喂料、饮水、消毒等设备运转正常。

2. 育雏舍的清洗与消毒　在进雏前3周，首先用来苏水、百毒杀等消毒液喷洒育雏舍顶棚、设备、墙壁、地面，以消毒液自行滴下为宜，稍后彻底清除舍内粪便和灰尘，然后用高压水冲刷。冲刷的顺序为顶棚、墙壁、设备、地面、下水道。待干后用来苏水、百毒杀聚维酮碘等消毒液喷洒消毒。最后，将所有用具放于舍内，密封门窗及通风孔，预温至15～20℃，按鸡舍内每立方米空间福尔马林32毫升、高锰酸钾16克的浓度，将二者放在瓷器中熏蒸消毒。密封熏蒸24～48小时。育雏舍预温前打开门窗及通风孔彻底通风，排出多余的甲醛。

3. 消毒效果检查　门窗关闭严密，顶棚、设备、墙壁、地面清洗干净无粪便及污物。消毒后随机用消毒棉拭子采样进行细菌培养，无菌落生长。

特别提示： 鸡舍维修、清洗与消毒应彻底，不能遗留任何死角；消毒用药品要交替使用；熏蒸消毒时，室内温度越高、湿度越大消毒效果越好；消毒时要先放高锰酸钾再放甲醛，容器要大，防止甲醛溢出；消毒时要戴眼罩和口罩，做好自身防护；鸡舍冲洗时应关闭舍内所用电源以防线路短路，防止设备损坏和人身伤害事故的发生。

（五）育雏物品的准备

1. 饲料　雏鸡饲料包括开食料和全价料。

（1）开食料　雏鸡开食料应以小米、碎玉米屑为佳。

（2）全价料　应根据饲养柴鸡品种营养需要的要求，从专业饲料厂家购进雏鸡全价颗粒饲料或选择优良原料生产自配料。

2. 药品与添加剂　常用的备用药品有：环丙沙星、恩诺沙星、氨苄西林钠、阿莫西林、泰诺菌素、氟苯尼考、电解多维、葡萄糖、微生态制剂、酶制剂和霉菌毒素吸附剂等。

3. 疫苗　选择国内外知名生物制品企业生产的优质疫苗，主要包括预防鸡新城疫、禽流感、传染性法氏囊炎、传染性支气管炎、鸡痘、减蛋综合征等疾病的活疫苗和灭活疫苗。

4. 其他用品　包括各种专用记录表格、温湿球计、注射器、断喙器等。

（六）育雏舍试温与预温

1. 育雏舍试温　试温是指育雏前启用供温设施，检验设备有无故障，火道及烟筒有无倒烟漏气，育雏舍密封如何，舍内温度是否均匀。平面育雏温度计应与鸡背平行，笼养育雏应放在上面第二层。

2. 育雏舍预热　在进雏前3～7天，开始点火升温，进雏前1～2天，育雏舍内温度应达摄氏35～36℃，且昼夜温度稳定，无大的波动。预热时间的长短应视供热设施、天气、舍内保温效果而定。只有舍内物品、墙壁均热透时温度才会稳定。

三、雏鸡的挑选

选择符合品种特征、健壮、无病、无畸的健康雏柴鸡，剔除弱雏、残雏鸡，是育雏成功的基础。

1. 健雏 雏鸡大小均匀，体重符合品种要求；绒毛整齐清洁，富有光泽；腹部平坦、柔软；脐部愈合良好、干燥、无出血痕迹，上有绒毛覆盖。雏鸡活泼好动，眼大有神，反应敏感；鸣声响亮而脆；触摸有膘，饱满，脚结实，挣扎有力。

2. 弱雏 雏鸡腹部膨大坚硬，个体瘦小，体重过轻；绒毛蓬乱污秽，缺乏光泽；腹部膨大突出，松弛；脐部突出，有出血痕迹，愈合不好，周围潮湿，无绒毛覆盖明显外露；缩头闭目、站立不稳、怕冷；尖叫不休；触摸瘦弱、松弛，挣扎无力。

四、雏鸡的运输

雏鸡应在出壳注射马立克氏疫苗后尽快送入育雏舍。雏鸡运输质量的高低直接影响雏鸡的质量和雏鸡的成活率，以及最终生产性能的发挥。

1. 运输工具的选择 运送雏鸡应选用专用的纸质雏鸡盒，规格为：45 厘米×60 厘米×18 厘米，100 只装。四周透气。运输工具应选择装有控温、通风系统的汽车、轮船、飞机等。

2. 路线的选择 运输应选择平坦、宽敞、通顺、不易发生堵车的线路，避免剧烈颠簸。

3. 运输时间的选择 夏季及早秋要尽量避开高温时段运送雏鸡，如遇车辆故障、交通拥堵，应及时将雏鸡转移至阴凉通风处。冬季、春季要在气温较高时送鸡。

4. 注意环节　装载雏鸡时雏鸡箱之间要留有通风通道；雏鸡运输中途不得休息、停留，更不能停下吃饭；押运人员随时观察车内雏鸡状况，如出现雏鸡叫声尖利，躁动不安，说明温度偏高应及时通风降温；夏季选择飞机、轮船运送雏鸡，要做到晚装货，早卸货，防止高温缺氧，造成雏鸡窒息死亡。

特别提示：雏鸡运输要购买保险，防止意外事故发生。

五、育雏期的管理

（一）温度标准

适宜的温度是育雏成功最为关键的条件。

1. 适宜温度的标准　目前多采用高温育雏技术。高温育雏技术具有雏鸡发育整齐，雏鸡成活率高，饲料转化率高等优点。育雏前3天，保持鸡背水平位的温度为35～36℃。以后每周约下降2～3℃，直至降至与外界温度相近。

2. 适宜温度的判断标准　育雏室温度是否适宜除参看室内的温度表外，主要是依据雏鸡行为状态和分布情况来判断。

（1）温度偏高　当室内温度偏高时，雏鸡远离热源，张开翅膀、张口喘气，频频饮水，发出“吱吱”的叫声。

图5-5　育雏温度偏高

（2）温度偏低　当室内温度偏低时，雏鸡挤堆、靠近热源，并发出“叽叽”的尖叫声。

（3）温度适宜　当室内温度适宜时，雏鸡活泼好动，饮水、吃料正常，叫声悦耳。饱食后呈“漫天星状”均匀分布，安静休息，憨态可掬。

图 5－6　育雏温度适宜

3. 育雏室温度的调节

（1）舍内温度偏低时　迅速查明温度偏低原因，增加保姆伞、电暖气等取暖设备，将炉具烧得旺些；密封门窗，架设顶棚；减少进出鸡舍的次数；必要时将雏鸡集中饲养，炉具集中供温。

（2）舍内温度偏高时　此时不要急于开窗降温，应适当封闭取暖炉具，减少供热量；适当开启通往缓冲间的门，缓慢降温。夏季外界温度较高时，可适当开窗降温。

特别提示：

（1）育雏期间温度要相对稳定，不可忽高忽低。

（2）当舍内温度偏低时，雏鸡要整箱放置在舍内，当温度适宜时再分散开。

（3）弱小雏鸡要放在温度相对较高的地方单独饲养。

（4）雏鸡脱温时温差不能过大。

（二）湿度控制

控制合理的湿度是改善育雏舍空气质量，减少粉尘，降低氨气浓度，控制呼吸道疾病，提高雏鸡抵抗力和成活率的重要措施。

1. 指标　第 1 周舍内相对湿度控制在 70％～75％，第 2 周为 65％～70％，以后保持在 60％～65％。

2. 感官判断标准　舍内适度以饲养管理人员在育雏舍内嘴唇不发干为宜。

3. 湿度的控制　育雏早期舍内湿度往往偏低，此时可通过在火炉上架水盆蒸发加湿，也可在地面洒水来增加湿度；育雏后期湿度会偏高，此时可通过及时清理粪便，减少饮水器具跑、冒、滴、漏，加强通风等措施降低舍内湿度。

特别提示：控制合理的湿度是育雏成功必不可少的技术措施。

（三）初饮与饮水

1日龄雏鸡第一次饮水叫初饮。

1. 初饮的时机　雏鸡毛干后3小时，即可送到育雏室给予饮水；长途运输的雏鸡应在进入育雏室1～2小时后再饮水，此时大部分雏鸡开始跑动、追逐、有觅食行为。饮水后开食有促进胃肠蠕动、吸收卵黄、排出胎粪、增进食欲、利于开食之功效。

2. 初饮的水质要求　初饮要用温开水，水中加入5%～8%的葡萄糖、电解质、多维素及适量的抗生素。1周后换用自来水。

3. 初饮及饮水的关键环节

（1）人工诱导　初饮时饲养员要用手指有节奏的敲打饮水器具，进行诱导。对不能正常饮水的雏鸡，要逐只将鸡喙蘸入水中进行辅助饮水。

（2）少加勤换　饮水器具内的水应少加勤换，勤刷洗，保持水质新鲜。

（3）及时调整饮水器具高度　要及时调整饮水器具高度，使水位线始终与鸡背平行。

（4）饮水位置要足够　无论采用真空饮水器或是乳头饮水器，雏鸡饮水的位置必须足够。初饮时100只雏鸡至少应有2～3个4.5升的真空饮水器，并均匀地分布在鸡舍内。

4. 注意事项

（1）防止饮水过晚、饮水器具不足，导致雏鸡暴饮或将羽毛打湿，体温降低而挤堆。

（2）及时将打湿羽毛的雏鸡放在温度较高的地方饲养。

(3) 及时维修漏水或出水故障的饮水器具。

特别提示：初饮是维持雏鸡体液平衡恢复体力，保证雏鸡成活率的关键环节。

(四) 开食与喂料

雏鸡第一次吃食叫开食。

1. 开食的时机 雏鸡饮水后会安静休息一段时间，大约持续2～3小时，待大部分雏鸡开始跑动有啄食动作时再开食。

2. 开食料的选择 开食料选用碎玉米或小米。开食料可用干料，或用适量温开水浸泡至握紧成团松手既散的半湿料。开食料用1天。以后用全价雏鸡料。

3. 开食与喂料的关键技术

(1) 开食方法。饲养员将开食料撒在反光性强的专用开食盘或硬纸板、塑料布、浅边料槽内，通过有节奏的敲打诱导雏鸡啄食。对不会啄食的雏鸡饲养员要将料填入雏鸡嘴内进行辅助喂食。

(2) 少加勤添，保持饲料新鲜。幼雏每次喂料应撒薄薄一层，待鸡吃完后再加料，千万不可一次加料过多。当大约80％的雏鸡跑动、觅食时，开始第二次喂料。随雏鸡采食量的增加逐渐减少喂料次数。一般第1周每天喂料8次，第2周每天喂料6次，以后每天喂料4次。

(3) 及时调整喂料器高度，使其边缘与鸡背平，防止雏鸡进入料筒内，即减少饲料浪费，又可防止雏鸡意外伤亡。

(4) 饮水器与喂料器间隔放置，分布均匀。

特别提示：采用开食料是促进雏鸡胎粪排除、防止糊肛、增进胃肠发育的关键措施。

(五) 科学合理的光照管理程序

光照对柴鸡的活动、采食、饮水、生长发育和繁殖性能等都有重要作用。而自然光照对鸡又有不利的影响，只有根据柴鸡的生理特点和生产需要，在自然光照的基础上加以调整、补充和严格控制，制定科学合理的光照程序，才能充分利用自然光，发挥最佳生产潜能，取得最大经济效益。

1. 合理的光照程序

（1）密闭式鸡舍光照程序　柴鸡前 3 天或 1 周，采用每天 23～24 小时连续光照制度；2～18 周龄，恒定为每天 8～9 小时光照；19 周龄开始每周第一天增加 1 小时光照，逐渐增至每日 14～16 小时。

（2）有窗式鸡舍的光照方案

①利用自然光照的光照程序：从 4 月 15 日至 9 月 1 日孵出的柴雏鸡，柴鸡前 3 天或 1 周，采用每天 23～24 小时连续光照制度。2～18 周龄，可完全采用自然光照作为柴鸡的光照程序。

②人工光照与自然光照相结合的光照程序：这种光照程序分为恒定和渐减两种光照制度。适用于每年 9 月 1 日至次年 4 月 15 日孵出的柴雏鸡。

③恒定光照程序：柴鸡前 3 天或 1 周，采用每天 23～24 小时连续光照制度；2～18 周龄采用恒定光照。光照时间以雏鸡出生到 20 周龄期间的最长光照时数为准。

④渐减光照程序：柴鸡前 3 天或 1 周，采用每天 23～24 小时连续光照制度；2～18 周龄光照时间逐渐减少。以雏鸡至 20 周龄时的自然光照时数加 5 小时人工光照为基础，每周递减，至 20 周龄时刚好将增加的 5 小时减完。

2. 光照强度

（1）密闭式鸡舍　柴鸡前 3 天光照强度为每平方米15～20 瓦，3 天后减弱为每平方米 1.5～2 瓦。

（2）有窗式鸡舍　柴鸡前 3 天夜间光照强度为每平方米15～20 瓦，白天利用自然光线。3 天后减弱为每平方米 1.5～2 瓦。

3. 关键技术

（1）照明灯具在鸡舍内分布均匀，无黑暗死角。

(2) 照明灯上安装直径25～30厘米的遮光罩，定期清除灯具上的灰尘，保持灯具清洁明亮。

(3) 及时更换破损灯具，保持有效光照强度。

特别提示：控制合理的光照时间和适宜的光照强度是保证柴鸡正常生长发育，提高生产性能的关键技术之一。

（六）良好的通风效果

育雏期间的通风可调节舍内温度、湿度、排除有害气体，保持空气新鲜，减少空气中尘埃，降低雏鸡体表温度。良好的通风是保证雏鸡健康发育的必需条件（表5-1）。通风与保温是育雏期间要解决的主要矛盾。

表5-1　鸡舍内通风环境因素设计参数

项　　目		育雏期	育成期	产蛋鸡
舍温（℃）		33～35	15～29	5～29
湿度（%）		60	60	60
换气量［米^3/（只·小时）］	夏	6.6	12	15
	春、秋	3.3	8	10
	冬	1.8	3	4
最佳风速（米/秒）	夏	0.5～1.0	1.0～1.5	1.0～2.0
	春、秋	0.5	0.5～1.0	0.5～1.0
	冬	0.3	0.3	0.5

1. 舍内空气质量标准

(1) 空气质量标准　鸡舍内氨气浓度不超过0.002%，硫化氢浓度不超过0.001%，二氧化碳浓度不超过0.15%。鸡舍内过高的氨气和硫化氢气体不仅刺激眼和呼吸道黏膜，造成黏膜损伤，病原微生物易于侵入，引起气管炎、肺炎和生产性能降低，还严重导致雏鸡抵抗力降低，诱发新城疫等疾病。

（2）感官标准 在无检测仪器的情况下，舍内以不刺眼、不流泪、不呛鼻，无过分臭味为适宜。

2. 调控措施

（1）密闭式雏鸡舍 定时开启小排量风机，排出雏鸡舍内污浊气体和灰尘，送入新鲜空气，保持舍内温度稳定。夏季降温应及时开启大风量风机和湿帘降温设备，降低舍内温度，保持空气新鲜。

（2）有窗式鸡舍 及时开启和关闭窗户、地窗、顶棚通风孔进行换气。根据鸡舍温度及外界气温的高低，开窗通风应逐步进行，一般顺序为：南上窗→北上窗→南下窗→北下窗→南北上下窗。夏季温度居高不下时，则应及时安装并启用机械通风设施，保持舍内温度稳定。

3. 关键技术

（1）育雏舍设置缓冲间，降低舍内外温差，防止通风造成舍内温度下降过度；有窗式鸡舍选择气温高时逆风向开窗通风。

（2）要在提高舍内温度后，再通风换气。

（3）控制合理的饲养密度，及时清理粪便，防止空气污浊，过度通风，影响雏鸡生长。

（4）笼具摆放于通风方向平行，增强通风效果，减少通风死角。

特别提示：建立以良好通风为基础的保温体系是育雏成功的关键之所在。详见柴鸡舍内各种环境因素设计参数。

（七）适宜的饲养密度

每平方米饲养面积所养柴鸡的数量叫饲养密度。饲养密度的大小应随饲养柴鸡的品种、日龄、饲养方式、通风条件、管理水平等的不同而调整。密度过大，鸡群拥挤，采食不均，发育不齐，易感疾病，死亡率高；密度小虽有利于雏鸡发育，提高成活率，但不利保温，且不经济。详表5-2。

表 5-2 雏柴鸡饲养密度（只/米²）

周龄	地面垫料平养	发酵床平养	网上平养	立体笼养
0～2	30	25	40	60
3～4	25	15	30	40
5～6	15	8	25	30

特别提示： 适宜的饲养密度是保证雏鸡健康发育的必要条件。

（八）适度断喙

断喙是用特质刀片，切除雏鸡上下喙的一部分，同时烧灼组织、止血，抑制喙快速生长、节约饲料、防止啄癖发生的技术手段。

1. 常用器械 鸡用断喙器，分自动或手动两种。最好选择带不同孔径的断喙器。

2. 断喙的时间 柴雏鸡多在 9～15 日龄进行断喙。

3. 断喙的方法 操作人员带上隔热手套，打开断喙器，将刀片颜色保持为樱桃红色，左手抓住雏鸡递入右手，将雏鸡握于右手中，背部朝上，两腿后伸，右手拇指放在鸡头顶上，食指第二关节处放在咽下，其余三指放在胸部下方。拇指和食指稍施压力，使鸡舌头回缩，上下喙闭合。将喙插入最小孔径的断喙孔内，在距离鼻孔下 2 毫米处切断（上喙断去 1/2，下喙断去 1/3），切后迅即烧灼断面 1～2 秒止血。

4. 判断标准 断喙后雏鸡上喙短，下喙长，喙边缘平齐、圆滑。

5. 关键技术

（1）饲料中添加止血药物，如维生素 K。

（2）断喙时间应在 7～15 日龄，过晚则不易止血。

（3）右手拇指用力不要过大以雏鸡上下喙闭合为宜。

（4）喙切除止血时，右手手腕稍下压，上喙较下喙用力顶住灼热刀片，既有利迅速止血，又易达到断喙标准。

6. 注意事项

（1）为防出血，断喙前一天，每千克饲料中添加5毫克维生素K，断喙后，饮3天抗生素和电解多维营养液。

（2）断喙后食槽内应多加一些料，以免鸡喙碰硬的槽底有痛感，影响采食。

（3）断喙时安排专人负责检查止血效果，出血不止者重新止血，防止雏鸡流血不止而死。

（4）在断喙技术不熟练时，切忌断切过多，出现残鸡、弱鸡。

（5）如为山地、林地、果园放养，断喙应少，以切除上喙尖部为主，不可太多，以防影响野外自主觅食能力，影响生长发育。

特别提示： 雏鸡断喙是一项十分精细的工作，必须小心、慎重。

（九）科学的免疫计划

根据当地疫情为柴雏鸡制定科学的免疫程序，按时免疫是保障雏鸡健康发育，减少用药量，实现安全生产的重要技术措施。

1. 免疫程序 免疫程序的制定应在充分掌握当地疾病发生的种类、流行规律、流行趋势和雏鸡母源抗体检测等的前提下，经过实践证明确实有效的基础上制定。雏柴鸡免疫的种类主要包括新城疫、禽流感、鸡痘、传染性支气管炎、法氏囊以及传染性喉气管炎、支原体、沙门氏菌病等（表5-3）。其中传染性喉气管炎、禽流感疫苗为疫区使用。

表5-3 柴鸡参考免疫程序

日 龄	防治疫病	疫 苗	接种方法
1	马立克氏病	CVI988	颈部皮下注射
7～10	新城疫	ND-Ⅳ系或克隆—30	滴鼻、点眼

（续）

日　龄	防治疫病	疫　苗	接种方法
7～10	传染性支气管炎	H_{120}、肾传支	滴鼻、点眼
	禽流感	新-传支-流感油苗	颈部皮下注射
11～14	法氏囊病	中毒力苗	2倍量饮水
15～20	鸡痘	弱毒力苗	刺种
20～22	传喉	弱毒力苗	饮水或点眼
22～24	法氏囊病	中毒力苗	2倍量饮水
40～45	新城疫	Ⅳ系或克隆-30	2倍量饮水
50～60	传染性支气管炎	H_{52}	2倍量饮水
	传染性喉气管炎	弱毒苗	2倍量饮水
90	新城疫	Ⅳ系或克隆-30	2倍量饮水
110～120	鸡痘	弱毒苗	刺种
	新城疫、传染性支气管炎、禽流感	新（流）-支-减油苗	肌注

2. 常见免疫方法　雏鸡常见的免疫方法有滴鼻点眼、饮水、喷雾、皮下注射、肌内注射、皮下刺种等。

（1）滴鼻点眼　主要适用于柴雏鸡活疫苗的首次免疫。

①特点：疫苗用量准确，产生抗体快，效果确实可靠。但费时费力，鸡群应激较大。

②器具选择：刻度吸管，量筒，注射器等。

③水质要求：灭菌生理盐水蒸馏水、纯净水或专用稀释液稀释。

④操作方法：首先标定免疫用具的精确度，即每滴疫苗的体积，计算出每只鸡2滴所用疫苗液的体积。按标准稀释疫苗。依次将疫苗液滴于雏鸡同侧的鼻孔和眼睑内，待疫苗液完全吸收后再免下一只。

⑤注意事项：稀释后的疫苗最好在1小时左右用完。确保疫苗液被雏鸡吸收后再将鸡放开。

（2）饮水免疫　饮水免疫适用于大规模商品雏柴鸡免疫用（表5-4）。

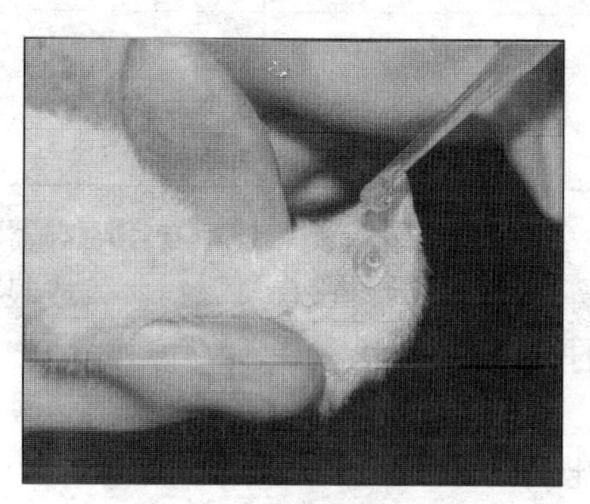

图5-7　滴鼻点眼免疫

①特点：简单、方便、效率高。但雏鸡疫苗饮用量均匀度差、效果不如点眼、滴鼻、气雾。

②器具选择：专用的塑料用具。

③水质要求：选用纯净水、深井水或凉开水，最好采用无离子纯净水。饮水中加入5%的脱脂奶粉。

④操作方法：饮水免疫前首先将鸡群停水2～4小时，将饮水器具进行彻底清洗消毒，并用清水冲洗干净。将疫苗在小容器中稀释，然后倒入5%脱脂奶粉液中，混合均匀，再加入水箱或饮水器中，供鸡群饮用。保证疫苗液在0.5～1小时内饮完。免疫后用清水冲洗饮水器具。

特别提示：关键环节：一是鸡群停水时间，二是饮水器具数量，三是疫苗饮用时间和均匀度。注意事项：用具及疫苗液中不能残留消毒液；饮水器集中使用，雏鸡同时饮上疫苗液；保证雏鸡均能喝足疫苗液。

表5-4　100只柴鸡每天参考饮水量（千克）

周龄（周）	室温20℃	室温30℃
1	3.5	6.0
2	4.0	7.0
3	4.8	8.4

（续）

周龄（周）	室温 20℃	室温 30℃
4	5.3	8.7
5	6.3	11.2
6	7.4	13.0

（3）喷雾免疫　是用专用喷雾器将疫苗液喷成特定大小的雾滴，鸡只通过呼吸经鼻、口吸入或眼接触疫苗，产生特异性抗体的过程。

①特点：效果较好，效率高，黏膜局部免疫效果好，抗体上升快、滴度高、均匀度好。但喷雾免疫对鸡舍内环境卫生要求较高，有诱发呼吸道的潜在威胁。

②器具选择：免疫专用喷雾器、空气压缩机、胶皮管、喷漆枪、塑料桶等。

③喷雾免疫分类：喷雾免疫根据其雾滴的大小，分为粗雾免疫和细雾免疫两种。粗雾免疫根据雾粒大小又分为大雾滴和粗雾滴两种。大雾滴直径在 100～150 微米，液体从喷头喷出后快速沉降，雾粒在空中不飘浮，此法适用于 1 日龄雏鸡。粗雾滴直径为 70～120 微米，液体从喷头喷出后，雾粒有 50%飘浮，并较快沉降（半小时左右），另一半直接沉降（100 微米以上）。粗雾免疫适用于 10 日龄以上雏鸡，喷雾时，要先把雏鸡按圈集中，每平方米 30～40 只，以使喷出的雾粒尽可能落在雏鸡身上，疫苗通过眼、鼻、口进入鸡只体内。细雾免疫雾粒直径为 30～60 微米，雾粒直径在空中漂浮较长时间（1 小时以上），此法适用于 22 日龄以上鸡群。细雾粒主要用于加强免疫，喷雾时把鸡群相对集中一下更好，不能集中时，为达到有效免疫效果，需加大疫苗的用量。

④操作方法：大雾滴和粗雾滴喷雾免疫 1 日龄雏鸡每 1 000 只喷雾量在 200 毫升左右，喷雾时喷头距鸡 30～40 厘米，并快速移动 2～3 遍，喷雾完后，鸡群应在原地或雏鸡盒中停留 20～

30 分钟。对 10 日龄以上的雏鸡每 1 000 只用量为 400 毫升左右。细雾免疫时，在鸡头顶上方 30～50 厘米处，快速往返 3～4 次，喷雾量，每立方米空间用 15 毫升疫苗液或每 1 000 只鸡 500 毫升疫苗液。喷雾时，应关闭风机，喷雾后 30 分钟后再通风。

⑤注意事项：喷雾免疫当天停止带鸡消毒，免疫前一天必须做好带鸡消毒工作，以净化鸡舍环境，从而降低免疫反应，提高免疫效果；除 1 日龄外，喷雾免疫疫苗用量须适当增加；为避免疫苗反应，可在喷雾溶液中加一些抗生素，如每升溶液中加 200 万～500 万单位的青霉素、链霉素或卡那霉素；注意粗雾和细雾免疫的不同之处，确保鸡群接触到或吸入足够的疫苗量；喷雾时，为减少应激和便于操作，应关闭灯光。

表 5-5　喷雾免疫用水量

周　龄	1 周	2～4 周	5～10 周	10 周以上
用水量（毫升）	300	500	1 000	2 000

（4）注射免疫　是将疫苗液注射在皮下与肌肉之间的免疫方法，分皮下注射和肌内注射两种。主要适用于雏鸡马立克氏疫苗和油佐剂灭活疫苗的免疫。

①特点：疫苗吸收快、剂量准确、效果确实。

②注射部位：颈部、翅膀、胸部、腿部皮下或肌肉。

③操作方法：颈部皮下注射时，用手轻轻提起鸡的颈部皮肤，将针头紧压头皮水平刺入颈部皮下，将疫苗注入皮肤与肌肉之间。胸肌注射适用于注射剂量要求十分准确的疫苗。将针头成 30°～45°倾斜刺入胸肌丰满处，注入疫苗。切忌垂直刺入胸肌，以免出现穿破胸腔的危险。腿部肌内注射主要适用于笼养的商品蛋鸡群，将针头刺入大腿外侧肌肉丰满处，小心避免刺伤腿部的血管、神经和骨头。翅膀注射时，用手提起鸡的翅膀，将针头朝身体的方向刺入翅膀肌肉，小心刺破血管或损伤骨头。

④注意事项：注射用灭活疫苗须在注射前 5～10 小时取出，

使其慢慢升至室温，使用前，操作时注意随时摇动；注射人员应经过培训，熟练使用注射器，熟知注射部位，进针技巧，熟练抓、固定、放鸡等的操作；注射时间应选在晚间，鸡群空腹时进行。注射时，现场灯光要暗淡，以使鸡群安静，这样便于操作和减少鸡群应激；注射前最好做带鸡消毒，以净化鸡舍内环境，便于工人操作和减少鸡群应激；注射器使用前后，应注意清洗、消毒和维护，避免注射感染和使用中的不便。

（5）*刺种免疫* 主要适用于鸡痘的免疫接种，刺种部位在鸡翅膀内翼膜三角区无血管部位，刺种有专用刺种工具。

①特点：是鸡痘疫苗的特殊免疫方法，疫苗用量准确，产生抗体快，效果确实可靠，易于检查。

②器具选择：专用刺种针、蘸笔尖。

③操作方法：用8～10毫升生理盐水稀释1 000羽份疫苗，用接种针或蘸水钢笔尖蘸取疫苗，刺种于翅膀内侧翼膜三角区无血管处的皮肤下面。

④注意事项：刺种时避开较大血管；免疫7～10天后，检查接种部位有无红肿及结痂。有上述变化，说明免疫有效，否则，要重新免疫，并及时检查免疫效果。

3. 抗体监测 抗体监测是选择最佳免疫时机，确保鸡群健康的有效措施。鸡群免疫前后通过采样进行抗体水平的检测，了解母源抗体水平，确定免疫时间。免疫后进行抗体监测，可有效跟踪抗体水平变化，确定免疫效果，防止疫病的暴发。

4. 免疫效果增强措施 免疫时可通过在饲料、饮水或疫苗中加入免疫增强剂增强免疫效果。如在饮水中添加禽喘康颗粒冲剂、黄芪多糖、左旋咪唑、维生素C等。

5. 注意事项

（1）疫苗外观检查。首先检查疫苗有无批准文号、是否过有效期；冻干疫苗颜色是否改变、真空度如何；油佐剂疫苗质地是否均匀，是否为乳白色等；疫苗稀释液与疫苗是否匹配等。使用的疫苗是否与免疫的疾病相匹配。

(2) 疫苗的使用剂量要准确，不可盲目加大免疫剂量。

(3) 一定要通过抗体效价的检测，确定免疫效果和加强免疫的时机。

(4) 当地未流行的疾病应慎重免疫，以防通过疫苗散播病毒。

(5) 鸡群免疫密度不能可过大，以防造成免疫系统麻痹。

(6) 鸡群处于发病、转群、断喙等应激状态时不要免疫。

(7) 免疫前后各3天内不能饮用消毒液；喷雾免疫时注意育雏舍的密封和舍内环境的净化。

特别提示：只有适合当地疫情的疫苗和免疫程序，才是最好的。

(十) 分群（栏）饲养

1. 公、母雏鸡分群饲养。分群饲养便于管理和营养物质的调控，有利于控制体重、提高均匀度，减少柴鸡的意外损伤，提高成活率。

2. 柴鸡平面育雏时应分栏饲养，每栏以400只左右较为适宜，便于管理和观察。饲养人员应及时将鸡群中的弱小鸡只挑出分群饲养。

3. 立体笼养育雏，饲养员应利用免疫、断喙等时机将上下笼层的鸡进行对调，同时将弱小鸡只调至上层笼饲养，以提高鸡群的均匀度。

4. 病弱残鸡大多在大群边缘或角落处。

特别提示：分群饲养时提高管理水平，保证雏鸡成活率，提高整体均匀度的有效措施之一。

(十一) 转群与脱温

1. 转群 按时转群是实现鸡群周转计划的重要环节。如无特殊情况，如鸡群发病等，育雏结束后应及时将雏鸡转至育成鸡舍。一般在7周龄转群。

（1）提前准备好育成鸡舍　在计划转群前1周将育成舍清洗消毒，设备用具调试正常，为按时转群做好准备工作。如在寒冷季节转群，在计划转群前1天将育成舍温度升至育雏舍温度或稍高1～2℃。

（2）提前停料，添加抗应激药物　转群前2～3天和入舍后3天，饲料中增加1～2倍的多种维生素和电解质溶液；转群前至少6小时停止喂料；转群当天保持24小时光照，以便鸡有足够时间熟习环境、采食和饮水。

（3）做好转群的组织工作　转群的组织工作包括用具准备、时间安排、人员安排等。

①用具准备：雏鸡转群的要选用安全、透气、便于搬运和消毒的塑料转运箱。

②时间安排：雏鸡转群随季节和环境温度不同而变化。夏季，应选择天气凉爽的早晨或晚上。冬季应选择天气晴朗、温暖、无风的中午，并做好路途的保温工作。

③人员安排：转群人员包括抓鸡组、运鸡组、接鸡组和巡视组。其中抓鸡组、运鸡组为年轻力壮、手脚利索人员组成。巡视组由经验丰富的技术人员担任，主要负责人员调配，检查鸡群情况，防止鸡群因惊吓堆挤窒息死亡。具体流程如下：抓鸡组在雏鸡舍抓鸡装笼、清点鸡数→运至鸡舍门口→运鸡组→育成舍门口→接鸡组按大小分群或装笼、清点鸡数。避免由人员造成的交叉感染。最后抓鸡组与接鸡组核对转群数量，统计育雏成活率。

④结合转群对鸡群进行彻底清点数量、淘汰不合标准，如体重过小、有病及残鸡。

⑤转群时不要同时进行断喙和免疫注射工作以免增加更大的应激。

⑥转群时要轻拿轻放，防止动作简单粗暴和疏忽大意等造成雏鸡的意外伤害和死亡。

⑦观察鸡群动态：刚转群时鸡拉白色粪便。如绿色粪便较多，要及时添加药物防止继发疾病。

⑧注意鸡对饮水器具的适应：如育成期间使用的饮水器具与育雏期间不一样，应保留一部分育雏期间的饮水器，并不断诱导鸡使用新饮水器具饮水，待鸡群适应新饮水器后再撤走。

2. 脱温 育雏结束或处于温暖季节，雏鸡舍停止供热要根据外界温度变化，鸡舍内缓慢降低温度，逐渐减小舍内外温差，要让鸡群有一个适应的过程，降低低温应激造成的危害。特别是山地、坡地、滩涂放养的鸡群，更应该注意，一定要在外界天气晴朗、温暖、无风的中午让鸡在外界活动，温度较低时将雏鸡放在舍内取暖，并注意放养时饲料的补充。

特别提示：转群与脱温是完成从育雏到育成过渡的关键环节，也是最易忽略的环节。

（十二）驱虫

无论采用哪种饲养方式，在转群前都要进行驱虫。按每千克体重 25 毫克驱虫净（四咪唑）拌料，一次喂服。1 周后重复驱虫一次。驱虫最好在晚上进行，第二天，及时清理粪便，堆积发酵后作为肥料利用。鸡舍内用具、地面上的积存的粪便彻底清除，清洗，消毒。如为地面散养则清除表层 15 厘米厚的土壤，撒上生石灰，垫上 20 厘米厚的新土。

特别提示：按时驱虫是提高饲料利用率、保证鸡群健康的有效措施之一。

（十三）疾病预防

1. 严格隔离、封闭育雏 育雏期间采用封闭式饲养，饲养员严禁相互串舍、外出，待育雏结束后方可离开育雏区。

2. 实行全进全出制饲养 育雏舍内只养一批雏鸡，育雏结束，育雏舍进行彻底清理消毒。

3. 鸡舍内外环境净化 及时清除舍内灰尘、粪便和杂物。舍内外每周带鸡喷雾消毒 1 次，病死鸡、污水进行无害化处理。

4. 做好疫病的免疫接种，提高雏鸡的抵抗力 按既定免疫程序按时进行免疫接种，定期检测抗体变化，及时加强免疫。如遇疾病大流行，提前进行免疫，增强雏鸡的抗病能力。

5. 有计划地预防性用药 育雏期间根据不同时期疾病的流行规律，有计划的投喂药物，预防疾病的发生（表 5-6）。

6. 及时淘汰病弱残鸡，防止疾病的传播。

表 5-6 雏鸡用药程序参考表

日龄（天）	药 物	用量及疗程	作 用
1～3	氧氟沙星 恩诺沙星	0.01%～0.02%，3 天 0.005%～0.01%，3 天	预防沙门氏菌病、大肠杆菌病
	白头翁散或玉屏风散或黄连解毒汤	煎液按每只鸡 0.125 克每天原药，饮水 3 天	清热解毒、增强抵抗力，预防沙门氏菌病、大肠杆菌病
10～13	地克珠利或妥曲珠利	0.000 1% 饮水 3 天，间隔 7 天再用 3 天	预防球虫病
	泰乐菌素+强力霉素	0.01%饮水 3 天	支原体病及免疫后呼吸道病
	清瘟败毒散或银翘散	0.1%拌料 3～5 天	预防免疫后继发新城疫
16～18	肾宝康或肾肿解毒药	饮水 3 天	预防免疫后疫苗对肾脏的损伤
	中药保肝护肾制剂	饮水 3 天	

注：1. 以后视病情使用药物，尽可能使用中药口服液，以 3～5 天为一疗程。

2. 在免疫前 3 天用中药清热解毒制剂清理体内病毒，增强免疫系统功能，提高免疫效果。

特别提示：只有建立完善的生物安全体系，才是保证鸡群健康最为有效的途径。

第二节 柴鸡育成期的饲养管理

从育雏结束到产蛋开始前的阶段称为育成期，即 7～18 周龄。育成期的目标是：培育出成活率高、体型体重符合品种要求、生长发育均匀、适时开产的后备鸡。这时期管理的好坏直接决定了柴鸡在性成熟后的产蛋能力以及种用价值。根据柴鸡发育的特点分为育成前期和育成后期。育成前期的重点在于控制体重增加过快，提高整齐度。育成后期管理的重点在于控制光照时间和饲料营养，限制饲养，防止体重超标。

一、饲养管理要点

（一）适时、逐步更换饲料

刚进入育成舍的柴鸡不要马上换成育成饲料，经称重体重达到标准后，在1周时间内完成饲料的更换。第1天育雏料中加入1/6育成饲料，第2天加入1/5育成饲料，第3天加入1/4育成饲料，第4天加入1/3育成饲料，第5天加入1/2育成饲料，第6天加入3/4育成饲料，第7天全部用育成饲料。

（二）减少饲养密度

柴鸡育成期的饲养密度较育雏阶段小，有利于锻炼体质，促进骨骼和肌肉的发育（表5-7）。

表5-7　柴鸡育成期的饲养密度表

周龄（周）	地面垫料平养（只/米^2）	发酵床平养（只/米^2）	网上平养（只/米^2）	立体笼养（只/米^2）	果园、山坡、林地放养（只/亩*）
7～12	8～10	12～13	10～11	24	500～1 000
13～18	7～8	10～11	8～9	14	300～500

（三）合理光照时间

育成期采用合理的光照程序，有助于控制鸡生殖器官的发育

* 亩：非法定计量单位，1亩=667米^2。

和成熟，是实现柴鸡体成熟和性成熟同步发育最为关键的技术措施之一。详细参照育雏期光照内容。育成期光照强度为1.3～2.7瓦/米²。采用果园、山坡、林地、草场等放牧散养的柴鸡，也应严格遵守光照程序执行，白天采用自然光照，早晨和晚上在鸡棚或鸡舍内通过灯具照明，补充不足的光照时间。如完全采用自然光照时间，春季育雏的柴鸡开产早、蛋重低、产蛋率低、产蛋高峰持续时间较短；秋季育雏的柴鸡，开产晚、蛋重较大，总体产蛋量低。

特别提示：柴鸡育成期间绝对不能延长光照时间。

（四）控制合理体重，提高鸡群整齐度

1. 控制合理体重的重要性 体重是衡量柴鸡生长发育的重要指标，不同的鸡种都有它的体重标准。符合标准的鸡说明生长发育正常，将来产蛋性能好，饲料报酬高；体重过大，说明鸡生长过快，体重超标，体内脂肪沉积过多，既降低产蛋性能，也易引起产蛋鸡脱肛、淘汰率增加；体重过轻，说明身体发育不健全，开始产蛋则较晚，产蛋持续性较差，产蛋量较低。

2. 均匀度与产蛋性能 均匀度是指鸡群内个体间身体发育的整齐程度。包括体重的整齐度和生殖器官发育的整齐度。均匀度的表示方法一般用标准体重平均上下浮动10%范围内个体的百分比来表示。鸡群内体重差异小，说明鸡群发育整齐，性成熟也能同期化，开产时间一致，产蛋高峰高。整齐度在80%以上的鸡群，为较好群鸡，整齐度在70%～75%的鸡群为一般鸡群，整齐度在70%以下的鸡群为较差鸡群。整齐度越高越好。

3. 提高鸡群整齐度的有效措施

（1）按时称重

①开始称重时间：轻型柴鸡从6周龄开始，每隔1～2周称重1次，中型柴鸡从4周龄开始，每隔1～2周称重一次。当然称重时间越早越好，越利于早分群，早控制体重，提高整齐度。

②随机抽样比例：鸡群大时按不少于1%的比例抽取，样本数不少于100只；鸡群小时，按5%～10%的比例抽取，最少不得少于100只。

③抽样方法：对于笼养柴鸡，随机抽取鸡舍内不同区域、不同层次、相同数量鸡笼内的鸡进行称重；对于平面散养柴鸡，随机选取不同的小群或小栏，在栏内固定的地方用围栏圈鸡，将圈内所有的鸡全部称重。

④注意事项：称重应安排在周末早晨空腹的同一时间测定，称完体重根据测定结果再喂料；每次称重的鸡要固定，只有称重的鸡相对稳定，才能真实反映每周体重增加的比例，为下周的喂料量提供可靠的依据。

（2）分群饲养与调群

①分群饲养：大群饲养中应根据柴鸡性别、体重大小，分成若干小群，分别采取正常饲喂、限制饲喂、补充营养等对应措施进行管理，以不断提高鸡群的整齐度。群养育成柴鸡以每群不超过500只为标准。

②调群：根据体重称量结果，按大、中、小的顺序重新调整鸡群。分别把两端鸡群中体重符合标准的鸡调至中间，将中间群中的大鸡和小鸡分别调至两边，组成超重群、适宜群和未达标群，及时淘汰病弱残鸡。对超重群通过限制营养物质摄入量控制体重缓慢增长，对适宜群按正常喂料量饲喂保持体重的平稳增加，对未达标群，采用降低饲养密度、提高饲料营养水平等措施，提高体重增加速度，尽快赶上标准群。

（3）限制饲养　限制饲养是维持适宜体重、抑制柴鸡过早性成熟，提高产蛋性能的重要技术措施。柴鸡一般从6～8周龄开始进行限制饲养。但是否采用该技术措施，应依据鸡群称重结果和鸡群整齐度的高低来决定，千万不可盲目限制鸡营养物质的摄入，影响正常生长发育，造成不可弥补的损失。

①限制饲养对鸡的影响：

◇ 柴鸡的生长停滞或推迟：当限制饲养提供的营养仅仅维持在最低生理需要量时，则生长停滞；当提供的营养高于维持需要量而低于生长需要量时，则生长缓慢、发育推迟。

◇ 维持适当的体重：所谓适宜体重即达到生产指标的体重或者说标准体重。标准体重不是在自由采食方式下，最好的管理所能获得的体重，而是能够最大限度发挥生产潜能的体重。也就是说只有通过限制饲养才能维持适宜的体重，从而取得最大的经济效益。

◇ 性成熟被抑制：通过限制饲养控制柴鸡的性成熟。开产日龄推迟、蛋重增加、种蛋合格率提高。

◇ 诱发一时的休产或换羽：如柴鸡的强制换羽等。

◇ 代偿生长现象：在柴鸡幼、中雏期限制饲养解除后，雏鸡会出现非常高的食欲，体重大幅度增加，饲料利用率也提高，从而表现出超常的生长现象即代偿生长。

◇ 促进机体机能活化，提高防御能力：据日本坂井田节的研究表明，在9～20周龄实行限制饲养期，接种新城疫疫苗的平均HI效价，限饲组是对照组的122.0%。

②限制饲养的意义：

◇ 改善饲料利用率：据Bal和Naye等（1976）对白来航鸡限制饲养结果表明，饲料消耗比有0.162～0.274的大幅度改善。

◇ 节约饲料：据Hollands（1965）对育成期白来航鸡72～147日龄实行限制饲养的结果表明，限制饲养组的采食量是对照组的68.7%，每只鸡节约饲料2.663千克。

◇ 使性成熟适时化：限制饲养使鸡性成熟与体成熟同步，开产蛋大，小蛋期减少，产蛋高峰上升快，高峰期维持时间长，蛋壳质量提高，破蛋率下降。

◇ 提高种鸡及商品鸡的利用率：通过对鸡群实行强制换羽，种蛋合格率可提高5.4%～12.9%，种蛋受精率提高1.7%～2%，孵化率提高6.9%～7.8%，蛋重增加5克。

③限制饲养的方法：柴鸡的限制饲养分量的限制饲养与质的限制饲养。实际生产中往往采用其中的一种或同时采用多种限饲方法，以增强限制饲养的效果。

◇ 量的限制饲养：所谓量的限制饲养就是在饲料营养成分不变的前提下采取各种措施限制鸡摄入的饲料量，从而达到限制鸡生长发育的方法。量的限制饲养包括定量限制、设停食日、限制采食时间、一定期间停食等。

a. 定量限制饲养：也就是每日限饲。依据鸡品种、日龄、体况及所处的季节等因素，喂以自由采食料量的70%、80%或90%。每周末根据称重结果决定下周喂料量。轻型或中型柴鸡柴鸡多采用此种方法。

b. 设停饲日：停饲日所占的比例越大，限制饲养就越严格。例如，七日间停饲二日，又称五二限饲；三日间停饲一日或两日间停饲一日，又称隔日限饲。在实际生产中只有在鸡群体重超标过多，整齐度较差时采用。此方法较适用于中型柴鸡育成后期。

c. 限制采食时间：根据鸡的品种、日龄和限饲目的，决定每日的给饲时间，在给饲时间内任其自由采食。通过采饲时间的限制，达到限制鸡的采食量，从而达到限制饲养的目的。

d. 一定期间的停饲：根据限制饲养的目的，在鸡的不同日龄停饲一段时间。

◇ 质的限制饲养：这种方法是将饲料的品质进行适当的调整或有意识的破坏日粮的营养平衡，任鸡自由采食，以达限制生长的目的。质的限制饲养包括：能量的限制、蛋白质的限制、氨基酸的限制、分段饲养等。

a. 能量的限制：通过降低饲料中能量含量的方法来限制鸡能量的摄入。

b. 蛋白质的限制：就是限制饲料中蛋白质的含量。例如，柴鸡育成期饲料粗蛋白质含量较育雏期饲料低4%～6%。

c. 氨基酸的限制：许多研究证明，饲料中含硫氨基酸少的限饲效果好，而含赖氨酸低的饲料限饲效果更明显。

分段饲养：根据鸡的品种、日龄、季节等相应的划分不同的营养阶段进行饲养。在夏季应给以高蛋白低能量饲料，冬季则给予低蛋白高能量饲料。

④限制饲养的关键技术措施：

◇ 限制饲养期间喂料量绝对不能减少：即使柴鸡的体重严重超过标准体重，也不能减少原有喂料量，只能通过缓慢增加料量或暂时不增加料量来控制体重增长速度。

◇ 喂料量确定：喂料量确定应根据体重来定，每日料量增加不可太多，否则柴鸡体重增加过快，不利于维持较适宜的体重，如体重低于标准的1%，下周则增料1%。一般6～15周龄的柴鸡，每只鸡每日增加饲料2～4克；15～20周龄，每只鸡每日增加饲料4～6克；21～25周龄，每只鸡每日增加饲料6～7克；20周龄前不宜超过7克。

限制饲养须与光照程序有机结合才能达到育成体重适宜，整齐度高、适时开产的育成鸡。

⑤限制饲养的注意事项：

◇ 限制饲养应因地、因时（季节）制宜：依据品种、日龄采取相应的措施，切不可盲目乱限。实行限制饲养时，首先应根据鸡群状况严格挑选分群，对超重较多者可加大限饲幅度，对体重不足者不限，而体重发育正常者少限或不限，只有这样才能达到预期的目的。

◇ 限饲时应额外添加多种维生素及矿物质添加剂：限饲时因营养供应不足，易发营养缺乏症，若能量、蛋白质供应不足，只是生长迟缓，而维生素矿物质缺乏时，常常使鸡群遭受额外损失。如维生素 B_1 缺乏时的“观星”状、维生素 B_2 缺乏时的趾爪蜷缩、钙缺乏时的骨软症、食盐缺乏时的啄癖等，均可造成鸡群的大批死亡。

◇ 限制饲养时首先应做好鸡的断喙，供给充足的料位与水位，上料应迅速、均匀，以防发生啄癖或压死等事故。

◇ 当鸡群处于应激状态时停止限饲：当鸡群发病、免疫、转群时，应立即停止限饲，恢复正常喂料，直至康复为止。

特别提示：准确称量鸡群体重、严格分群、正确把握每日的采食量，采取合理的限制饲养措施是提高鸡群均匀度的主要技术措施。

（五）环境控制

柴鸡育成期的环境控制包括鸡舍内环境控制和鸡舍外环境控制。

1. 鸡舍内环境的控制措施　鸡舍内环境主要包括温度、通风和光照。

（1）鸡舍内温度的控制　柴鸡育成早期鸡的羽毛逐渐丰满，体温调节机能也逐渐健全，育成期间随鸡的生长应逐渐降低鸡舍内温度，让鸡逐渐适应外界气温的变化，增强抗应激能力。但需要注意的是，在寒冷或气温变化较大的季节，随天气变化应及时关窗、开窗。炎热夏季，应及时开启风机和湿帘降温设备，降低舍内温度，保持适宜温度，维持鸡正常的生长发育速度。

（2）通风效果　育成期间柴鸡生长速度快，采食量增加，需氧量和粪便排泄量增加，氨气和硫化氢等有害气体浓度大，再加上育成鸡羽毛更换快、粉尘多，舍内空气容易污浊，如果鸡舍通风不良，不但容易鸡羽毛生长不良，生长发育缓慢，饲料转化率降低，还导致鸡抵抗力降低，诱发呼吸道疾病。在炎热的夏季，通风不良舍内温度升高，鸡饮水量增加，采食量下降，粪便变稀，环境将进一步恶化，严重者将导致鸡中暑大批死亡。因此，育成鸡舍应及清理窗户上的灰尘，采用节能、噪音低、通风效果好的纵向通风工艺，及时通风保持舍内空气清新。详细参照表 5-1 鸡舍内各种环境因素设计参数。

（3）光照时间　育成期间应严格遵守制定的光照程序，减少光照时间，降低光照强度，舍内保持每平方米 1.3～2.7 瓦。如舍内光照强度过大，应及时采用遮阳网或安装遮阳罩降低光照强度。

2. 舍外环境的控制

（1）舍内饲养　管理人员在柴鸡育成期间应加强鸡舍周围环境的控制和管理，及时清理鸡舍周围的杂草和灌木丛，每周喷洒 1 次消毒药进行环境消毒。定期投放灭鼠药，消灭老鼠。严格控制鸡舍周围的机动车辆，禁止在鸡舍周围大声喧哗，燃放烟花爆竹。夜间值班人员，严禁用强光手电照射鸡舍门窗。

（2）果园、林地、山坡、滩涂等散养

①放养区修建棚舍：用于夜间补料和栖息，白天遮阳、躲风、避雨，补充饲料和光照用。

②放养区四周修建围栏：用铁丝网、尼龙网或竹篱笆围住，防止柴鸡外逃和野兽入侵。放养期间，应有专人看管，防止野兽的危害和人为偷盗。

③饲养区内严禁喷洒剧毒农药：防虫治病选用高效低毒农药，用药后间隔 5 天以上，才可以放牧。

④选用不同的地块进行轮牧：保持植被的正常生长，为柴鸡提供充足的食物来源，防止过度放牧，破坏植被，环境恶化。

⑤及时清理放养区内的粪便和病死鸡，经发酵处理后运出。

特别提示：环境控制是实现柴鸡全生产的有力保障。

（六）修喙

柴鸡育成中后期，如育雏期鸡喙断的较少或不完整，随着鸡的生长，喙将逐渐长长、变尖，既浪费饲料，也易引起啄癖。此时用断喙器将变长变尖的喙重新修理一遍，使其仍然保持上喙短、下喙长，边缘整齐。

（七）驱虫

详见育雏期相关内容。

二、育成鸡的选择与淘汰

只有进行合理的选择，才能提高育成鸡的质量，才能提高柴鸡的生产性能和产品质量，提高经济效益。

（一）集中选择

柴鸡育成期间要进行3次集中选择。

1. 6～7周龄　此次选择的重点是淘汰体型不正、跛脚、拱背、尾巴下垂、单眼等畸形、发育不良和病弱鸡。同时将外观羽毛颜色不符合品种要求的鸡挑选出来，集中育肥作商品鸡用。

2. 12～13周龄　重点是对公鸡进行挑选和淘汰。此时选留冠大鲜红、体形端正、眼大有神、羽毛光亮、体型较大、性欲旺盛的公鸡。留种比例为100只母鸡留15只公鸡，其余的育肥处理。

3. 17～18周龄　母鸡选留的标准是体型匀称，羽毛丰满、洁净、光亮，面目清秀，叫声洪亮，冠髯大而红润、有光泽，眼圈发红，性情温顺；公鸡选留的标准是发育良好，体型外貌特征符合品种要求，腹部柔软，人工按摩性反射能力强，精液量大、浓稠的公鸡。其他不合格鸡做育肥处理。

（二）分散淘汰

为节约饲料，降低成本，减少疾病蔓延机会，饲养过程中应随时淘汰大群中体型过大、过小及弱鸡和残鸡。

特别提示：育成鸡的选择与淘汰保证稳产、高产的主要环节。

三、转群

育成柴鸡转群应一般在17～18周龄，大群开产前进行。转群过晚，不但造成大量的窝外蛋，同时转群时的强烈应激，易导致产蛋期卵黄性腹膜炎的发病率升高，鸡的死亡和淘汰率增加。其他同育雏期转群事项。

四、疫苗接种

柴鸡育成期间的免疫接种主要是在抗体水平检测的基础上的加强免疫，尤其需要注意禽流感、减蛋综合征、脑脊髓炎等病的免疫。禽流感免疫所用疫苗应选用当地流行的毒株，以增强免疫效果，提高保护率。

第六章 柴鸡安全生产产蛋期的饲养管理

第一节 柴鸡开产前的饲养管理

柴鸡 19～21 周龄为开产前期，在此期间的管理重点为调整体重、光照时间、饲料营养，控制环境条件，让鸡群适时开产，为整个产蛋期开好头。

一、笼养柴鸡

1. 鸡群调整 育成柴鸡转群后应及时将大群内体况较差，发育欠佳的鸡挑出来，集中一起饲养，单独饲喂高营养饲料，待发育正常后再换产前饲料或产蛋饲料。

2. 调整体重 柴鸡 18 周龄体重如达不到标准，对原为限制饲养的应转为自由采食；原为自由采食的应提高饲粮中蛋白质和代谢能的水平；原定 18 周龄开始增加光照时间的可推迟到 19 周龄或 20 周龄，以使鸡群开产时尽可能达到标准体重。实践证明，鸡群开产时如能普遍达到标准体重，说明该群鸡生长发育比较一致（即达到了开产体重的适宜化和整齐化），开产的鸡比较集中和整齐（即达到了开产的适时化和同期化），就能按期达到产蛋高峰，全期产蛋量也较高。

3. 调整光照时间 柴鸡产蛋期光照的原则是：只能延长光照时间，绝对不能减少光照时间。光照时间的调整要根据 18 周龄或

20 周龄时鸡群体重而定。如果鸡群体重达到标准要求，则在 18 周龄或 20 周龄时，每周延长 1 小时，直至增加到每天14～16 小时光照时间恒定不变。如果在 20 周龄仍达不到标准体重，将补充光照的时间往后推迟 1 周，即在 21 周龄时进行。同时鸡舍内光照强度从每平方米 1.3～2.7 瓦增加到每平方米3.5～5.0 瓦。

4. 调整饲料营养水平

（1）更换饲料　对于舍内散养或笼养柴鸡应将育成料更换为产前料。

（2）补充钙磷　在不更换饲料的同时可在饲槽中补加碎骨粒或贝壳砂，让已产蛋母鸡自由采食。

（3）及时更换高峰料　当全群产蛋率达 5%时，将产前饲料更换为高峰料。

5. 环境控制　根据舍内温度及空气状况，及时调整温度与通风设备，使舍内温度稳定在 13～24℃，相对湿度在 50%～70%，氨气浓度小于 0.006 0%～0.006 5%，二氧化碳浓度小于 1%，硫化氢浓度小于 0.001%，为产蛋创造适宜条件。鸡舍内各种环境参数见表 6－1。

表 6－1　鸡舍内各种环境因素设计参数

项　目	季节	育雏	育成	产蛋鸡
舍温（℃）		33～35	15～29	5～29
湿度（%）		60	60	60
换气量［米^3/（只·小时）］	夏	6.6	12	15
	春秋	3.3	8	10
	冬	1.8	3	4
最佳风速（米/秒）	夏	0.5～1.0	1.0～1.5	1.0～2.0
	春秋	0.5	0.5～1.0	0.5～1.0
	冬	0.3	0.3	0.5

6. 注意事项

（1）鸡舍开灯和关灯时间要固定，最好采用自动控时器控制光照程序，按时检查开灯、关灯时间是否正常，时钟时间是否准确，如不正常及时调整和校正。

（2）如遇阴天、雨天舍内光线较暗时应及时打开照明灯，补充光照，减少对产蛋的影响。

（3）坚决杜绝出现长明灯、不明灯。

（4）每周要清理2次灯具、风机和笼具上的灰尘，保证照明强度、通风效果和鸡蛋卫生。

（5）适宜的饮水器具尤其需特别注意的是育成期间采用水槽或普拉松式饮水器，产蛋舍采用乳头式饮水器的鸡群，转群后饲养员应不断巡视鸡舍，观察鸡群饮水状况，并不断敲击乳头饮水器，诱导鸡尽快找到水源，适应新饮水器。

特别提示：正确把握笼养柴鸡产蛋前体重调节和光照时间调节的时机，是保证高产、稳产的关键技术。

二、散养柴鸡

散养柴鸡产蛋前期的管理重点是：控制合理的密度，严格分群，体重调整，光照时间的调整，饲料营养的调整，产蛋箱的放置以及种用柴鸡的公母混群饲养等。

1. 舍内散养

（1）控制合理的密度　饲养密度与饲养方式和管理水平密切相关。一般情况下全垫料地面每平方米饲养轻型蛋鸡6～7只，中型蛋鸡5～6只；发酵床饲养，每平方米饲养轻型蛋鸡7～8只，中型蛋鸡6～7只；网上平养每平方米饲养轻型蛋鸡10～11只，中型蛋鸡8～9只。

（2）严格分群　无论舍内网上、垫料和发酵床散养柴鸡，产前应根据体重及发育状况，严格分群饲养管理，每群以300～

500只鸡为宜。充分保证每只鸡的料位和水位，每100只鸡应有料槽4.5米、水槽5.0米。

(3) *体重、光照时间调整*　对体重达到和未达到标准体重者，采取不同的管理措施。体重达标者，从19周龄开始，在每周的第一天增加1小时光照时间，直至每日光照时间保持14～16小时，饲料由育成料改成产前饲料，当产蛋率达到标准时换产蛋料；体重未达到标准体重者，分群饲养，提高饲料中能量和蛋白质水平，待体重达到标准后，再改换产前饲料，执行产前光照程序。

(4) *及时放置产蛋箱*　及时放置产蛋箱是减少窝外蛋、脏蛋、破损蛋，提高柴鸡蛋品质和种蛋利用率的最有效措施。

柴鸡在20周龄开始在棚舍内提前放置产蛋箱。产蛋箱按每4～5只鸡一个产蛋窝配置，将其放在舍内通风良好、光线较暗的区域。产蛋箱与鸡舍通风方向垂直，有利于夏季的通风与降温，防治母鸡中暑。

为让母鸡习惯在产蛋箱内产蛋，饲养员要及时将寻找产蛋处所和伏地产蛋的母鸡抱于产蛋窝内。

(5) *垫料管理*　散养柴鸡舍内的垫料应及时清翻和更换，以防潮湿、板结，尤其是饮水器周围的垫料，一旦潮湿应及时更换，室内湿度过大，有害气体浓度过高，诱发呼吸道疾病。发酵床养鸡方式，每周应将垫料翻1次，每日将垫料平整1次。

(6) *种用柴鸡的公母混群饲养*　如为种用柴鸡应在22周龄将公鸡按1∶10的比例放入母鸡群。

(7) *注意事项*　及时维修和更换饮水器具，防止漏水；鸡群调整和公鸡混群要在晚上关灯时进行；种公鸡用公鸡料在专用料盘中饲喂；保持良好的通风，预防呼吸道疾病。发酵床养鸡增加新垫料时应及时补加菌种，提高发酵效果。

2. 舍外散养（圈养）　舍外散养柴鸡产蛋前期管理的重点是控制合理的密度，严格分群，体重调整，光照时间的调整，饲料营养的调整，产蛋箱的放置以及种用柴鸡的公母混群饲养等。

尤其需引起注意的是环境的控制和调整。由于散养柴鸡舍，舍内外条件较差，受外界环境的影响较大，因此环境的控制更为重要。

（1）*温度的控制*　为满足柴鸡产蛋期间的温度需要，在散养区域除建基本的棚舍外，要有高大的树木供夏季遮阴，棚舍内有必要的风机进行降温；开放性的棚区上要用塑料薄膜覆盖，作为冬季保温。

（2）*光照的调节*　在棚舍内要有必要的照明灯具，在早晨、晚上、阴天、下雨等光线不足的情况下，补充光照，满足产前增加光照的需求。

（3）*湿度的控制*　运动场应选用砂型土壤，当雨后较泥泞时，要在上面撒炉渣、干土。棚舍内要设置母鸡过夜的栖架或网架，白天清理棚舍内的粪便，夜间清理运动场内的粪便，并进行消毒。

（4）*产蛋箱的放置与管理*　详见放牧散养柴鸡相关内容。

（5）*鸡群安全*　鸡场要饲养狼狗，防止偷盗和野兽的危害。禁止在鸡场周围燃放烟花爆竹。节假日燃放烟花爆竹较多时，饲养员要在鸡群周围，防止鸡群受惊吓后出现挤压，造成不必要的死亡。

特别提示：散养鸡产前产蛋箱科学合理的放置，是保证产蛋安全的重要措施。

三、放牧散养柴鸡

果园、林地、山坡、滩涂、草场等放牧散养的柴鸡产蛋前饲养管理重点是：根据柴鸡发育状况调整鸡群，更换饲料，适时增加光照时间和放置产蛋箱（图 6－1）。

图 6-1　山坡放牧散养

(一) 鸡群挑选

散养柴鸡 18 周龄后，产蛋母鸡根据生长发育状况严格分群，生长发育差的鸡要单群放养，夜间分舍饲喂，增加营养，待体重达到标准后再增加光照，更换产前饲料。

(二) 产蛋箱放置

1. 产蛋箱的安放　在开产前 3 周左右，散养母鸡开始寻找产蛋的处所，越临近产蛋寻找产蛋处所的鸡愈多。因此，从 20 周龄开始，在棚舍内或饲养区通风良好、光线较暗的区域提前放置产蛋箱（图 6-2）。产蛋箱按每4～5 只鸡一个产蛋窝配置。

图 6-2　双层产蛋箱

2. 母鸡的训练　为让母鸡习惯在产蛋箱内产蛋，饲养员要及时将寻找产蛋处所和伏地产蛋的母鸡抱于产蛋窝内。还要将争抢产蛋窝的鸡及时抱到空着的产蛋窝内，防止窝外蛋，减少破蛋、脏蛋的数量。

3. 产蛋箱的管理　产蛋窝内垫上无尘、柔软、洁净的垫料；上午 9:30 打开产蛋箱门，为防止母鸡在产蛋箱内过夜，晚上熄灯前，将箱内的母鸡拿出，关闭产蛋箱；及时更换被粪便、破损鸡蛋污染的垫料，保持垫料干净卫生；及时收集产蛋箱内的鸡蛋，防止蛋多造成破损或被粪便污染。

（三）环境控制

（1）散养柴鸡上午 10：00 至下午 3：00 是产蛋最为集中的时间，此时尤其需保持饲养区内的安静，减少应激。

（2）寒冷季节放牧要选在天气晴朗、暖和的中午，雨雪雾天不要将鸡放出，防止鸡被雨雪淋湿，受凉发病。

（3）棚舍内应安装通风、保温、降温设施，保持棚舍内温度适宜、通风良好。

（4）平日通过哨声与喂料相结合的方法，训练鸡按时归舍，便于日常用药、免疫、补饲和补充光照。

（四）饲料的补饲

散养柴鸡在外界饲料不充足的季节，如冬季和早春，要在早晨放牧前和晚上归舍后，及时补充饲料，保持产前体重增加和钙磷的储备。

特别提示：放牧柴鸡产前营养供应和产蛋箱放置是管理的重要环节。

四、疫病净化

无论蛋用和种用柴母鸡，都要进行蛋传性疾病沙门氏菌病、支原体病等的净化，种用柴鸡还要进行种公鸡的净化。

（一）建立无白痢鸡群

建立无白痢鸡群可通过全血平板血凝试验，淘汰阳性病鸡来实现。一般需进行多次检测，检测一次通常不能除去所有的感染鸡。第一次检测在30～35日龄，第二次检测在50～55日龄，第三次检测在70～75日龄，第四次检测在100～120日龄，第五次检测在150～180日龄。每次检测间隔2～4周，直至连续两次均为阴性，而且该两次之间的间隔不少于21天。

（二）淘汰支原体阳性鸡

鸡群产蛋前全部进行全血凝集试验，淘汰血凝阳性的感染鸡。

五、日常管理

饲养管理人员最重要的任务是观察鸡群的健康及产蛋状况，及时准确地发现问题，采取有效措施，预防疾病的发生，保证鸡群按时进入产蛋高峰。

（一）观察鸡群

1. 观察鸡群精神状态和粪便情况 清晨开灯后鸡舍内有无异常气味，如奇臭难闻、刺鼻、刺眼，说明鸡舍通风较差或已发生消化系统疾病，如大肠杆菌病等；粪便颜色是否正常，如出现大量的黄绿色粪便、黄白色粪便，鸡群是否曾受到较大的应激，是否有发生新城疫的前兆，应及时进行新城疫抗体检测；粪便是否既干又少，当饮水器出现故障或刚转群鸡只饮水不足或根本无法饮水；有无精神萎靡不振的病鸡和死鸡，病死鸡立即由兽医师进行剖检和病理检查。综合分析上述所有资料，采取有效措施，以及时诊断和控制疫情。

2. 倾听呼吸音　夜间熄灯后，小心进入鸡舍，倾听鸡只有无异常会呼吸音，如甩鼻、呼噜、咳嗽和喷嚏等，结合粪便、采食等信息进行诊断。

3. 采食和饮水质量　要随时观察料槽、水槽的数量、高度是否适应鸡的采食和饮水，及时调整喂料和饮水器具的高度和数量，查看、对比鸡采食的速度和数量。

4. 鸡群产蛋状况　每日观察鸡群产蛋状况，如数量变化、蛋的大小、蛋壳质量、颜色、破损情况和软蛋比例，以此判断饲料和光照措施是否得当，有无潜在疾病。

5. 及时淘汰病弱残鸡。

（二）保持良好而稳定的环境

产蛋前的柴母鸡对外界环境变化非常敏感，如温度、通风、光照时间、饲料变化、人员调整等。因此固定饲养人员，饲养管理人员应严格执行鸡舍管理程序，定时开灯关灯，按时捡蛋，尽量减少进出鸡舍次数，保持环境安静，防止飞鸟窜入鸡舍。如需抓鸡免疫，要在晚上或下午5：00以后进行。

（三）保持舍内和环境的清洁卫生

每日清洗喂料和饮水器具，并定期消毒。

（四）做好生产记录

真实、详细的生产记录是鸡群管理好的标志。日常管理中对鸡群的饲料消耗量、产蛋量、死亡数、淘汰数、用药数量和浓度，鸡舍温度、通风，外界天气状况等都要进行翔实记录。通过它可及时了解生产、指导生产。

特别提示：产前日常管理是发现问题、解决问题、保证鸡群健康生产的重要保证。

第二节　柴鸡产蛋高峰期的饲养管理

一般将柴鸡开产至产蛋率80%以上的时期称为产蛋高峰期。高峰期的产蛋率与全年产蛋量呈强正相关，同时鸡群进入产蛋期后，身体机能发生很大转变，除正常增加体重外，还要在体内激素的作用下产蛋，将体内大量营养物质转移到蛋内，机体处于高负荷运转状态，因此，高峰产蛋期管理的重点是满足产蛋鸡所需的环境条件和营养供应，保持稳定的饲养制度，尽量避免应激，淘汰低产鸡，详细做好生产记录。

一、创造稳定舒适的产蛋环境

柴鸡产蛋环境包括温度、湿度、通风、光照等。

（一）温度

1. 温度对产蛋性能的影响　柴鸡产蛋适宜温度为13～25℃，最佳18～23℃。舍内温度对产蛋量、蛋重和料蛋比影响较大。24℃以上蛋重降低，27℃产蛋量、蛋重下降，蛋壳厚度迅速降低，蛋品质降低，鸡的死亡率增加；37.5℃产蛋急剧下降；43℃以上超过3小时，即可造成鸡的死亡；20～30℃，温度每升高1℃采食量降低5%。舍内或环境温度过低，不但造成鸡采食量增加，饲料转化率降低，还造成舍内湿度增加，鸡的体质下降，甚至出现冻伤，产蛋量下降。

2. 稳定环境温度的措施　无论舍内饲养或是舍外圈养和放牧饲养的产蛋柴鸡，产蛋期间必须采取有效措施稳定环境温度。夏季，舍内应安装纵向通风系统和湿帘降温、喷雾降温系统，舍外具有喷雾降温、遮阳系统，保证鸡舍内温度不超过27℃。舍外饲养方式的棚舍内也应配备上述设施，保证高温季节或高温时段不超温，鸡能正常产蛋。并在早晨和傍晚温度较低时让鸡在舍外活动和采食。冬季，尤其是北方地区，要想保持较高的产蛋率，舍内必须配置取暖设备，保持较适宜的温度，保证鸡的产蛋率。散养鸡要在白天温度较高时放养，温度较低时及时进棚舍内取暖，不要在雨雪、大风降温天气放牧。棚舍外产蛋箱要采取加盖草衫、塑料薄膜等措施，增强保温效果。

（二）保持良好的通风

良好的通风不但可以满足产蛋鸡对氧气的需求，还可以排出舍内有害气体，如氨气、硫化氢等；降低湿度，减少舍内温差，提高鸡的抵抗力，增加产蛋量。但通风效果不当，也将导致产蛋性能的下降。参照表6-1的参数，及时开启门窗、风机，及时清理风机、灯具上的灰尘，保持舍内空气清新。放牧饲养或舍外散养的柴鸡，应及时放牧，搞好棚舍内卫生，保持通风良好。同时在大风季节及时关闭门窗，防止大风对鸡群造成应激，引起产蛋下降。

特别提示： 创造良好条件是保证柴鸡高产的重要配套技术。

二、提供优质、全营养饲料

当鸡群产蛋率达5%时，将产前饲料更换为高峰料。换料要经1周时间的过渡，过渡期在料槽中补加贝壳砂或碎骨粒。此时的饲料要保持品质优良，营养成分稳定，不要随意更换成品饲料和原料。自配料养殖户，在新玉米上市后，千万不可按原饲料配方配料，应适当提高蛋白质和能量原料比例，并添加霉菌毒素吸附剂，减少饲料霉变造成的危害。

三、保持稳定的饲养制度

产蛋高峰期蛋鸡的饲养管理程序要稳定，定时开灯、关灯，定时喂料，定时放牧，定时集蛋，定时清理产蛋箱，下午或傍晚清理粪便等。切忌操作程序紊乱，忽早忽晚，前后颠倒。在炎热的夏季，喂料时间要进行调整，增加早晨和夜间喂料次数和料量，减少高温对采食量的影响。

四、减少应激

为减少鸡的应激，产蛋期间饲养员要固定，饲养管理人员服装要固定，尽量避免产蛋高峰期进入鸡舍或接近产蛋箱；必需的免疫、人工授精、挑鸡等要在傍晚鸡不产蛋时进行；饲养员操作应轻而准确，避免发出较大声响；蛋鸡饲养区周围禁止较大机动车辆通行；饲养区内防止野鸟和兽害出没。

五、及时集蛋

产蛋高峰期产蛋较集中，大多在上午 10：30 至下午13：30。每天集蛋 3～4 次，分别是 11：00、12：30、14：00、16：00。集蛋时及时将鸡蛋进行分类，软蛋、破损蛋分开放置，种蛋还要进行消毒处理。鸡舍晚上关灯前，将鸡笼和产蛋箱内的鸡蛋全部捡出，送至蛋库，保证鸡蛋不在鸡舍或产蛋箱内过夜。

平面散养的柴鸡群产蛋高峰期间，由于产蛋较为集中，产蛋箱使用率高，饲养员应及时将寻找产蛋处所或正在窝外产蛋的鸡抱回窝内产蛋，并将窝外蛋及时收集起来，尽量减少窝外蛋，降低破损率。

六、及时淘汰病弱残鸡和未产鸡

及时淘汰病弱残鸡和低产鸡是节约饲料，降低饲养成本，提高经济效益的有效措施。当鸡群产蛋率达 50％时进行第一次淘汰，进入产蛋高峰1个月后进行第2次淘汰。产蛋鸡与停产鸡、低产鸡与高产鸡的鉴别方法如表6-2和表6-3。

表6-2 产蛋鸡与停产鸡的区别

项 目	产 蛋 鸡	停 产 鸡
冠、肉垂	大而鲜红，丰满温暖	小而皱缩，色淡或暗红色，干燥无温暖感觉
肛门	大而丰满，湿润，椭圆形	小而皱缩，干燥，圆形
触摸品质	皮肤柔软，细嫩，耻骨端薄而有弹性，大腿肌肉丰满有弹性，毛囊细小	皮肤和耻骨端硬而无弹性；大腿肌肉干硬，无弹性，毛囊粗大
腹部容积	大	小
换羽	未换羽	已换羽或正在换羽
色素变换	肛门，喙和胫等黄色已消退	肛门，喙和胫为黄色

表6-3 高产鸡与低产鸡的区别

项 目	产 蛋 鸡	低 产 鸡
头部	大小适中、清秀、头顶宽	粗大，面部有较多脂肪沉积，头过长或短
喙	粗稍短，略弯曲	细长无力或过于弯曲，形似鹰嘴
冠	大、细致、红润、温暖	小、粗糙、苍白、发凉
胸部	宽而深，向前突出，胸骨长而直	发育欠佳，胸骨短而弯曲
体躯	背长而平，腰宽，腹部容积大	背短，腰窄，腹部容积小
尾	尾羽开展不下垂	尾羽不正，过高、过平或下垂
皮肤	柔软有弹性，稍薄，手感良好	厚而粗，脂肪过多，发紧发硬
耻骨间距离	大，可容3指	小，3指以下

（续）

项　目	产 蛋 鸡	低 产 鸡
胸、耻骨间距离	大，可容4～5指	小，3指或3指以下
换羽	换育开始迟，延续时间短	开始早，延续时间长
性情	活泼而不野，易管理	动作迟缓或过野，难于管理
觅食力	强，嗉囊经常饱满	弱，嗉囊经常不饱满
羽毛	表现较陈旧	整齐，新洁
各部位配合	匀称	不匀称

七、及时观察鸡群变化，随时采取相应处理措施

产蛋高峰期间鸡群，除观察鸡群粪便、呼吸音采食和饮水、死亡情况外，更应注重产蛋上升幅度、蛋重、蛋壳质量、软蛋、破损蛋数量等的变化，采取对应措施，保证产蛋高峰的到来，维持较长的产蛋高峰期。

（一）高峰期产蛋规律

只要鸡群体重达标，整齐度在80%以上，高峰产蛋料符合品种要求，开产后产蛋量增加迅速。柴鸡20～26周龄，产蛋率从5%升至50%；柴鸡27～32周龄，产蛋率从50%稳步上升至85%以上；80%以上产蛋率维持2个月以上。在此期间蛋重逐渐增加，软蛋逐渐减少，双黄蛋比例逐渐下降，血蛋逐渐减少，鸡群采食量逐渐增加。

（二）异常情况处理

1. 产蛋率上升较慢　除品种因素的影响外，产蛋率上升较慢的原因主要表现在以下几方面。

（1）鸡群体重不达标、整齐度低　由于鸡群发育不整齐，开产早晚不一致，导致整体产蛋率上升较慢。应做好鸡群体重调整，将产蛋鸡与未开产鸡分群饲养，保持较高的整齐度。

（2）光照增加缓慢或光照强度不足　产蛋期间未及时、足量增加光照时间，或光照强度不足，导致生殖器官发育缓慢，产蛋率上升较慢。应适时增加光照时间。

（3）营养物质摄入不足　鸡群开产后未及时更换高峰产蛋饲料，或喂料量补足；放牧散养鸡群野外饲料不足，又未补充足够的饲料，导致鸡营养物质摄入不足，产蛋率上升较慢。为保证鸡群营养物质的摄入量，夏季可通过提高饲料蛋白和能量水平，调整早晚喂料时间，控制舍内温度等措施来实现。

（4）疾病影响　鸡群在育雏或育成阶段感染鸡沙门氏菌病和鸡传染性支气管炎病，卵巢和输卵管发育受阻或不发育，产蛋较少或不产蛋。做好鸡白痢沙门氏菌病的净化和鸡群在育雏或育成阶段感染鸡沙门氏菌病和鸡传染性支气管炎病的免疫。

2. 鸡蛋破损率较高　鸡蛋破损较高的原因有：

（1）饲料中钙磷原料质量差，有效利用率低　饲料中大量使用石粉、磷酸氢钙等劣质原料，钙磷的消化和吸收率低，导致体内钙磷的缺乏，鸡蛋破损较高。配制饲料时应选用优质贝壳砂、骨粉、优质磷酸氢钙作为钙磷原料。

（2）饲料中钙磷不足或比例不合适　鸡对钙磷的需要量与鸡的品种品系、生长速度、产蛋、钙磷比例等因素有关。高峰期蛋鸡饲料中钙和有效磷含量为3.6%和0.4%，如钙磷含量低于上述水平，或高钙低磷、低钙高磷等钙磷比例比不合理，均造成钙磷吸收利用率降低，导致体内钙磷的缺乏，蛋壳质量差，破损增加。

（3）饲料中维生素A、维生素D含量不足　由于饲料中维生素A、维生素D添加量不足，或饲料贮存时间较长维生素A、维生素D被氧化破坏，导致鸡骨骼和蛋壳形成受阻，鸡蛋破损和软蛋增多。高峰饲料中要添加足够的维生素A、维生素D，全价配合饲料使用期不超过1周。

(4) 应激因素影响　鸡在受到高温、转群、惊吓、温度剧烈变动、免疫等应激的作用下，对各种维生素和钙的需要量增加，如不能及时补充，将造成钙缺乏，破蛋率较高。鸡产蛋高峰期间要控制好环境，减少各种应激对鸡群的影响。

(5) 笼具或产蛋箱设计不合理　由于产蛋箱内垫料过硬，滚蛋网坡度过大或过缓，造成鸡蛋滚动过快，相互碰撞破损或在笼内积聚鸡活动时造成破损。

(6) 疾病影响　鸡在发生新城疫、传染性支气管炎、减蛋综合征、禽流感等疾病时，对鸡生殖器官造成严重损伤，导致蛋壳质量下降，破损蛋增加。

3. 产蛋高峰不明显或高峰时间较短

(1) 鸡群整齐度低　鸡群整齐度与及产蛋性能关系密切，整齐度每增加或降低3%，入舍鸡产蛋量将增加或减少4枚。如鸡群整齐度差，鸡只间发育不一致，将导致产蛋高峰不明显，高峰期维持时间较短。

(2) 疾病影响　鸡群在生长发育阶段如发生鸡白痢沙门氏菌病、新城疫、传染性支气管炎、减蛋综合征、禽流感等疾病时，不但严重影响鸡生殖器官的发育，还造成生殖器官的严重损伤或永久性损伤，产蛋性能严重下降，产蛋高峰不明显或高峰时间较短。

(3) 营养物质摄入不足　鸡群开产后由于未及时供应高产饲料或饲料营养水平较低，散养鸡未及时补充饲料，造成鸡营养物质摄入不足，生长发育严重受阻，导致产蛋高峰不明显或高峰时间较短。

4. 种蛋受精率较低　柴鸡种蛋受精率除与品种遗传因素有关外，还与以下条件密切相关：

（1）公母鸡比例不合理　无论采用自然交配或人工授精，只要公鸡较少，将导致种公鸡过度使用，受精能力下降，造成种蛋受精率降低。散养鸡群如公鸡过多，公鸡打斗严重，也导致种蛋受精率的下降。因此种用柴鸡应选留足够数量的种公鸡，自然交配鸡群公母比例为1∶8～12，人工授精鸡群为1∶20～40，并及时更换精液品质下降的种公鸡，才能保持较高的受精率。

（2）公鸡精液品质差　由于种公鸡精液品质差，如精子密度小、活力差、畸形率高，如不能及时更换这些公鸡，将导致种蛋受精率降低。种用期间，应及时进行精液品质检查，发现精液品质差的鸡要及时更换和补充。

（3）饲料营养缺乏　饲料中营养成分的缺乏，尤其是维生素A、维生素E和生物素的缺乏，不但造成产蛋量和蛋壳质量的降低，还将导致鸡繁殖功能紊乱，造成种蛋受精率降低。

（4）人工授精技术较差　由于人工授精技术人员技术水平较差，采精时精液内混有粪便或血液，输精管内有气泡，精液未准确输入阴道内，精液量使用不足，精液使用时间过长，保存温度过高或过低，人工授精时间不合适等均可造成种蛋受精率的降低。因此，提高授精人员技术水平，是提高种蛋受精率的先决条件。

（5）饲养设备和环境问题　主要是指采用网架散养或舍外放养、圈养的柴鸡，由于网架结构不牢固或地面极度不平坦或过于泥泞，种鸡爬跨和交配困难，造成种蛋受精率的降低。因此保持网架稳定和运动场地的干燥、平坦是提高种蛋受精率的有效措施之一。

（6）药物的影响　种用期间如饲喂磺胺、金刚烷胺等药物，将导致种蛋受精率的降低。因此，产蛋期间用药要选用既不影响产蛋性能，又不影响种蛋受精率的药物，如中药制剂等。

（7）疾病的影响　当鸡群发生新城疫、传染性支气管炎、减蛋综合征等疾病时，种蛋受精率严重下降。

八、供给水质良好的饮水

必须保证全天饮水的供给。试验证明，在育成阶段断水6小时，产蛋率降低1%～3%；产蛋鸡断水36小时，产蛋量就不能恢复到原来的水平。

九、详细做好生产记录

详细记录鸡群产蛋数量、重量，破蛋、软蛋比例，采食速度，采食量，饮水量，鸡舍内温度湿度变化，用药量，免疫时间及疫苗用量，死亡与淘汰数量等。并以此分析鸡群健康状态，采取相应管理措施，保持高峰产蛋时间的延长。

十、做好抗体检测

每3～4周从鸡群中随机采血进行新城疫和禽流感抗体检测，及时进行免疫接种，保持较高的抗体，防止疾病的发生。

第三节　柴鸡产蛋后期的饲养管理

当鸡群产蛋率下降到80%以下时，柴鸡进入产蛋后期。产蛋后期的管理重点是尽量减缓产蛋下降的幅度，保证蛋壳质量，种鸡还包括维持较高的种蛋受精率和适宜的蛋重，减少饲料消耗，提高经济效益。

一、产蛋后期鸡群的变化

产蛋高峰过后产蛋率将逐渐下降，每周基本下降0.5%，蛋重逐渐增加，鸡的采食量也逐渐增多，如仍保持自由采食，营养物质的过多积累，势必造成母鸡体重过大、过肥，甚至产生脂肪肝，产蛋率下降更快，死亡淘汰率进一步增加。

二、限制饲养

柴鸡产蛋高峰过后两周，要及时调整饲料营养水平或对产蛋鸡实行限制饲养，减少鸡营养物质的摄入，提高饲料利用率，维持适宜体重和蛋重。

（一）限制饲养的方法

1. 质量的限制饲养　降低饲料能量和蛋白质水平，一般能量降低 5%～10%，蛋白质下降至 14%～16%，钙含量增至 3.7%～4.0%，有效磷将至 0.4%。让鸡自由采食。

2. 数量的限制饲养　在饲料营养水平不降低的前提下，适当减少喂料量，降低鸡营养物质的摄入即为产蛋后期数量的限制。将每只母鸡每天的喂料量减少 2～3 克，连续 3～4 天，若减料后产蛋量的减少与产蛋标准相符，这一减料法可继续下去，约 1 周后，再继续尝试新的减料量；若饲料量的减少，产蛋量的下降幅度超过产蛋标准，喂料量要恢复至减料前的水平，1 周后再尝试进行减料计划。

（二）限制饲养注意的问题

1. 自由采食量的确定。在大群中选取一小部分鸡自由采食，每周计算一次平均每天的耗料量，并以此为指标确定下周大群减料的标准。

2. 每次减少的料量不超过自由采食量的 8%～9%。

3. 鸡群处于发病、免疫、高温、寒冷等应激状态时要恢复自由采食，停止限制饲养。

特别提示：产蛋后期实行限制饲养是维持适宜蛋重、提高经济效益的主要技术措施。

三、钙、磷比例的调整

产蛋后期要增加钙的含量，降低磷的含量。40～60 周龄，钙由高峰期的3.3%～3.5%增加为3.6%～3.8%，有效磷由高峰期的0.4%降低为0.38%；60 周龄以后，钙含量为3.8%～4.0%，有效磷为0.34%。

四、疾病防治

根据鸡群抗体检测结果和疾病流行状况，及时进行免疫，减少疾病发生的风险。当鸡群发病时，及时选用药敏试验效果好的药进行治疗，防止病情发展和蔓延。

五、淘汰低产、停产和就巢母鸡

（一）淘汰低产、停产母鸡

产蛋高峰期过后，要及时淘汰低产和停产蛋鸡，减少饲料消耗，详见表6-2和表6-3。

（二）淘汰就巢母鸡

虽然柴鸡经过育种专家的严格选育，但其就巢性，即抱窝习性仍较强。产蛋高峰过后，就巢母鸡逐渐出现，严重影响产蛋。饲养管理人员要及时淘汰就巢的母鸡。

特别提示：及时淘汰低产、停产和就巢母鸡，是节约饲料、降低成本、提高效益的有效措施之一。

六、保持种蛋受精率稳定

产蛋高峰过后，由于母鸡产蛋率降低，种公鸡使用时间较长，种蛋受精率也将出现下降，要采取以下措施保持种蛋受精率的稳定。

1. 及时更换精液品质差的种公鸡　自然交配的鸡群，应及时观察种公鸡的交配能力，检查种公鸡的精液品质，测定种蛋受精率。及时淘汰跛脚、残疾、交配能力下降、精液品质差（精液量小、密度小、活力差）的种公鸡。并按正常比例补充新公鸡。在晚上关灯后将新公鸡放入鸡群。人工授精鸡群采精时将精液品质差的种公鸡挑出，单独饲养，待精液品质恢复后再采精。

2. 提高人工授精技术　详见人工授精部分。

七、强制换羽

常规柴鸡蛋生产，母鸡一般利用60周左右，为延长产蛋期，提高经济效益，要对产蛋性能较低的柴母鸡进行人工强制换羽。传统人工强制换羽可分为生物学法强制换羽（激素法）、化学法强制换羽、畜牧学法强制换羽（饥饿法）和综合法强制换羽（畜牧学法与化学法相结合）等四种。随着人们对动物福利的重视，非绝食法强制换羽已证实是可行的。但目前畜牧学法（饥饿法）强制换羽采用最多。

（一）畜牧学法（饥饿法）强制换羽

是采用停水、绝食和控制光照等措施，使鸡群的生活条件和营养产生突然剧烈变化，强制母鸡换羽休产的传统强制换羽方法。

（二）强制换羽的意义

1. 延长鸡的使用期 强制换羽是使鸡暂时停止由日龄增加而发生的老化进程，停止产蛋，恢复青春，延长经济寿命。强制换羽后父母代种鸡可延长使用6个月，商品代可延长使用6～9个月。一批鸡可进行两到三次换羽。

2. 改善蛋品质 采用强制换羽措施使鸡的体重降低20%～30%，将沉积在子宫蛋壳腺中的脂肪耗尽，使其分泌蛋壳的功能得以恢复，从而改善蛋壳质量，降低破蛋率。Roland（1978）对17个月莱航鸡的研究表明，强制换羽后的软蛋、薄壳蛋及极薄壳蛋的比例大幅度减少，由换羽前的12.84%减少到只有1.01%。日本坂井田节的研究表明，鸡蛋的哈氏单位到450日龄时可降至77.8，强制换羽后的510日龄又恢复到了85.5，较450日龄时提高7.7，750日龄的哈氏单位接近390日龄；蛋壳厚度虽仅仅增加了0.003毫米，而蛋壳强度却上升了0.2；蛋黄颜色与第一个产蛋年一致都是10.9。

3. 提高种蛋合格率、受精率和孵化率 由于强制换羽后提高了蛋品质，减少了破蛋率，种蛋的利用率可提高10%左右，种蛋受精率、孵化率也能提高4～5个百分点。

4. 增加经济效益 有资料表明，强制换羽后鸡群成活率提高了20%，产蛋率提高8%～12%，饲料转化率提高8%，经济效益增加90%。

（三）技术措施

畜牧学法强制换羽主要采取停水、绝食、减少光照三大技术措施。停水对鸡来说是最剧烈的应激，实验证明强制换羽停水组的产蛋率明显高于非停水组，饲料消耗比低0.13～0.18。在强制换羽实施期以绝食法较好，它既节省饲料，管理又方便，换羽后产蛋性能好。将光照时间减少到每天6小时，对鸡体没有不良影响，而可以维持一定时间的休产状态。

1. 强制换羽停水、绝食日数的基准 能否给鸡必要且充分的应激是强制换羽成功的关键，在具体实施时应考虑到季节、品种、日龄、体脂肪蓄积状态、环境条件等多种因素，依据鸡体重失重率（25%～30%）、鸡群死亡率（3%～5%）灵活掌握及时调整。详见表6-4。

表6-4 强制换羽处理基准参考表

季节	停水停饲日数（天）	停饲日数（天）	体重减少率（%）
春	2～3	10～14	20～30
夏	3～4	12～16	25～35
秋	2～3	10～12	20～30
冬	1～2	7～10	15～25

2. 强制换羽恢复喂料时的喂料基准 恢复喂料时用粗蛋白质含量为14%～15%的育成饲料，以每只每日喂30克料量开始，每日增加10克，到第7日恢复到90克，以后任其自由采食。

3. 强制换羽光照控制标准 柴鸡强制换换羽期，一般是在停水、停食的第一天起就减少光照时间，密闭式鸡舍前2周减至每日2小时光照；开放式鸡舍可将窗户遮黑，不额外补充光照。这样既可降低鸡群因饥饿互啄的死亡率，又可增强强制换羽的效果。

（四）人工强制换羽成功与否的判断标准

1. 产蛋率50%的天数 从开始处理到产蛋率50%，一般需50～60天。若40天以前产蛋率就达到了50%，说明换羽不完全。这种情况下产蛋高峰低，后期产蛋也不理想。若70天以上产蛋率才达50%，则属于换羽后恢复过慢，产蛋也不理想。一般在春季和夏季强制换羽的鸡群产蛋恢复得快，冬季和秋季恢复得较慢。此外，日龄越小的鸡休产期间越短，产蛋恢复较快。

2. 死亡率 从开始处理到产蛋率50%时死亡率在5%以内，强制换羽实施期的死亡率不超过3%。如在停水处理期间死亡率超过3%，应立即恢复给水；如在停食期间死亡率达5%以上（包括停水期的死亡率）时，则以开始饲喂为宜。

3. 体重失重率 母鸡体重失重率达25%～30%，才能使输卵管中沉积的脂肪基本消耗尽，这对改善第二产蛋期蛋壳质量是至关重要的。

4. 主翼羽的更换根数 强制换羽是否成功，一般以主翼羽更换的根数来表示。换羽后产蛋率达50%时，检查20～30只鸡的主翼羽，如果10根主翼羽中已有5根以上脱落更换，说明强制换羽是成功的；如换羽在5根以下时，则意味着换羽将以不完全状态而结束。

5. 产蛋高峰 强制换羽后的产蛋高峰如能达到第一产蛋年度的90%，说明强制换羽是成功的，否则可能是换羽不完全或是换羽后的饲养管理方面有失误造成的。

（五）增强人工强制换羽效果的措施

1. 认真做好强制换羽前的准备工作

（1）*确定换羽时间* 商品蛋鸡一般在产蛋一年后进行强制换羽，种鸡应提前2个月换羽。

（2）*制定换羽方案* 根据鸡群状况、季节及第一产蛋年鸡群的产蛋性能，制定具体强制换羽方案，非特殊情况（如死亡率高及大的疫情）不要随便变更换羽计划。

（3）*鸡群的选择与淘汰* 应选择第一产蛋年生产性能优良的鸡群进行强制换羽。强制换羽前对鸡群进行严格挑选，淘汰病、弱、残鸡，同时应将已经换羽或正在换羽的鸡挑出，因这部分鸡很快可以恢复产蛋。

（4）*防疫注射* 强制换羽前一周，应对鸡群进行新城疫抗体检测，当抗体较低时，应及时进行免疫接种。

（5）断喙　换羽前对鸡群进行断喙，以免鸡只饥饿难忍互啄造成死亡率上升。

（6）称重　在强制换羽前一天，从鸡群中随机抽取1%的鸡空腹称重，以此作为换羽的基础体重。并以本次抽取的鸡作为整个强制换羽期间的称重鸡群。

（7）应充分考虑不同鸡种对强制换羽的反应　轻型鸡、中型鸡适合进行强制换羽，换羽后可恢复至第一产蛋年的80%～90%，而肉用或兼用型鸡种，强制换羽后的产蛋率下降幅度很大，不适于进行强制换羽。

2. 人工强制换羽的增强措施

（1）密切观察鸡群，认真统计各种数据，及时调整换羽方案。

（2）定期称重，准确掌握鸡群体重失重率　选用准备阶段称重的母鸡，在相同时间，隔日进行空腹称重，掌握鸡体重的下降幅度，决定停饲处理结束的时间。在接近预定结束的日子时，应每日称重，以便判断结束停饲的最佳日期。

（3）补饲贝壳砂或碎骨粒（粉）　执行强制换羽的5～7天，每100只鸡一次性补给2千克碎骨粒（粉）或贝壳砂，以改善此期间和换羽后的蛋壳质量。

（4）认真统计鸡群死亡率　当鸡群死亡率达到3%时，应结束强制换羽实施期转入恢复期，开始喂料。

（5）结合体重及产蛋恢复情况，及时改变饲料的营养和数量，并适当补充维生素。研究表明，在停水、停食处理结束15天左右，每千克饲料添加0.2克多种维生素，可提高强制换羽后的产蛋性能，增加收益。

（6）做好鸡舍的通风和卫生防疫消毒工作，保持环境卫生，预防疾病的发生。

特别提示：只有根据当时当地市场行情，选用优良鸡群，控制合理体重下降幅度，才能取得换羽成功，取得最大效益。

第四节　柴鸡不同季节的饲养管理

一年四季具有的气候环境，气温、光照时间和强度均有不同的变化，对柴鸡的生长发育将产生不同的影响，对放牧散养柴鸡的影响更大。只有针对环境变化的特点采取相应的管理措施，才能保证柴鸡的健康和安全生产。

一、春季

（一）气候特点

早春气温较低，风沙天气较多，雨水稀少，外界食物来源匮乏。不利于鸡的生长。随着气温的回升，日照时间逐渐延长，各种植物逐渐发芽，昆虫逐渐增多，食物较为丰富，但早晚温差较大，空气干燥。是柴鸡理想的产蛋季节，但各种病原微生物滋生繁殖迅速，流行疾病多发。

（二）饲养管理要点

1. 舍内饲养

（1）光照时间的调整　及时调整控时钟的开启和关闭时间，早晨早关灯，下午晚开灯，充分利用太阳光。

（2）舍内温度与空气质量的调节　及时开启窗户和通气孔进行舍内外气体交流，保持舍内空气清新，上午10：00后开窗通风，随气温的升高窗户开的越来越多，通风时间越来越长。春夏之交气温超过28℃时，要及时开启风机降温。但温度下降时要及时关闭窗户，防止冷空气直吹舍内温度骤降，造成产蛋下降和疾病的发生。

（3）防疫与消毒　每天清洗饮水和喂料设备，防止有害病原微生物的滋生。每周进行1次舍内和舍外环境的消毒，降低灰尘，杀灭病源微生物。根据抗体检测结果和疾病流行趋势，及时进行新城疫、禽流感、传染性鼻炎等疾病的免疫接种。

(4) 通风降温设备的维修与保养　及时维修通风降温设备，保证夏季的正常使用。

2. 舍外散养或放牧饲养

(1) 放牧　早春，选择避风向阳的区域，上午10:00以后再让柴鸡进入放牧区，傍晚太阳落山前将鸡赶入棚舍。晚春，在8:00左右放牧，傍晚在18:00左右进入棚舍，及时补充光照。刮大风或下雨时不要放牧。并注意棚舍内保温、通风设施的维修。

(2) 通风　随温度的升高，棚舍要及时通风，尤其是鸡放出后，要将门窗全部打开，排除舍内积聚的有害气体，彻底清扫棚舍内的粪便和灰尘，保持棚舍内空气质量。

(3) 饲料补充　随温度的升高，野外食物逐渐充足时，要逐渐减少饲料的补充，但鸡群的产蛋率不能降低。

(4) 防疫与消毒　散养鸡的免疫要在晚上进行，其他同舍内饲养。

特别提示： 柴鸡春季要注意光照时间的调整和饲料的及时补充。

二、夏季

(一) 气候特点

万物生机勃勃，野外青绿饲料、昆虫等食物丰富。环境温度高、湿度大，蚊子、苍蝇繁衍迅速。不利于蛋鸡生产。

(二) 饲养管理要点

夏季饲养管理的要点是防暑降温，维持柴鸡的营养物质的摄入量，保持产蛋量的稳定。

1. 舍内饲养

（1）防暑降温措施 夏季舍内防暑降温的主要措施有降低饲养密度，保证有足够的活动范围和换气空间；通过在鸡舍周围植树、房顶外涂白色涂料、舍内设顶棚、屋顶设遮阳网等措施，减少鸡舍所受到的辐射热和反射热；启动纵向湿帘降温和舍内外喷水、喷雾降温设施，加大通风量和通风效果，及时将鸡产生的热量散出去，降低舍内温度；供给充足、清凉的饮水，水温以10～25℃为宜，保证鸡蒸发散热所需的水分。

（2）维持柴鸡营养物质的摄入量 调整喂料时间，利用早晨和夜晚温度较低的条件增加采食量；饲料中添加抗热应激添加剂，如饲料中添加0.1%的小苏打，0.02%的维生素C、0.05%的六一散等；饲料中添加油脂（3%～5%）和氨基酸，增加饲料营养浓度，减少食欲降低产生的不良影响；密闭式鸡舍可通过逆转光照时间，即夜晚开灯白天休息，减少热应激，增加采食量。

（3）消灭蚊虫、苍蝇 在舍内墙壁、顶棚、地面喷洒长效低毒的灭蚊蝇剂，消灭舍内蚊蝇昆虫。舍外每周喷洒1次杀虫剂，杀灭环境中的蚊蝇，减少疾病的发生。

2. 舍外散养或放牧饲养

（1）防暑降温措施 夏季舍外散养或放牧饲养的柴鸡，在运动场设置凉棚，凉棚内设饮水和喂料设施，增加鸡在凉棚内的活动时间，必要时在凉棚内过夜；放牧时选择有河沟和大树的区域；棚舍内增加通风降温设备，提高降温效果；运动场设置水深10厘米左右的浅水区，便于鸡嬉戏降温；供应充足、洁净清凉的饮水。必要时通过向棚舍顶部喷水降温。

（2）维持柴鸡营养物质的摄入量 增加精料的饲喂量，和夜晚凉棚内的采食时间。饲料中添加抗热应及添加剂（详见舍内饲养）。

（3）及时增加光照 在阴天下雨时及时将鸡群赶至棚舍内，防止雨淋，并及时开灯照明。

（4）防疫和消毒　及时清理棚舍内和饲养区内的粪便和污水，减少蚊蝇的滋生，防治疾病的传播。每周对环境消毒1次。

（三）注意事项

（1）防止温度过高，鸡中暑死亡，必要时可直接往鸡头部喷水降温。

（2）鸡场要有必要的避雷设施，防止雷击和火灾。

（3）注意用电安全，防止触电等安全事故的发生。

特别提示： 夏季重点是降低环境温度，保持柴鸡正常的生长发育和产蛋率的稳定。

三、秋季

（一）气候特点

进入秋天，早晚温差大，天气变凉，日照时间逐渐缩短。

（二）饲养管理要点

1. 舍内饲养　舍内饲养柴鸡的管理以保持环境温度、补充光照时间、注意舍内空气质量为重点。

（1）及时调整通风量，保持舍内温度　当外界温度下降时，应及时减少开启风机的数量或及时开启小风机降低通风量。有窗式鸡舍要关闭风机，开启窗户，由机械通风改为自然通风，减少通风量，保持舍内温度在18～24℃。温度再下降时，应及时关闭迎风面的窗户。夜间不要将窗户全部关闭，要每个窗户留有一定的空隙，打开通气孔，保持空气流通。

（2）光照时间的调整　有窗式鸡舍进入秋季后，要将早晨关灯时间适当延后，傍晚开灯时间适当提前。并注意阴雨天时及时开灯，补充光照强度。

（3）饲料营养的调整　进入秋季，要适当提高饲料中能量水平。

(4) 通风设备的保养　机械通风设备停用后要及时进行保养，防止生锈老化，为下一年使用做好保障工作。

(5) 疾病预防　用菊酯类杀虫剂消灭环境和舍内蚊蝇，饲料中添加0.025%的复方泰灭净预防鸡住白细胞原虫病的发生，还要注意葡萄球菌病的发生。

2. 舍外散养或放牧饲养　舍外散养或放牧饲养柴鸡秋季管理的重点是及时补充光照时间、做好棚舍内保暖、控制棚舍外活动范围和时间、补充饲料。

(1) 光照时间和放牧时间的调整　进入秋季，延长棚舍内早晨光照时间，推迟鸡群放牧时间，提前棚舍内开灯时间和鸡群进棚舍内时间；秋末天气较冷时，让鸡群在温暖向阳的区域活动和觅食。阴天下雨不放牧或少放牧。

(2) 棚舍内外保暖　提前在棚舍外用塑料薄膜或毛毡进行保暖防寒加固，并及时调整棚舍窗户和通气孔，同时保持舍内垫料的干燥，在保证空气质量的前提下保持棚舍内较适宜的温度。

(3) 补充饲料　随天气转冷和野外食物的减少，逐渐增加饲料的补充，保证营养物质的摄入，维持较高的产蛋率。

(4) 疾病预防　及时清理饲养区内的污水，喷洒菊酯类杀虫剂消灭环境内和棚舍内的蚊蝇，饲料中添加0.025%的复方泰灭净预防鸡住白细胞原虫病的发生，添加0.000 15%～0.000 2%的卡巴胂预防鸡组织滴虫病。

特别提示：进入秋季，要注重解决逐渐突出的通风与保温的矛盾，预防呼吸道疾病的发生。

四、冬季

(一) 气候特点

进入冬季，天气寒冷，光照时间短。

（二）饲养管理要点

冬季柴鸡饲养管理的重点是，防寒保暖，在保持鸡舍温度的前提下进行合理的通风换气。

1. 舍内饲养

（1）保温御寒　密闭式鸡舍最好配合热风炉供温。有窗式鸡舍，要防止贼风侵袭，冷空气直接吹向鸡体。入冬前维修鸡舍，保持门窗密封性好，必要时可在门窗上加挂草衫和棉帘御寒。

（2）补充光照　人工补充光照，总光照时间为16小时。

（3）合理通风　选择每天中午温度较高，风较小时开窗换气，每天2～5次，每次10～20分钟。开窗时要多开窗户，每扇窗开的要小。

（4）增加饲料能量水平　将饲料能量提高10%～15%。

2. 舍外散养或放牧饲养

（1）棚舍保温　入冬前维修加固棚舍，防止积雪压塌。同时门窗进行保温处理，最好安装供暖的炉具。

（2）择机放牧　天气晴好时让鸡在棚舍外活动，下雪和大风天气不要放牧。

（3）补喂饲料　加大饲料的补给，满足鸡产蛋的需要。

（4）注意饮水器具的保温，防止结冰、冻坏，影响鸡正常饮水。

特别提示：冬季饲养柴鸡要注重保温、光照时间与饲料的及时补充。

第五节　提高柴鸡蛋品质的措施

柴鸡蛋向来以蛋黄比例大、色泽金黄、香味浓郁等优良品质备受消费者追捧和重视。提高柴鸡蛋品质是增强市场竞争力的重要手段，也是促进柴鸡安全生产和健康发展，提高柴鸡饲养经济效益的必由之路。

一、蛋品质的主要内容

蛋品质主要包括蛋重、蛋形指数、蛋比重、蛋壳强度、蛋壳厚度、哈氏单位、蛋黄比例、蛋黄比色、蛋壳颜色、血斑和肉斑率等。

1. 蛋重 指蛋的大小。个体记录从42周龄开始连续3枚蛋取平均数，群体记录从42周龄开始连续3天的蛋取平均数，大型鸡场可抽取5%的蛋，求平均数。优质柴鸡蛋平均蛋重在50克左右。

2. 蛋形指数 是指蛋的纵径与最大横径的比值。标准蛋形为1.35，柴鸡蛋为1.33～1.38。

3. 蛋比重 柴鸡蛋比重为1.06～1.08，鸡蛋越新鲜比重越大。

4. 蛋壳强度 是指鸡蛋对碰撞和挤压的抵抗能力，是蛋壳坚固性的指标。

5. 蛋壳厚度 指蛋大中、小、端去除内外蛋壳膜后厚度的平均值。

6. 哈氏单位 哈氏单位是指浓蛋白的高度。它是蛋白品质的重要指标，柴鸡蛋哈氏单位为86，普通商品鸡蛋为76。

7. 蛋黄比例 指蛋黄占全蛋的比例，柴鸡蛋蛋黄的比例高达32%，普通商品鸡蛋为27%。

8. 蛋黄比色 用比色扇由浅到深进行比色，一般比色分为15级。柴鸡蛋罗氏色度为9，普通商品鸡蛋为6。

9. 蛋壳颜色 蛋壳颜色主要有白色和褐色两种，也有少数产绿色、青色、蓝色或花色蛋。一般柴鸡开产时蛋壳颜色浓，随产蛋日龄的延长逐渐变淡。

10. 血斑和肉斑率 蛋中的血斑和肉斑影响蛋的品质。白壳蛋的血斑率较褐壳蛋高，而肉斑率较褐壳蛋低。

二、影响柴鸡蛋品质的因素

柴鸡蛋蛋品质的高低除与遗传因素有关外，还与饲料营养成分、饲养方式、环境条件、饲养管理水平、鸡群健康和用药状况等有关。

（一）遗传因素

不同品种柴鸡在蛋质量方面的遗传存在差异，育种过程中采取适当的措施，能在一定程度上改善鸡蛋质量，生产优质鸡蛋。不同品种的鸡对同一饲料营养成分的利用率有差异。蛋壳颜色有较高的遗传力，并与产蛋量和其他鸡蛋质量性状没有负相关。因此，通过遗传选择可改进蛋壳颜色。蛋壳厚度也可通过遗传选择来改良，但由于对其的改良与其他生产性状的改良呈负相关，使蛋壳质量的育种选择受到了一定的限制。蛋重与鸡的品种也有关。品种对蛋白品质的影响较大，一般褐壳蛋比白壳蛋的蛋白品质好，父本对蛋白品质的影响比母本强。

（二）饲料营养

影响蛋壳质量的营养因素主要包括钙、磷、钠、钾、氯、锰、铜、锌等矿物质及维生素D和维生素C等。维生素D和维生素C对钙的吸收与代谢也关系密切。饲料中磷的含量过高或过低均可降低蛋壳的强度。锰、铁可促进蛋壳形成，缺乏时会影响蛋壳膜的形成。铜过多会影响其他微量元素的平衡，过少则会造成蛋壳膜缺乏完整性、均匀性，在钙化过程中导致蛋壳起皱褶。缺锌会使碳酸酐酶活性降低，导致蛋壳钙沉积不均而产砂皮蛋。饲料中鱼粉、蚕蛹比例过大会使蛋中含有一些腥味，而棉籽饼过多则会使蛋黄出现红色、绿色、褐色、黄绿色等杂色。用黄玉米为主要原料的饲料喂鸡可明显提高蛋黄比色度，饲料中添加辣椒粉、橘子皮、甜菊花、松针粉等均可提高蛋黄色泽度和风味。

（三）环境条件

1. 温度 当温度高于31～32℃时鸡的采食量下降，营养物质摄入不足，蛋重降低，蛋壳变薄，破损率增加，哈氏单位降低，蛋黄比例和比色度下降。

2. 应激 各种应激因素均会使蛋壳变薄，甚至产软壳蛋。

3. 光照 合理的光照时间和强度是提高蛋壳强度，减少破壳蛋，软壳蛋的有效途径之一，切忌光照无规律。产蛋鸡的光照强度一般应保持在每平方米4瓦，光照时间应维持在16～17小时为宜。

（四）饲养管理水平

饲养管理粗放，鸡舍内卫生条件差，鸡蛋收集不及时，则脏蛋多、破蛋率高；饲料更换不及时，则软蛋多，小蛋多；发病率高，则蛋品质下降严重。

（五）疾病影响

鸡群发病对蛋品质的影响最为严重。如鸡新城疫、传染性支气管炎、减蛋综合征、禽流感、传染性鼻炎等病均可造成蛋品质严重下降，导致蛋壳变薄、砂皮、颜色减退、软蛋增多、破蛋增加、蛋黄和蛋清水样、蛋内有气泡、种蛋受精率和种蛋孵化率降低。

（六）药物毒副作用

长期大量饲喂磺胺类等化学类药物，不但可使蛋壳色泽变浅，种蛋受精率和种蛋孵化率降低，还导致药物在蛋内大量残留，造成人类产生较强的耐药性，甚至有致畸、致癌变的危险。

三、提高柴鸡蛋品质的主要措施

（一）品种选择

选择纯种柴鸡或经过正规育种公司科研单位精心培育改良的优良蛋用土杂鸡。

（二）饲养方式

最好选用山地、林地、果园、草原等放牧饲养方式饲养柴鸡，以提高蛋品质。

（三）饲喂优质饲料

1. 饲料中保持合理的能量蛋白质比例　在供给平衡蛋白质日粮可增加母鸡的采食量，提高蛋重。而在开产时饲喂较高水平的蛋白质，有助于更快地提高蛋重，但此时也应相应调整日粮的能量水平，如果能量不足，提高的蛋白质水平则会被用以满足能量需要。对于在产蛋后期产特大蛋较多的品系，降低日粮蛋白质水平可降低蛋重和提高蛋的均匀度。

2. 适宜的钙磷含量和比例　柴鸡产蛋日粮含钙3.5%～4.5%，与磷含量的保持适宜比例为（1.5～2）∶1。理想的补钙时间应在午后，此时蛋通常在蛋壳腺中，母鸡对钙的需要量最高。适宜的钙磷含量和比例有助于提高钙磷的利用率，提高蛋壳质量，降低破损率。

3. 饲喂胡萝卜素丰富的饲料　饲喂棉籽饼、饲料中脂肪过少、饲料中钙过多以及经长期储藏，都将使天然色素减少，造成蛋黄着色差。使用高水平维生素E及日粮含有抗氧化剂时蛋黄颜色会加深。饲料中添加玉米花粉饲喂产蛋母鸡，所产蛋的蛋壳色泽鲜艳；饲料中使用黄玉米，有利于蛋黄的着色；日粮中添加富含胡萝卜素和叶黄素的饲料，如青绿饲料、昆虫等原料，有助于提高蛋黄色泽度。每吨饲料中含 7～8 克叶黄素时一般会有理想的蛋黄颜色，低于 5 克时会使蛋黄颜色太浅。

4. 其他添加剂 给鸡饲喂不饱和脂肪酸占优势的饲料，可以提高蛋中不饱和脂肪酸的含量，给鸡饲喂含有 10%亚麻籽的日粮时，蛋中的亚麻酸含量可极大地提高。使用富含亚油酸的饲料原料，如红花籽油、玉米油、大豆油和棉籽油等，可以增加蛋重。在炎热的夏季，应调整饲料的配方，适当提高日粮中矿物质、维生素及蛋白质的含量，同时在日粮中添加 0.3%～0.5%的碳酸氢钠和 0.02%～0.04%的维生素 C，能明显提高蛋壳的强度。也可以人工饲养黄粉虫，按一定比例添加到饲料中（图 6-3）。

图 6-3 人工饲养黄粉虫

（四）创造优良环境

为柴鸡提供适宜的温度、通风、光照等环境条件，降低环境噪音和其他人为干扰因素，减少鸡群的应激。

（五）饲料中添加中草药添加剂、微生态制剂、酶制剂

1. 中草药添加剂 饲料中添加马齿苋、党参茎叶可降低鸡蛋中胆固醇含量，添加松针粉、橘子皮粉、辣椒粉、复方麦沙（1 份麦饭石，3 份沙棘）等中草药添加剂，不但可提高产蛋率，

蛋黄色泽度也相应提高。

2. 微生态制剂 是将已知的有益微生物经现代生物工程技术进行培养、发酵、干燥等特殊工艺制成的微生物制剂。

微生态制剂能够调整柴鸡肠道微生态平衡，起到有病治病，未病防病，无病保健的作用；提高饲料转化率；降低料蛋比0.05～0.10；降低发病率21%，降低死淘率10%以上；提高产蛋率5%～10%，延长产蛋高峰期；蛋壳光亮（消除沙皮蛋）、色泽均一；提高种蛋合格率；降低鸡蛋破损率，延长保鲜期；提高免疫功能和抗应激能力；降低鸡舍氨气及其他有害气体含量，降低呼吸系统疾病的发病率。

3. 酶制剂 无论玉米豆粕型、玉米杂粕型、小麦型日粮中均含有木聚糖、纤维素和甘露聚糖等非淀粉多糖（NSP），它们不能被体内消化酶降解，但容易被微生物产生的相应的酶降解，成为可被消化利用的营养成分。以玉米-豆粕型日粮，最好应用以木聚糖酶、果胶酶和β-葡聚糖酶为主的酶制剂；饲料原料较多使用小麦、大麦和米糠等原料，应选用以木聚糖酶和β-葡聚糖酶为主的酶制剂；饲料原料中稻壳粉、统糠和麦麸等含量较多时应选用以β-葡聚糖酶、纤维素酶为主的酶制剂；而饲料中原料较多使用菜籽粕、葵花籽粕等蛋白质含量较高的原料，最好选用以纤维素酶、蛋白酶和乙型甘露聚糖酶为主的酶制剂。研究表明，添加植酸酶可提高饲料中磷的利用率，提高饲料利用率5%～10%，改善蛋壳质量，降低破损率。杨久仙、张金柱等（2009）研究表明，与对照组相比，加酶蛋用种鸡组的产蛋率提高0.22%，平均每枚蛋重增加0.75克，每只鸡每天产蛋量增加0.66克，日增重提高0.09克；而耗料量、料蛋比、周死淘率最低，分别比对照组低1.35%、0.06%、30.43%。

4. 霉菌毒素吸附剂 目前我国配合饲料中霉菌毒素的检出率明显高于单一能量饲料和蛋白饲料，检出率均在90%以上，黄曲霉毒素、T-2毒素、呕吐毒素和玉米赤霉烯酮的检出率高达100%，其中呕吐毒素、玉米赤霉烯酮、烟曲霉毒素、赭曲霉毒素均有不同程度的超标，而蛋白质饲料中霉菌毒素的污染也不容忽视。霉菌毒素可导致鸡钙磷吸收不全、骨骼脆弱，蛋壳钙化不全、破蛋率高，蛋变小、蛋黄重量降低，受精率、孵化率降低。在饲料中添加霉菌毒素吸附剂，可将霉菌毒素吸附或形成霉菌毒素多糖复合体，阻止消化道的吸收，减少毒素的危害。如在轻度污染的饲料中添加0.05%的脱酶康，在中度污染的饲料中添加0.1%的脱酶康，即可有效降低霉菌毒素对鸡造成的危害。

（六）强制换羽

强制换羽后的软蛋、薄壳蛋及极薄壳蛋的比例大幅度减少，由换羽前的12.84%减少到只有1.01%。

特别提示：选择优良品种是保证优良蛋品质的基础，精心管理、创造良好条件、保证鸡群健康是技术保障，二者缺一不可。

第七章

柴鸡公鸡安全生产的饲养管理

柴鸡公鸡的安全生产在柴鸡生产中起着非常重要的作用，尤其是柴种鸡生产，只有根据公鸡的生理特点，采取科学的饲养管理措施，才能培育出符合种用要求的种公鸡，充分发挥本品种的生产性能优势，满足生产的需要。对于商品用公鸡应采取不同于母鸡的饲养管理措施，才能满足其生理需要和商品性能的要求，取得最大的经济效益。

第一节　柴鸡公鸡前期的饲养管理

商品柴公鸡的饲养周期一般为12～13周龄，种用柴公鸡的饲养周期一般为65～70周龄。

一、商品柴公鸡前期的饲养管理

商品柴公鸡前期主要是指0～8周龄，该阶段饲养管理的重点是：

（一）小公鸡的选择

同育雏期雏鸡的选择。

（二）育雏条件的控制

育雏条件基本同育雏期饲养管理的要求，但应特别注意以下几个方面。

1. 控制合理的饲养密度 由于公鸡生长速度快，体重大，应将公母分开饲养，公鸡的饲养密度应在原有基础上下降15%～20%。

2. 掌握科学的光照时间 由于柴公鸡天性好斗，如光照时间过长，光照强度过大，极易引起啄癖。因此前期每日光照时间应控制在14～16小时，人工补充光照强度控制在每平方米1～2瓦，以鸡能看见采食即可。夜间补充饲料时间不宜过长，以2～3个小时为宜，以锻炼柴鸡白天活动和野外觅食的能力，促进身体和骨骼的发育。

（三）饲料营养的调整

柴公鸡前期肌肉生长发育快，脂肪沉积慢，对蛋白质的需要量大，能量需要低，因此公鸡饲料中蛋白质含量应提高10%～15%，能量水平降低10%左右。

特别提示：创造适宜条件提高成活率和免疫质量，保证鸡群健康是商品柴公鸡前期的管理重点。

二、种柴公鸡前期的饲养管理

（一）公鸡的选择

种用公鸡至少要进行两次选择。

1. 第一次选择 在6～8周龄时进行。此时选留发育良好，外貌符合本品种特征，鸡冠大而鲜红者，淘汰外貌有缺陷，如瞎眼，胸骨、腿部和喙弯曲，跛行，胸部有囊肿者。同时淘汰体重过轻和父系中的母鸡。公母鸡选留比例为1∶10。

2. 第二次选择 在17～18周龄进行。此时选留体重符合本品种标准要求，发育良好，腹部柔软，按摩时有性反射，如翻肛、交配器勃起和排精。淘汰体重过大、过小，无性反射能力的公鸡。公母鸡选留比例为1∶15～20。

（二）饲养管理

种用柴公鸡的前期饲养管理重点是提高成活率，培育发育良好，体质健壮，性反射能力强的后备公鸡。

1. 饲养方式　无论采用自然交配或人工授精的种鸡群，公鸡的饲养最好采用网上平面饲养或地面散养，这有利于锻炼体质，培育优质种公鸡。

2. 公母分开饲养　公母分开饲养不但有利于控制体重，还有利于预防公鸡过早交配导致的体质下降。

3. 严格控制体重　公鸡4周龄后坚持每周称重，根据体重进行严格分群，体重超标者实行限制饲养（详见限制饲养）；体重不足者增加饲料量或提高饲料营养水平；标准体重范围内的鸡只正常饲喂。保证公鸡在性成熟前达到标准体重，鸡群均匀度在85%以上。

4. 充分运动　为提高种公鸡的体质，要严格控制饲养密度和饲养方式，放牧饲养的柴公鸡应增加野外放牧时间，笼养种公鸡应单笼饲养，让其充分运动，锻炼体质。

5. 光照控制　种公鸡的光照程序同母鸡。

6. 断喙、剪冠和断趾　断喙详见雏鸡管理。对于笼养实行人工授精的种公鸡既为鉴别父系雌雄鉴别，又减少笼具对公鸡的伤害，1日龄用弯剪紧贴皮肤将鸡冠剪去。实行自然交配的种公鸡，1日龄用断趾器将公鸡内趾和后趾最外关节的趾甲根烙断，同时用电烙铁烧灼距部组织，不使其生长，防止交配时对母鸡造成伤害。千万不要仅顾及公鸡淘汰时的市场价格，不进行断趾。对于以放牧饲养为主的种公鸡，断趾时只进行趾尖的去除，以免影响野外觅食。公鸡进行断喙剪冠和断趾时要注意消毒，防止感染和蚊虫叮咬暴发鸡痘。

7. 洁净充足的饮水　保证种公鸡的充足饮水是保证精液量

和精液品质必需的条件。一旦出现4小时以上的停水，尤其是夏季，将严重降低公鸡的精液量和精液品质。

（三）疫病净化

为减少蛋传性疾病的传播和蔓延，除从无蛋传性疾病种鸡场引种外，还要对种公鸡进行鸡沙门氏菌病、支原体病、淋巴细胞白血病等蛋传性疾病的净化。近几年尤其要进行B型淋巴细胞白血病的净化。祥见疫病控制。

特别提示：选择优良雏鸡，控制合理密度，采用科学光照程序，培育优良公鸡是种用柴公鸡前期培育的目标。

第二节　柴鸡公鸡后期的饲养管理

一、商品柴公鸡后期的饲养管理

9～12周龄为商品公鸡饲养的后期，此阶段饲养管理的重点是促进快速生长、增加体重和羽毛的丰满度和光泽度。

（一）调整饲料营养成分

进入饲养后期应降低饲料中蛋白质含量（尤其是含硫氨基酸的添加），提高能量水平，每千克饲料中添加15～20国际单位维生素E。对于以放牧为主的鸡群应加强人工补饲的密度和饲料量，尤其是夜间的补饲。保证公鸡充足的采食量和增重速度。

（二）增加光照时间和强度

增加光照时间和强度，每日光照时间应在20小时，光照强度在每平方米3瓦，刺激公鸡垂体的发育，促进雄性器官的发育，使羽毛丰满光亮，冠髯大而鲜红。

（三）改善环境条件

商品公鸡饲养的后期，要保持环境的稳定，棚舍内温度在18～25℃之间，同时保持舍内垫料的干燥，放牧区干燥、不泥泞，保持公鸡羽毛洁净。

（四）停止药物的使用

公鸡出栏前1周停止药物的使用，降低药物残留可能造成的危害，保证食品的安全性。

（五）出栏

公鸡要一次性全部出栏，避免打持久战。出栏时避免粗暴抓鸡，防止对鸡的意外伤害，影响柴鸡品质。

特别提示：保持空气新鲜，提高增重速度，按时出栏是商品柴公鸡后期的目标。

二、种柴公鸡后期的饲养管理

（一）公鸡的选择

约20周龄，选留按摩采精时公鸡性反射能力强，精液量大，精子密度高、活力强的公鸡；缓留性反射能力差，精液量小的公鸡，经一段时间补充训练后，仍较差者再淘汰。

（二）饲料营养

公鸡开始配种后，饲料营养水平要进行适当调整，重点是饲料中钙磷的含量。公鸡饲料要单独配制，饲料中钙的含量为1.5%，磷含量为0.65%～0.8%，蛋白质含量为12%～16%。公鸡采精密度大，蛋白质水平高，散养蛋白质水平低。

（三）饲养管理

1. 光照时间 单独饲养的公鸡，19 周龄是开始增加光照时间，方法同产前母鸡，直至每日 14 小时，光照强度为每平方米 3 瓦；公母混养的鸡群，光照时间同母鸡。并保持光照时间的稳定。

2. 温度 注意公鸡舍的防寒保暖，保持舍内温度在 20～25℃，夏季高温季节必须采取有效的降温措施，冬季采取有效的供温保暖措施。温度过高，公鸡精液量稀薄，精子活力差，种蛋受精率下降；温度过低，公鸡交配次数少，精液量小，也会造成种蛋受精率的降低。

3. 体重控制 每月检查体重一次，凡体重降幅在 100 克以上的公鸡，应暂停采精或延长采精周期，单独饲养。采用公母混养的鸡群，人工补料时，母鸡料槽（桶）设栅条防止公鸡采食母鸡料，公鸡料槽（桶）应高吊与公鸡背平，防止母鸡采食公鸡料。

（四）精液品质检查

一般每月对公鸡精液品质进行 1 次检查。当种蛋受精率出现异常时，应及时检查，详见第四节柴鸡人工授精技术。

（五）种公鸡的更换与补充

当公鸡中出现病弱残疾、配种能力降低、精液品质下降或无精液，导致种蛋受精率降低时，应及时淘汰这些鸡，按比例更换补充预备公鸡。

（六）疫病净化

配种期间要对种公鸡进行两次以上蛋传性疾病的净化工作，坚决淘汰阳性鸡，直至均为阴性为止。

特别提示： 培育身体健壮、精液品质好、配种能力强的公鸡，是种用柴公鸡培育的目标。

第三节 柴鸡公鸡饲养管理中注意的问题

一、商品柴公鸡

（一）品种选择

商品柴鸡应选择适应当地气候条件，抗病能力强，野外觅食力强，耐粗饲，外形美观，肉质鲜美，适合当地消费口味的鸡种。

（二）引种

1. 不能从疫区引进柴公鸡，以防止疾病的蔓延和传播。

2. 雏鸡要来源于具有种鸡生产经营许可证的大型正规种鸡场。该种鸡场饲养的品种纯正，种鸡质量可靠，雏鸡质量优良，无鸡白痢、伤寒、副伤寒、淋巴细胞白血病等蛋传性疾病，技术力量雄厚，信誉度高。

3. 雏鸡出壳后进行可靠的马立克氏疫苗注射。

（三）环境保护

对于放牧为主的鸡群，要保持适宜的放养密度，采取合理的轮牧措施或人工添加青绿饲料（图 7-1），防止过度放牧，造成山林、坡地、草场植被的破坏，甚至荒漠化。同时对粪便、

图 7-1 人工添加青草

废水等废弃物进行无害化处理，防止对环境造成污染。

（四）全进全出制饲养

柴公鸡的饲养必须采取全进全出制饲养方式，便于防疫消毒和疾病的有效控制。

（五）按时出栏

商品柴公鸡饲养至12～13周龄时要及时出栏，防止饲养周期延长，公鸡生长速度减缓，饲料报酬降低，降低经济效益。

（六）药物与停药期

饲养期间严格遵守NY 5040的要求，不使用违禁药品，多采用中草药添加剂、微生态制剂和酶制剂，减少药物残留，提高产品质量。

二、种用柴公鸡

（一）引种

同商品柴公鸡。

（二）体重控制

饲养期间要严格按照品种要求饲养，分栏饲喂，定时称重，控制好体型，防止过度超重，影响或丧失种用价值，影响种鸡的经济效益。

（三）公鸡专用饲料

尤其是配种期间种公鸡要配制专用饲料，防止使用母鸡饲料，钙、磷超标会导致种鸡因痛风症腿病发生率增加，提前淘汰。

（四）供应充足清洁的饮水

种用公鸡配种期间，必须供应充足清洁的饮用水，防止饮水中断造成公鸡精液量和品质降低，严重影响种蛋受精率。

（五）后备种公鸡的饲养与补充

预留的后备种公鸡要单独饲养，精心管理，轮换使用，不可弃之不理，否则极易导致性功能退化，丧失种用价值。更换和补充新公鸡时，要在夜间关灯后进行，禁止白天更换公鸡。否则将造成公鸡为争抢交配机会引起激烈打斗，造成公鸡的损伤和受精率的进一步降低。

第四节　柴鸡人工授精技术

柴鸡人工授精技术是指人工采取柴公鸡的精液，输入母鸡生殖道内，完成卵受精的过程。人工授精技术适用于笼养柴种鸡的饲养。

一、柴鸡人工授精技术的特点

（一）优点

1. 与柴种鸡大规模笼养技术相配套，解决母鸡配种难题，扩大种鸡繁殖规模，增加规模效益。

2. 扩大公母鸡配种比例，提高种公鸡利用率，减少公鸡饲养量，降低成本。自然交配公母鸡配比为 1∶10～20，人工授精公母鸡配比为 1∶30～50。施行人工授精的鸡群可减少 2/3 的公鸡饲养量，减少公鸡舍面积，减少引种费用，节约饲料、人工等费用。

3. 人工授精技术可保证种蛋受精率稳定在 95%以上，很好地解决了种鸡饲养后期种蛋受精率偏低的难题，保证了正常生产。

（二）缺点

人工授精鸡群与自然交配鸡群相比，工人劳动强度大，工作时间长；母鸡和公鸡生殖器官炎症较多，淘汰率较高。

二、柴鸡人工授精的主要器械

人工授精的器械主要包括集精杯、胶头滴管、保温杯、毛细滴管、显微镜、血球计数器、干燥箱等。

三、柴鸡人工授精的主要技术环节

（一）准备

在大群开始人工授精前，首先进行人员的挑选、培训和搭配，授精器械准备，公鸡人工采精驯化，母鸡翻肛、输精练习等各项准备工作。

1. 人员

（1）人员组成与配置　人工授精人员由采精组和输精组两大部分组成。采精组由公鸡保定员和采精员按 2∶1 配置；输精组由翻肛员与输精员也按 2∶1 配置。采精组与输精组按 1∶3～4 配置。人工授精人员要选择年轻、心细、手脚干净利索的人员。

（2）培训内容　对人工授精人员根据分工要进行分别培训。采精组要进行公鸡相关生理知识培训，保定人员重点是公鸡从鸡笼中抓出、保定以及与采精人员速度配合的培训；采精人员主要是进行公鸡按摩、采精、集精以及与公鸡性兴奋时机配合的培训；翻肛员主要是进行母鸡保定、翻肛、开关笼门以及与输精人员输精速度配合的培训；输精员主要是进行准确吸取精液、母鸡生殖道分辩、输精深度以及辅助翻肛的培训。同时采精组与输精组要密切配合，既保证精液的正常供应，又不致精液使用时间过长，影响种蛋受精率。

2. 公鸡

（1）挑选　公鸡经育成期多次选择后，在配种前 2～3 周内进行最后一次选择。选留健康、体重达标、发育良好、腹部柔软，按摩采精时肛门外翻、交配勃起正常的公鸡。

（2）驯化　公鸡人工采精驯化多采用背部按摩采精法。在配种前 2～3 周内开始驯化公鸡，开始人工采精，每天 1 次，或隔天 1 次。一般经 3～4 次训练，大部分公鸡能采出精液，有些发育不良的公鸡经多次训练仍无性反射时应及时淘汰。

（3）精液品质检查　详见精液品质检查项。

（4）注意事项　在公鸡驯化时，为防止精液被粪便污染，将泄殖腔周围 1 厘米左右的羽毛剪除；采精前 3～4 小时绝食；保定人员与采精人员及所采精液公鸡应固定，以利于公鸡适应保定与采精手法。

3. 母鸡

（1）授精时机　当母鸡产蛋率达到或接近 50%时既可进行人工授精。

（2）标记　刚开始进行人工授精时母鸡羽毛较丰满无明显区别，极易将母鸡抓错，导致受精率不高。将笼内 4 只鸡中的 2 只鸡，在头顶或背部染色做标记，加以区别。

（3）驯化　在正式人工授精前 3 天，应每天 17：00 左右，由翻肛和输精人员进行母鸡的翻肛和输精，让鸡适应这种应激，减少对产蛋的影响。

（4）注意事项　不要用红色染料作标记；抓鸡与输精时不可粗暴，生殖道翻不出者不可强制翻出。输精时精液量要准确、部位要正确，深度要适宜。

4. 器械　人工授精器械主要包括授精器械、品质检验器械、精液保存器械，如集精管（杯）、试管、保温杯、刻度输精管（胶皮滴管）、滴头、显微镜、玻片、血球计数器、冰箱、液氮灌等。采精、集精和输精器械使用前后，首先用清水刷洗干净，然后用消毒液彻底消毒，再用蒸馏水或纯净水清洗 3 遍，最后在干燥箱内烘干备用。

特别提示：人员培训是保证人工授精效果的前提和基础。

（二）采精

采精是人工授精的首要环节，所采精液的数量多少和质量高低直接影响种蛋受精率和孵化率降低。采精主要包括三个环节，即公鸡的保定、按摩和精液的收集。

1. 人工采精的方法 采精方法有按摩法、隔截法、台鸡法和电刺激法。其中以按摩法最适宜生产中使用，具有简便、安全、可靠、迅速、采出的精液干净等优点。按摩采精多采用腹背结合法。腹背按摩通常有两人操作，一人保定公鸡，一人按摩与收集精液。

2. 公鸡的保定

（1）抓鸡 保定人员打开笼门后，用一只手迅速抓住公鸡同侧的大腿和翅膀将公鸡从笼中抓出。

（2）保定 保定员两腿前后叉开站稳，并使胸稍向前倾，左右两手分别握住公鸡的同侧大腿中部和翅膀的主翼羽，使腿自然分开，使公鸡保持头后尾前，尾部上翘约 15°角，同时用肘部夹住公鸡外侧，使公鸡紧贴保定人员的左或右腹上侧部（图 7－2）。

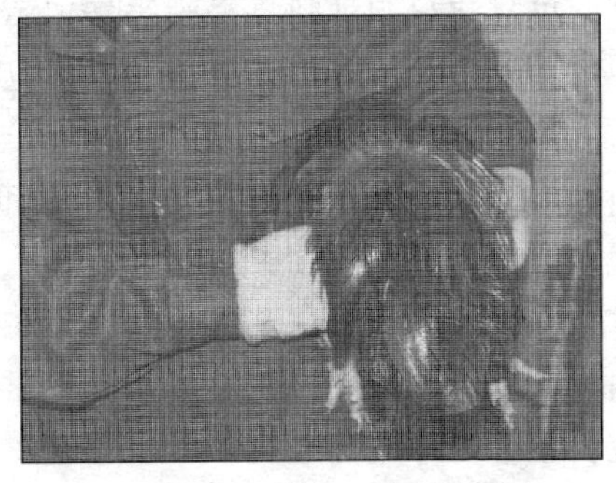

图 7－2 公鸡保定

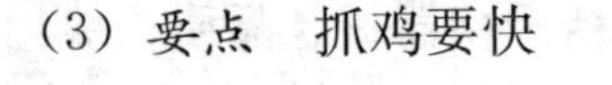

（3）要点 抓鸡要快

而准，保定要轻而稳。

（4）*注意事项*　采精环境要安静，不粗暴对待公鸡，公鸡保定的位置与高度要随采精人员的身高和习惯来调整。如采精人员用左手采精，公鸡应保定于身体的右侧，反之则保定于左侧。采精时保定人员应保持身体的稳定不可前后和左右摇摆。

3. 采精（腹背部按摩采精法）

（1）*方法*　采精人员与保定人员相向站立，用右手或左手中指和无名指夹住集精杯，成握拳状，四指外侧顶住公鸡腹部，集精杯口偏向泄殖腔左边或右边。左手或右手伸开，掌心向下，紧贴公鸡背部，稍向下施压，通过手掌开合从翅膀根部按摩至尾根部，按摩数次。当公鸡全身紧绷、两腿绷直、尾巴翘起时，按摩背部的手掌迅速将尾羽压向鸡体背部，拇指与食指分开捏住泄殖腔上缘，轻轻挤压和抖动，当公鸡交配器突出时，拇指和食指由后往前挤压，精液即流出。持集精杯的手迅速将杯口对准泄殖腔开口，让精液流入杯内。当有粪便排出时应迅速将集精杯移开，用消毒棉将粪便擦掉后再收集精液，防止污染精液（图 7－3）。

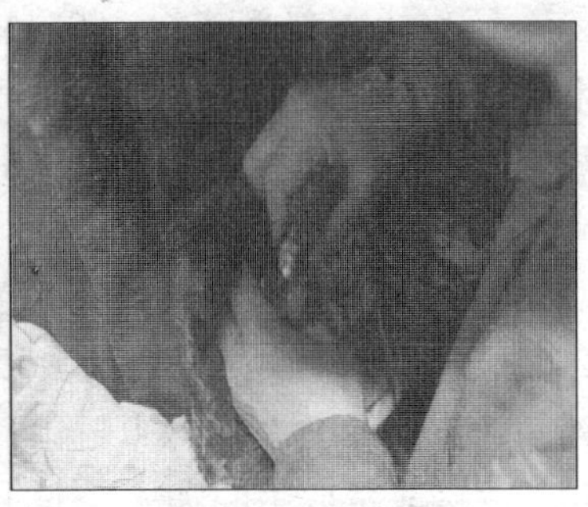

图 7－3　公鸡按摩采精

（2）*技术要领*　动作迅速、轻柔、准确、顺其自然。

（3）*注意事项*　首先要注意抓鸡速度与采精速度的配合，防止抱着公鸡长时间等待；其次注意采精时手法要顺其自然，不可强行用力捏挤公鸡生殖器；第三，采精时要注意精液的保温；采出的精液要及时送到输精人员手中。

4. 精液品质检查

(1) 外观检查　正常鸡的精液为乳白色、黏稠不透明；生殖道有炎症时，精液呈污褐色；混入粪便的精液为黄褐色，精液内有粪便悬浮或沉淀；尿酸盐混入时精液内有粉白色棉絮状块悬浮或沉淀。

(2) 气味检查　正常精液略有腥味，生殖道有炎症时，有腥臭味。

(3) 精液量检查　用刻度吸管或结核菌素注射器吸取精液，测定采集的精液量。柴鸡精液量随品种不同、体型大小差异较大，平均每只鸡每次采集精液 0.8 毫升，最大可达 2.0 毫升。

(4) 精子活力检查　精子活力要在采精后 30 分钟内进行。取精液和生理盐水各一滴，置于载玻片一端混匀，盖上盖玻片。在 37℃条件下，用 200～400 倍显微镜检查。按直线前进运动精子所占的比例分为 0.1～0.9 级。直线前进的精子有受精能力，圆周运动和原地摆动的精子均无受精能力。

(5) 精液密度检查　柴鸡精液密度检查的方法有血球计数法和精子密度估测法。其中血球计数法较为准确。正常柴公鸡精子密度为每毫升精液含 35 亿个精子。

①精子密度血球计数法：先用红细胞吸管吸取精液至 0.5 处，再吸入 3%的氯化钠溶液至 101 处，摇匀，即为精液稀释 200 倍。将吸管尖端放在计数板与盖玻片间的边缘，使吸管的精液进入计算室内。在 200～400 倍显微镜下，计一条对角线上的 5 个方格或选取中间加 4 个角上的 5 个方格中的精子总数。计数时只计精子头部 3/4 或全部在方格中的精子。最后按如下公式算出每毫升精液的精子数。

$$C=\frac{n}{100}$$

其中，C 为 1 毫升含 10 亿个精子；n 为 5 个方格的精子数。

②精子密度估测法：根据显微镜视野下精子的多少来估测精子的密度，分为密、中和稀。密，在显微镜下，整个视野布满精子，精子间几乎无空隙，每毫升精液约含40亿以上的精子；中，在显微镜下可见精子间距离明显，每毫升精液含20亿～40亿个精子；稀，精子间有很大空隙，每毫升精液的精子在20亿以下。

5. 精液的保存与稀释

（1）精液稀释

①精液稀释意义：鸡精液量少，密度大，稀释后可增加输精母鸡的数量，提高公鸡的利用率；精液经稀释后，精子分布均匀，可保证输精剂量的准确度；稀释液可为精子提供能量和缓冲剂，防止pH变化，延长精子寿命，有利于精液的保存。

②精液稀释的方法：采精后应尽快稀释，将精液和稀释液分别装于试管中，同时放入30℃温水或恒温箱内，使精液和稀释液温度接近或相当。稀释时稀释液沿管壁缓慢流入精液内，轻轻转动，混合均匀。作高倍稀释时应分梯度进行。精液稀释的倍数根据精液的品质和稀释液的质量而定。如室温（18～22℃）不超过1小时，稀释比例以1∶（1～2）为宜，0～5℃保存3～8小时或24～48小时，稀释比例为1∶（3～4），冷冻精液稀释比例通常为1∶（4～5）。

表7-1　典型家禽精液稀释液配方

稀释液成分	保存时间							
	≤45分钟		≤5小时			≤24小时		
	A	B	C	F	D	E	G	H
谷氨酸钠	0.96	2.01	0.867	0.234		1.1	1.32	1.40
柠檬酸钠		0.77		0.231				
碳酸氢钠					0.15			
醋酸钠	0.255		0.43		1.00	0.146		
磷酸氢二钠						0.136		0.98
磷酸二氢钠								0.21

（续）

稀释液成分	保存时间							
	≤45 分钟		≤5 小时			≤24 小时		
	A	B	C	F	D	E	G	H
磷酸氢二钾			1.27		0.15			
磷酸二氢钾			0.065					
柠檬酸钾	0.064					0.128	0.128	0.14
氯化钙				0.01				
氯化镁			0.34	0.013				
醋酸镁	0.04					0.08	0.08	
氢氧化钠（毫升）						5.6	9.0	
柠檬酸		0.13	0.064	0.039				
葡萄糖	0.3	2.01		0.50	0.1	0.36	0.60	2.4
蔗糖					4.6			
果糖			0.50					
鸡蛋清（毫升）		15.0						
肌醇				0.22				1.0
脱脂乳（毫升）		20.0						
10%醋酸					0.25			
棉子糖								2.4
MES							2.44	
Tris				3.725				
BES						3.05		
TES			0.195					
蒸馏水（毫升）	100	66	100	100	100	100	100	100
pH					7.1～7.2		6.8	6.9

注：1. Tris 为三羟甲基氨基甲烷冲剂；BES 为 N-双-（2-羟乙基）-2-氨基乙烷磺酸；MES 为 2-（N-吗啉）乙烷磺酸；TES 为 N-三甲基-2-氨基乙烷磺酸。

2. A、D、F、G 液发明者为 P. Lake 等（1979，1980，1984）；B 液为 F. Van 等（1972）；C 液为 Sexton 的 BPSE 液（1980）；E 液为苏联家禽所 C-2 液；H 液为苏联家禽繁殖遗传研究所 ИPTKΦ 液。

3. 资料来源：杨宁《现代养禽生产》。

（2）精液的保存　精液分常温保存、低温保存和冷冻保存。

①常温保存：新鲜精液常用隔水降温，在18～22℃，保存不超过1小时用于输精。常温保存的精液一般用生理盐水或复方生理盐水作1∶1稀释。

②低温保存：新鲜精液用缓冲液按1∶2甚至1∶4～6稀释，pH在6.8～7.1，0～5℃可保存5～24小时，种蛋受精率均在90%以上。

③冷冻保存：鸡精液冷冻技术在实用化方面存在一定的问题，实际生产未进行大规模推广。

特别提示：正确手法是增加精液采集量，提高公鸡利用率的关键。

（三）输精

输精由翻肛人员和输精人员二人配合，分抓鸡、翻肛、输精三步完成。

1. 母鸡的翻肛

（1）抓鸡与保定　翻肛人员右手（左手）打开笼门，左手（右手）抓住母鸡双腿，稍稍提起，将母鸡胸部靠在笼门口处，尾部朝上，右手（左手）四指并拢，拇指张开，虎口紧靠于母鸡泄殖腔右（左）上方，将母鸡固定。

（2）翻肛　翻肛人员左手稍用力上提，右手（左手）拇指与其他四指分开按压尾根和腹部，手掌稍向右前下方用力，拇指稍向左后下方用力，输卵管口即外翻，突出于泄殖腔。如图7-4、图7-5。

（3）注意事项　不可粗暴抓鸡，尽可能一次抓住母鸡的两条腿；翻肛时两手用力要缓和，不可过大过猛，尤其是翻肛的拇指不能用力挤压腹部；阴道口翻出不可过多，以1～2厘米为宜；抓鸡时注意鸡只的换位，防止错抓和漏抓。

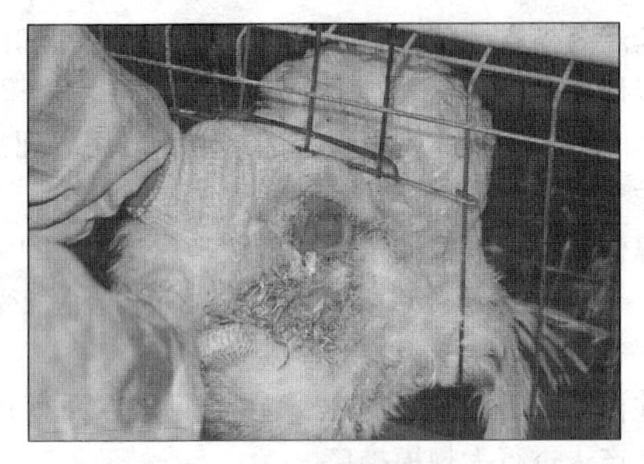

图 7-4　母鸡的翻肛

2. 输精

(1) 输精部位与深度　不同部位和深度输精，对种蛋受精率均有影响。实际生产中大多采用与鸡自然交配状态相近的阴道浅部输精。阴道浅部输精具有速度快、易于操作、受精率高、对鸡刺激小等优点。由于品种体型的差异，轻型鸡输精深度为 1～2 厘米，中型鸡输精深度为 2～3 厘米。见图 7-6。

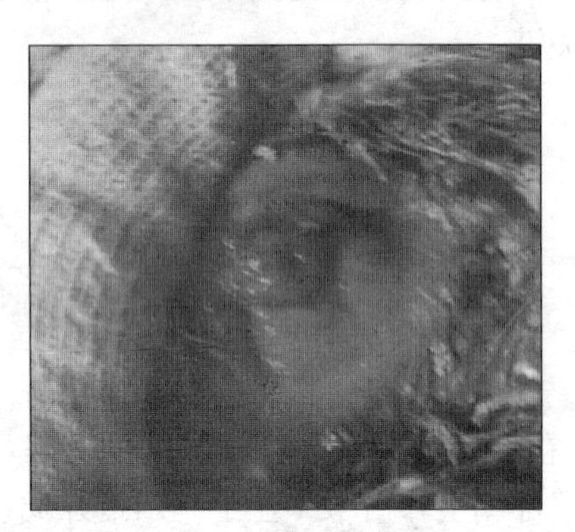

图 7-5　翻出的阴道口

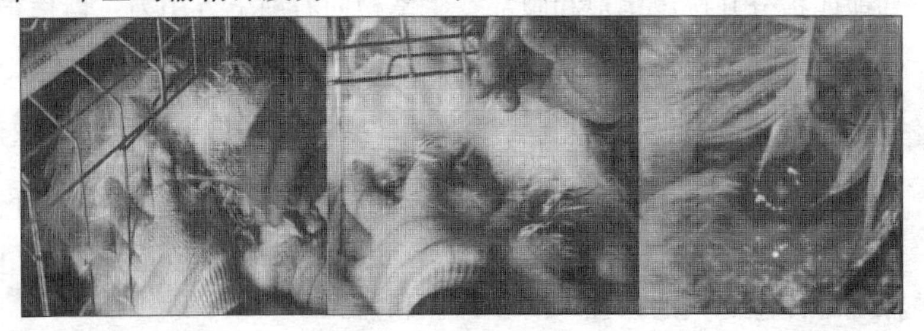

图 7-6　阴道输精

（2）手法　输精人员一手将装有精液的试管握于掌心，一手持输精管将适量精液吸出，当输卵管阴道口翻出后，将输精管轻轻插入阴道口中央，将精液输入阴道内，同时翻肛人员迅速解除对母鸡腹部的压力，精液随腹内压力的降低进入输卵管内。见图7-6。

（3）输精量　目前实际生产中大多采用原混合精液进行输精，每只鸡每次以0.025～0.03毫升为宜，有效精子数为1亿最好，不能少于8 000万个有效精子。

（4）输精时间　人工授精要在大部分母鸡产蛋后进行。采用6：00～22：00光照程序的鸡群，每天16：00～17：00开始输精为宜。

（5）精液使用时间　每次采集的精液，要在0.5小时内输完。

（6）注意事项

①输精部位要准确：一定要认准输卵管阴道口与直肠开口。阴道口在泄殖腔左下方，直肠口在泄殖腔右上方。一定要对准阴道口垂直输精，禁止斜插输精。

②不能输入空气：吸取精液时精液应充满输精管尖端，不能留有空隙；输精时不要用力挤压皮头，以精液进入阴道为度，防止输入空气，输卵管内压力过大精液溢出输卵管。输精时，只有当输精管从阴道内抽出后，才能让挤压的皮头复位，以免造成精液回吸入输精管内。

③防止相互感染：为防止相互感染，除做好种鸡的疫病净化外，输精时一只鸡换一次滴头。

④适当增加输精量：在炎热夏季精液品质较差或每次精液使用的后期，要适当增加精液的使用量，每只鸡每次的输精量可达0.03～0.035毫升。

特别提示：输精的时间、精液量、深度、输精周期是提高种蛋受精率的关键。

（四）人工授精的周期

大量实践证明，柴鸡人工授精的鸡群，每5天输精1次，即可保持90%以上的受精率。首次人工授精的鸡群要连续输精2天，隔1天，第3天即可预留种蛋。

四、人工授精的注意事项

1. 严格人员与器械的消毒，防止由此造成的交叉感染。

2. 人员与鸡群相对固定，做到人鸡一体，既有利于提高授精速度和效果，还能减少对鸡群的应激。

3. 提高授精技术水平，做到手法轻、柔、快，自然，切忌粗暴采精、输精。

4. 定期进行公鸡精液品质检查，及时补充营养，及时淘汰和更换精液品质差的种公鸡。

5. 严格控制精液使用时间，精液采出后要在30分钟内用完，严禁超时使用。

6. 保证全天供应充足清洁的饮水。

7. 授精器械消毒后，用清水、蒸馏水或生理盐水清洗干净，烘干备用，防止消毒药、污物对精子活力的影响。

8. 人工授精过程中禁止吸烟。烟中的尼古丁可杀灭精子，降低精子活力和种蛋受精率。

第八章

柴鸡安全生产疾病与防治

第一节　柴鸡安全生产的环境控制

要使柴鸡安全生产，必须有安全的环境，生物安全体系就是排除疫病威胁，保护动物健康的各种方法的集成，它是一项系统工程，是疫病的预防体系。

一、加强管理，搞好养殖环境控制

（一）加强责任心，完善规章制度

在生物安全控制措施的诸多因素中，人的责任心和自觉性是最重要的因素。只有高度的责任心和自觉性，才能精心细致地做好饲养管理工作，才能认真地落实每一个与疾病预防有关的环节，那些做事敷衍、无责任心和自觉性的人，是不可能养好家禽的。

做好生物安全控制，一方面需要工作人员的自觉性，另一方面也需要相应规章制度的约束。三分技术、七分管理。技术有要求，管理有制度是搞好肉鸡生产的前提和基础。例如，鸡舍的消毒程序和卫生标准、疫苗和药物的保管与使用、免疫程序和免疫接种操作规程、饲养管理规程等，这是养鸡场尤其是大型养鸡场绝对不能忽视的。

（二）加强饲养管理，减少应激反应

俗话说："应激是万病之源"。在饲养过程中，应正确调控通

风换气、饲养密度及舍温等管理因素，给鸡创造一个舒适的环境。

（1）保持适宜温度　不要过高、过低或骤变。

（2）搞好通风　通风换气可减少或消除舍内氨气、尘埃和病原微生物，但通风时应注意保持舍内温度，防止穿堂风，开启门窗应由小到大逐步进行。

（3）保持适宜饲养密度　肉柴鸡后期密度不宜过大，夏季为每平方米 10～12 只；冬季为每平方米 12～14 只。

当转群、免疫、氨气浓度过高，过分拥挤，无规律的供给饮水或饲料，过热或过冷等发生较大应激时，引起鸡群的抗病力降低而诱发疾病，人们难以完全消除上述各种应激因素，但却是可以通过周密的设计和细心的管理来尽量避免或减轻应激，特别要避免应激的叠加反应。应激时鸡对维生素 A、维生素 K、维生素 C 需求量增加，应及时补充。尤其要重视维生素 A 的供给，因为维生素 A 是保证上皮组织完整性的维生素，如果缺乏，上皮完整性易受到破坏，病原体相对容易入侵。

（三）供给全价日粮，预防营养性疾病

某些营养成分缺乏或不足，容易引起各种营养缺乏症。如钙、磷缺乏，就会发生骨骼畸形、体质减弱；硒和维生素 E 缺乏，患白肌病。我国许多地方土壤缺硒，这些地区生产的饲料中也缺硒，因此必须注意在饲料中添加硒的化合物。营养缺乏疾病如果不采取治疗措施，会引起大批死亡。所以，养殖场（户）要按饲养标准供给优质全价平衡日粮。

（四）制定投药程序，预防生物性疾病

当发现鸡患病时，机体的组织器官和功能已受到较大的损害，即使能及时投药控制死亡，但病鸡生产性能必然受到损害，这对于快大的肉鸡更为明显，因此，与其患病用药治疗，不如定

期投药预防。至于何时投放何药，难有一个通用程序。一般地说，应根据本场的发病情况和疫病的流行特点，制定投药程序，有计划地在一定日龄，消毒、免疫或在气候转变时投药预防。

预防应坚持的原则是：①正确选择药物：以预防效果最佳、不良反应小、价廉易得为原则。②切忌滥用药物：尽量少用或不用抗生素药物。病毒病尽可能用疫苗预防；肠道细菌感染可使用微生态制剂预防；能用一种药物的决不用两种或多种药物。③严控药残：肉鸡上市前10～15天停止用药。我国政府有关部门早已制定了“出口肉鸡允许使用的药物及送宰前停药期限”的规定，要高度重视。

（五）完善监测技术，加强防控手段

对疫病开展制度化、规模化、标准化监测，以利对疫病预测，主动防制。免疫检测包括病原监测和抗体监测两方面；病原监测包括微生物监测和疫病病原监测；抗体监测包括母源抗体、免疫前后的抗体、主要疫病抗体水平的定期监测以及未免疫接种疫病抗体水平的定期监测等。通过抗体监测，可随时了解抗体消长规律，帮助指导免疫及疾病控制；通过病理学、病原学、血清学及分子生物学方法，除定期对新城疫、禽流感、传染性支气管炎等病进行监测外，还需结合当地疫情及肉鸡生产检测法氏囊、禽脑脊髓炎、马立克氏病、白血病、病毒性关节炎、支原体、沙门氏菌病、大肠杆菌病等疾病的病原携带及感染情况，及时制定切实可行的处理方案。

（六）及时确诊，科学用药

一旦发生疫情，早期诊断是关键，合理用药是根本。如为病毒性疾病，对那些体温正常、尚无症状的健康鸡群应立即紧急接种；如为细菌性或其他普通疾病，通过药敏试验，选用敏感药物，抗菌素用后再用微生态制剂来调节菌群，以增强机体抵抗

力，促进机体康复。对没有治疗价值的病鸡，立即淘汰并进行焚烧、深埋无害化处理。治疗时剂量要足，疗程要够，一般3～5天为一疗程。

二、建立疫情的预警系统

建立信息平台，及时了解周边地区和国内外疫病流行情况；在较大范围内有计划、有组织地收集流行病学信息，为防疫提供依据。当周围发生疫情时，通过监测本场鸡群的抗体消长及周围鸡场的发病情况，及时启动预警机制，采取果断措施，使鸡群免遭损失。

第二节　病 毒 病

一、鸡新城疫

鸡新城疫（ND）又称亚洲鸡瘟。是由新城疫病毒引起的一种主要侵害鸡、火鸡、野禽及观赏鸟类的高度接触传染性、致死性疾病。家禽发病后的主要特征是呼吸困难，腹泻，粪便呈绿色，精神沉郁及神经症状，成鸡产蛋严重下降，黏膜和浆膜出血，感染率和致死率高，敏感鸡群死亡率常高达90%～100%。

【流行病学】本病主要传染源是病鸡和带毒鸡的粪便及口腔黏液。被病毒污染的饲料、饮水和尘土经消化道、呼吸道或结膜传染易感鸡是主要的传播方式。本病一年四季均可发生，以冬春寒冷季节较易流行。不同年龄、品种和性别的鸡均能感染，但幼雏的发病率和死亡率明显高于日龄大的鸡。纯种鸡比杂交鸡易感，死亡率也高。某些土种鸡对本病有相当抵抗力，常呈隐性或慢性感染，成为重要的病毒携带者和散播者。

【临床症状】病鸡食欲减退甚至废绝，精神沉郁，嗜睡，呼吸困难，咳嗽，转圈、翅膀麻痹下垂，精神委顿。嗉囊内积有液体和气体，鸡冠和肉髯发紫。口腔内有黏液，倒提病鸡可见从口中流出酸臭液体。病鸡拉稀，粪便呈黄绿色。头颈扭转，面部肿胀，产蛋鸡迅速减蛋，软壳蛋数量增多，很快停产。非典型新城疫是鸡群在具备一定免疫水平受强毒攻击时其主要特点是：病情缓和，发病率和死亡率都不高，有呼吸道症状，病鸡张口呼吸，有“呼噜”声，咳嗽，口流黏液，排黄绿色稀粪，出现扭脖和观星状神经症状，产蛋量下降，出现畸形蛋、软壳蛋和砂壳蛋。

【剖检变化】 新城疫的病理变化为：气管内渗出物增多，气管黏膜充血和出血；嗉囊内充满酸臭的液体和气体，腺胃乳头有出血点，有的形成溃疡，腺胃与肌胃或食道与腺胃交界处最为明显，肌胃角质膜下常有出血点，肠道表面可见肠道多处呈枣核状出血、坏死，盲肠扁桃体肿大、出血、坏死、溃疡；直肠和泄殖腔黏膜出血且较明显。产蛋鸡可见卵巢充血、出血。

图 8-1 病鸡神经症状

（山东省农业科学院家禽研究所提供）

【预防与治疗】

（1）预防 控制新城疫必须贯彻“预防为主，养防结合，防重于治”的方针。建立科学的免疫程序。母源抗体使雏鸡有一定的免疫力，同时又对接种的疫苗有一定的干扰作用。由于母源抗体的中和作用以及雏鸡本身的免疫应答功能尚未发育完全，过早的免疫不能激发良好的免疫反应，当母源抗体的 HI 值在 4 以下时，首免较合适。没有条件检测抗体的鸡场可根据母源抗体的消长规律和生产中积累的经验，在 7～9 日龄进行首免。可选用

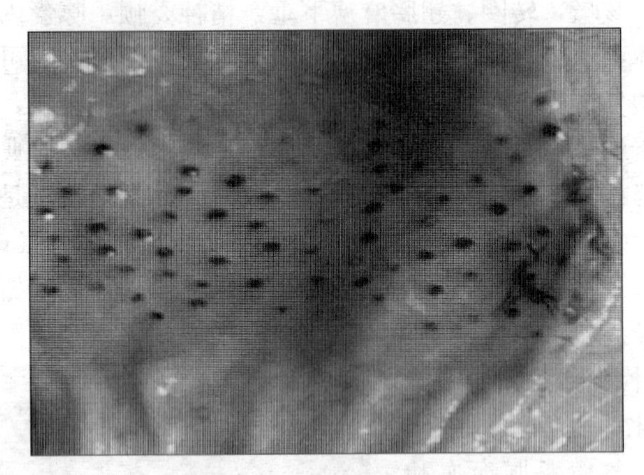

图 8-2　病鸡腺胃乳头出血
（山东省农业科学院家禽研究所提供）

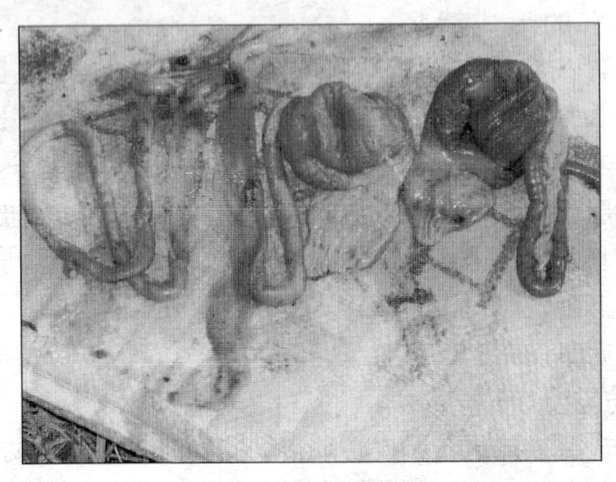

图 8-3　病鸡肠道出血
（山东省农业科学院家禽研究所提供）

LaSota 进行滴鼻和点眼，与此同时每只鸡注射油佐剂灭活苗。21～28 日龄注射油佐剂灭活苗三免，60 日龄油佐剂灭活苗四免，120 日龄免新城疫一传染性支气管炎一减蛋综合征油佐剂灭活苗，后每隔 60 天用 LaSota 强化免疫。

（2）治疗　发病后积极治疗，可采用下列方法：

①肌注板蓝根注射液：每只雏鸡 0.2 毫升，成鸡 0.5 毫升，同时在饮水中加入维生素 C，3 天后有所好转。

②紧急接种新城疫疫苗：用双倍剂量的Ⅰ系疫苗，每只 0.5 毫升，肌注。

③紧急喷雾接种：喷雾时将鸡舍门窗关闭，尽可能使鸡群集中，以不挤压为原则，在离鸡上方 80～100 厘米处均匀喷雾，喷完后关闭门窗 20 分钟，喷雾后 3～4 天临床症状明显减轻至逐渐消失。

二、禽流感

禽流感是由 A 型流感病毒（AIV）引起的家禽和鸟类的共同传染病。能引起禽类全身性或呼吸性传染病，主要表现为：鸡只突然发病，体温升高，鸡群大批急性发病死亡，鸡冠和肉髯充血、出血、水肿，脚鳞出血等症状。

【流行病学】禽流感多发于冬春和秋冬交替季节，主要以水平传播为主，但发病 3～4 天的种禽蛋中可以分离出病毒，经蛋带毒而呈垂直传播。发病的传染源可来自感染和发病的家禽，也可来自于野生鸟类及迁徙的水禽等。病原通过分泌物、排泄物和尸体污染环境和饲料、饮水。呼吸道、消化道是感染的最主要途经。

【临床症状】高致病性禽流感潜伏期短，发病初期无明显临床症状，表现为禽群突然暴发，常无明显症状而突然死亡。病程稍长时，病禽体温升高，可达 43℃以上，精神高度沉郁，食欲废绝，羽毛松乱；有咳嗽、啰音和呼吸困难，甚至可闻尖叫声；鸡冠、肉髯、眼睑水肿，鸡冠、肉髯发绀，或呈紫黑色，或见有坏死；眼结膜发炎，眼、鼻腔有较多浆液性或黏液性或黏脓性分泌物；病鸡腿部鳞片有红色或紫黑色出血；病禽有下痢，排出黄

图 8-4　病鸡鸡冠与肉髯呈黑色

（山东省农业科学院家禽研究所提供）

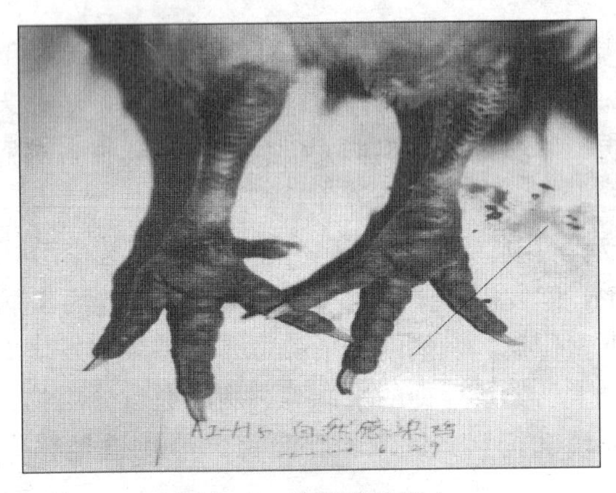

图 8-5　病鸡脚鳞出血

（山东省农业科学院家禽研究所提供）

绿色稀便；产蛋鸡产蛋量明显下降，产蛋率可由 80％或 90％下降到 20％或以下，甚至停产；产蛋下降的同时，可见软皮蛋、薄壳蛋、畸形蛋增多。有的病鸡可见神经症状，共济失调，不能走动和站立。

【剖检变化】急性者可见头部和颜面浮肿，鸡冠、肉髯肿大达3倍以上；皮下有黄色胶样浸润、出血，胸、腹部脂肪有紫红色出血斑；心包积水，心外膜有点状或条纹状坏死，心肌软化。

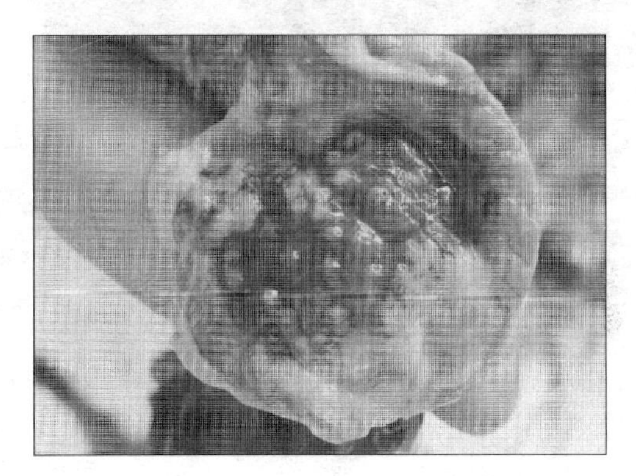

图8-6　病鸡腺胃乳头、腺胃壁出血
（山东省农业科学院家禽研究所提供）

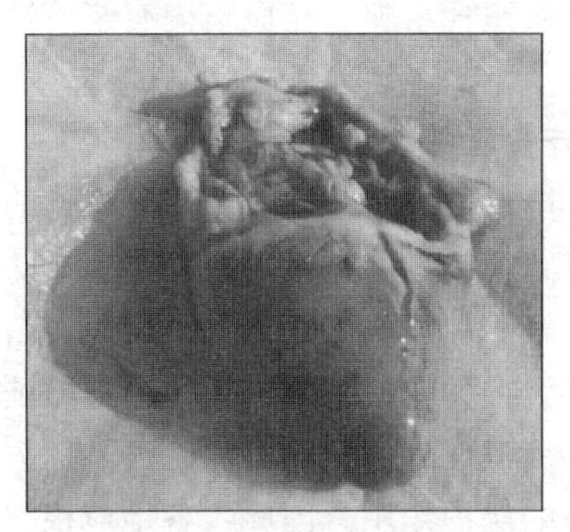

图8-7　病鸡心脏出血
（山东省农业科学院家禽研究所提供）

消化道变化表现为腺胃乳头水肿、出血，肌胃角质层下出血，肌胃与腺胃交界处呈带状或环状出血；肝、脾、肾脏淤血肿大，有白色小块坏死；呼吸道有大量炎性分泌物或黄白色干酪样坏死；胸腺萎缩，有程度不同的点、斑状出血；法氏囊萎缩或呈黄色水

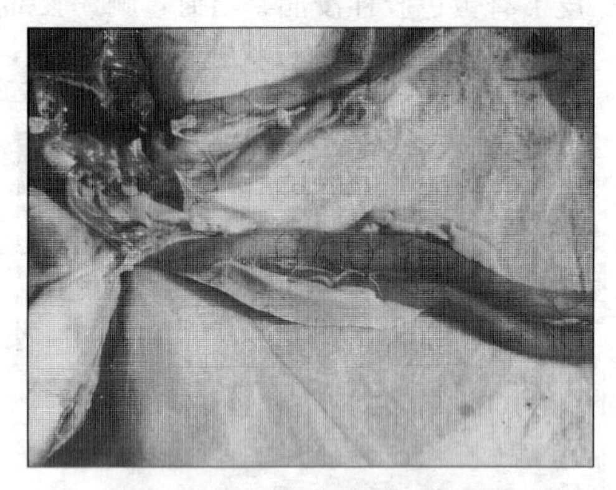

图 8-8　病鸡胰脏出血
（山东省农业科学院家禽研究所提供）

肿，有充血、出血；母鸡卵泡充血、出血，卵黄液变稀薄；严重者卵泡破裂，卵黄散落到腹腔中，形成卵黄性腹膜炎，腹腔中充满稀薄的卵黄。输卵管水肿、充血，内有浆液性、黏液性或干酪样物质。

【预防与治疗】

（1）预防　严格兽医防疫，控制流感病毒的传入。一定要从非疫区或无禽流感种鸡场引进种雏或种蛋。要防止野禽，尤其是水禽与家禽的接触。加强鸡场隔离和消毒。疫苗免疫是预防禽流感暴发和免遭巨大损失的最有效的措施。实践证明，接种与本地方流行的禽流感病毒亚型相同的禽流感油乳剂灭活疫苗，对禽流感的感染有很好的保护作用。因此，各地应根据本地流行的禽流感病毒亚型选择与病毒型号相同的油苗，并且该疫苗是由国家正规厂家生产并由国家批准使用的。同时根据当地的流行时间建立自己的免疫程序，并纳入常规免疫程序。

柴鸡的免疫程序一般为：0～20 日龄：首免，剂量为 0.3 毫升。50～60 日龄：二免，剂量为 0.5 毫升。在产蛋前 120 日龄：三免，剂量为 0.5 毫升。240～260 日龄：四免，剂量为 0.5～1

毫升。后每隔2个月，免一次，每次0.5～1毫升。在禽流感疫苗免疫时，要进一步加强饲养管理，保证饲料质量，不能使用发霉饲料，尽可能减少鸡群的各种应激因素，以防止许多抑制因素对禽流感疫苗免疫机制建立的干扰。

在疫苗免疫的同时，配以药物预防，药物预防的方法最好是中西结合，中草药可选大青叶、板蓝根、黄连等，并配合沙星类抗菌药物，防止继发感染，每月至少1周。同时维持舍内温度，保持室内干燥，防止阴冷潮湿，并补给电解多维或速补，以提高鸡群的抗病能力。

（2）*治疗*　本病目前尚无切实可行的治疗方法，发生本病时要严格执行封锁、隔离、消毒、焚烧发病鸡群和尸体等综合防治措施。

三、鸡马立克病

鸡马立克病（MD）是由疱疹病毒引起的一种淋巴组织增生性疾病，其特征是病鸡的外周神经、性腺、虹膜、各种脏器、肌肉和皮肤等部位的单核细胞浸润。它是一种淋巴瘤性质的肿瘤疾病，具有很强的传染性。

【流行病学】本病最易发生在2～5月龄的鸡。主要通过直接或间接接触、经空气传播。绝大多数鸡在生命的早期吸入有传染性的皮屑、尘埃和羽毛引起鸡群的严重感染。带毒鸡舍的工作人员的衣服、鞋靴以及鸡笼、车辆都可成为该病的传播媒介。发病率和病死率差异很大，可由10%以下到50%～60%。

【临床症状】该病是一种肿瘤性疾病，从传染到发病有较长的潜伏期。1日龄鸡接种病毒后第2周开始排毒，第3～5周达到高峰，最早在第3～4周出现临床症状和眼观变化。以2～5月龄的鸡最为多见，但1～18月龄的鸡均可发病。

根据症状和病变发生的主要部位，本病在临床上分为四种类型：神经型（古典型）、内脏型（急性型）、眼型和皮肤型。有时可以混合发生。

（1）神经型　主要侵害外周神经，侵害坐骨神经最为常见。病鸡步态不稳，发生不完全麻痹，后期则完全麻痹，不能站立，蹲伏在地上，臂神经受侵害时则被侵侧翅膀下垂，呈一腿伸向前方另一腿伸向后方的特征性姿态；臂神经受侵害时则被侵侧翅膀下垂；当侵害支配颈部肌肉的神经时，病鸡发生头下垂或头颈歪斜；当迷走神经受侵时则可引起失声、嗉囊扩张以及呼吸困难；腹神经受侵时则常有腹泻症状。病鸡采食困难，饥饿，脱水，消瘦和昏迷。

（2）内脏型　多呈急性暴发，常见于幼龄鸡群，开始以大批鸡精神委顿为主要特征，几天后部分病鸡出现共济失调，随后出现单侧或双侧肢体麻痹。部分病鸡死前无特征性临床症状，很多病鸡表现脱水、消瘦和昏迷。

（3）眼型　出现于单眼或双眼，视力减退或消失。虹膜失去正常色素，呈同心环状或斑点状以至弥漫的灰白色。瞳孔边缘不整齐，到严重阶段瞳孔只剩下一个针头大的小孔。

（4）皮肤型　此型一般缺乏明显的临诊症状，往往在宰后拔毛时发现羽毛囊增大，形成淡白色小结节或瘤状物。此种病变常见于大腿部、颈部及躯干背面生长粗大羽毛的部位。

【剖检变化】病鸡最常见的病变表现在外周神经，腹腔神经丛、坐骨神经丛、臂神经丛和内脏大神经，这些地方是主要的受侵害部位。受害神经增粗，呈黄白色或灰白色，横纹消失，有时呈水肿样外观。病变往往只侵害单侧神经，诊断时多与另一侧神经比较。内脏器官中以卵巢的受害最为常见，其次为肾、脾、肝、心、肺、胰、肠系膜、腺胃、肠道和肌肉等。在上述组织中长出大小不等的肿瘤块，呈灰白色，质地坚硬而致密。有时肿瘤组织在受害器官中呈弥漫性增生，整个器官变得很大。皮肤病变多是炎症性的，但也有肿瘤性的，病变位于受害羽囊的周围。胸腺有时严重萎缩。

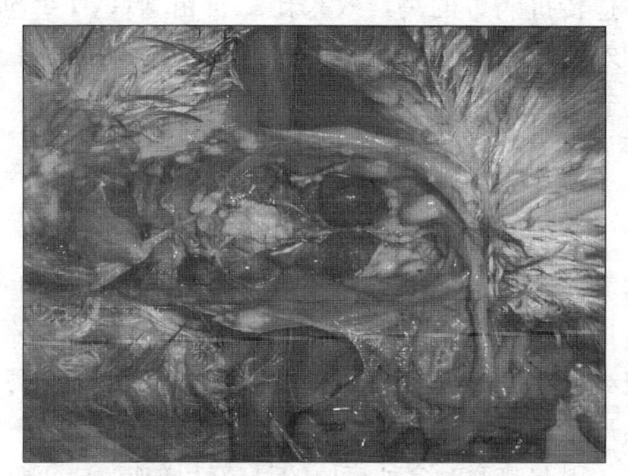

图 8-9　病鸡的卵巢、肾长满肿瘤

【预防与控制】

（1）*加强饲养管理和卫生管理*　执行全进全出的饲养制度，避免不同日龄鸡混养；实行网上饲养和笼养，减少鸡只与羽毛粪便接触；严格卫生消毒制度，尤其是种蛋、出雏器和孵化室的消毒，常选用熏蒸消毒法；消除各种应激因素，加强检疫，及时淘汰病鸡和阳性鸡。

（2）*疫苗接种*　疫苗接种是防制本病的关键。在进行疫苗接种的同时，鸡群要封闭饲养，尤其是育雏期间应搞好封闭隔离，可减少本病的发病率。疫苗接种应在1日龄进行，所用疫苗，主要为火鸡疱疹病毒冻干苗（HVT），二价苗（Ⅱ型和Ⅲ型组成），常见的二价疫苗为HVT＋SB1或HVT＋HPRS-16或HVT＋Z4，以及血清Ⅰ型疫苗，如CVI988和“814”。HVT不能抵抗超强毒的感染，二价苗与血清Ⅰ型疫苗比HVT单苗的免疫效果显著提高。在尚未存在超强毒的鸡场，仍可应用HVT，为提高免疫效果，可提高HVT的免疫剂量；在存在超强毒的鸡场，应该使用二价苗和血清Ⅰ型疫苗。

（3）选育和饲养有遗传抵抗力的品种　有人发现用 HVT 疫苗免疫有遗传抗病力的鸡，效果比二价苗（HVT＋SB1）免疫易感鸡的效果好。选育生产能力好的商品鸡抗病品系，是未来控制该病的一个重要方面。

四、鸡传染性法氏囊病

鸡传染性法氏囊病（IBD）是由病毒引起的一种主要危害雏鸡的免疫抑制性传染病。3～6 周龄的鸡最易感，该病一方面可引起鸡只死亡率、淘汰率的增加；另一方面，小于 3 周龄的鸡感染后导致严重的免疫抑制，使鸡群免疫应答反应能力下降，或无免疫应答，引起鸡群对多种病原的易感性增加。成年鸡多为隐性感染。

【流行病学】鸡传染性法氏囊病毒（IBDV）的自然宿主仅为雏鸡和火鸡。从鸡分离的 IBDV 只感染鸡，不同品种的鸡均有易感性。IBD 母源抗体阴性的鸡可于 1 周龄内感染发病，有母源抗体的鸡多在母源抗体下降至较低水平时感染发病。3～6 周龄的鸡最易感，也有 15 周龄以上鸡发病的报道。本病全年均可发生，无明显季节性。病鸡的粪便中含有大量病毒，病鸡是主要传染源。鸡可通过直接接触和污染了 IBDV 的饲料、饮水、垫料、尘埃、用具、车辆、人员、衣物等间接传播，老鼠、甲虫和蚊子等也可间接传播。本病毒不仅可通过消化道和呼吸道感染，还可通过污染了病毒的蛋壳传播。另外，经眼结膜也可传播。本病一般发病率高（可达 100％）而死亡率不高（多为 5％左右，也可达 20％～30％），卫生条件差而伴发其他疾病时死亡率可升至 40％以上，在雏鸡甚至可达 80％以上。本病的另一流行病学特点是 IBD 产生的免疫抑制程度随感染鸡的日龄不同而异，初生雏鸡感染 IBDV 最为严重，可使法氏囊发生坏死性的不可逆病变。1 周龄后或 IBD 母源抗体消失后而感染 IBDV 的鸡，其影响有所减轻。

【临床症状】本病潜伏期为2～3天，易感鸡群感染后发病突然，病程一般为1周左右，典型发病鸡群的死亡曲线呈尖峰式。发病鸡群的早期症状之一是有些病鸡有啄自己肛门的现象，随即病鸡出现腹泻，排出白色黏稠或水样稀便。随着病程的发展，食欲逐渐消失，颈和全身震颤，病鸡步态不稳，羽毛蓬松，精神委顿，卧地不动，体温常升高，泄殖腔周围的羽毛被粪便污染。此时病鸡脱水严重，趾爪干燥，眼窝凹陷，最后衰竭死亡。急性病鸡可在出现症状1～2天后死亡，鸡群3～5天达死亡高峰，以后逐渐减少。鸡在感染72小时后体温常升高1～1.5℃，仅维持10小时左右，然后体温下降1～2℃，此时病鸡脱水严重，趾爪干燥，眼窝凹下，最后衰竭死亡。该病在初次发生的鸡场多呈显性感染，症状典型，死亡率高。以后发病多转入亚临诊型。近年来发现部分Ⅰ型变异株所致的病型多为亚临诊型，死亡率低，但其造成的免疫抑制严重。

【剖检变化】病死鸡肌肉色泽发暗，大腿内外侧和胸部肌肉常见条纹状或斑块状出血。腺胃和肌胃交界处常见出血点或出血斑。法氏囊病变具有特征性，水肿，比正常大2～3倍，囊壁增厚3～4倍，外形变圆，呈浅黄色，外包裹有胶冻样透明渗出物。黏膜皱褶上有出血点或出血斑，内有炎性分泌物或黄色干酪样物。随病程延长，法氏囊萎缩变小，囊壁变薄，第8天后仅为其原重量的1/3左右。一些严重病例可见法氏囊严重出血，呈紫黑色如紫葡萄状。肾脏肿大，常见尿酸盐沉积，

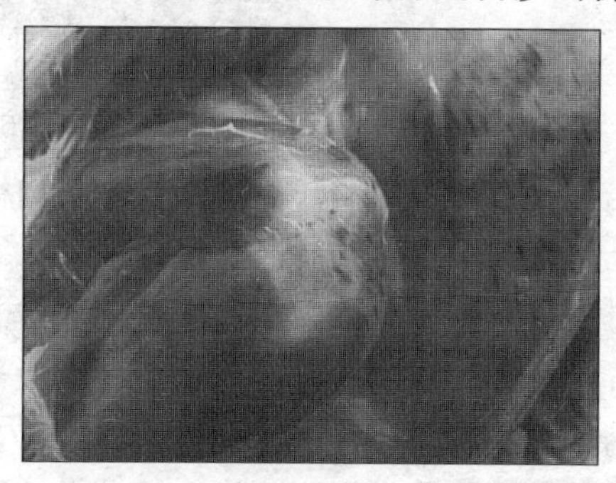

图8-10 病鸡肌肉出血

（山东省农业科学院家禽研究所提供）

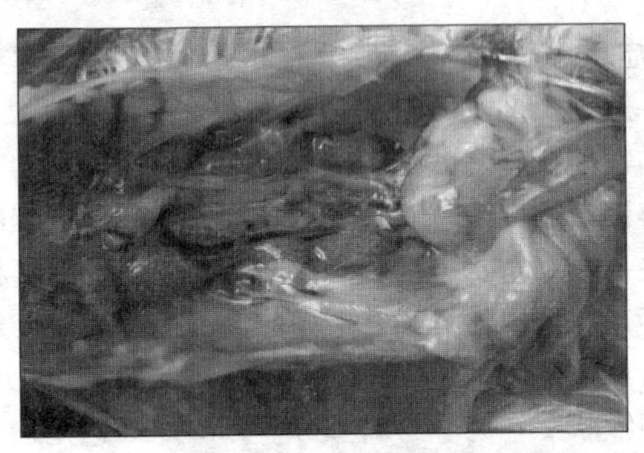

图 8-11　病鸡花斑肾
（山东省农业科学院家禽研究所提供）

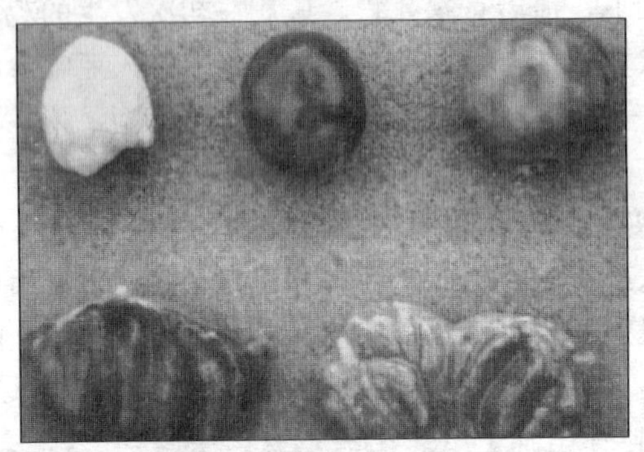

图 8-12　病鸡法氏囊出血变化
（山东省农业科学院家禽研究所提供）

输尿管有多量尿酸盐而扩张。盲肠扁桃体多肿大、出血。

【预防与治疗】

（1）预防　采用全进全出饲养体制，全价饲料。鸡舍换气良好，温度、湿度适宜，消除各种应激条件，提高鸡体免疫应答能力。严格封闭饲养（特别是 60 日龄内的鸡），杜绝传染来源。进鸡前鸡舍（包括周围环境）用消毒液喷洒→清扫→高压水冲洗→消毒液喷洒（几种消毒剂交替使用 2～3 遍）→干燥→甲醛熏蒸

→封闭1～2周后换气再进鸡。饲养鸡期间，定期进行带鸡气雾消毒，可采用0.3%次氯酸钠或过氧乙酸等，按每立方米30～50毫升。

做好预防接种工作。目前使用的疫苗主要有灭活苗和活苗两类。灭活苗主要有组织灭活苗和油佐剂灭活苗，使用灭活苗对已接种活苗的鸡效果好，并使母源抗体保护雏鸡长达4～5周。免疫程序的制定应根据琼脂扩散试验或ELISA方法对鸡群的母源抗体、免疫后抗体水平进行监测，以便选择合适的免疫时间。如用标准抗原作琼扩试验测定母源抗体水平，若1日龄阳性率＜80%，可在10～17日龄首免，若阳性率≥80%，应在7～10日龄再检测后确定首免日龄；若阳性率＜50%时，就在14～21日龄首免，若≥50%，应在17～24日龄首免。如用间接ELISA测定抗体水平，雏鸡抵抗感染的母源抗体水平应为ELISA滴度≥350。如果未做抗体水平检测，一般种鸡采用2周龄较大剂量中毒型弱毒疫苗首免，4～5周龄加强免疫一次，产蛋前（18～20周龄）和38周龄时各注射油佐剂灭活苗一次，一般可保持较高的母源抗体水平。肉用雏鸡和蛋鸡视抗体水平多在2周龄和4～5周龄时进行两次弱毒苗免疫。

（2）*治疗*　发病鸡舍应严格封锁，每天上下午各进行一次带鸡消毒。对环境、人员、工具也应进行消毒。及时选用对鸡群有效的抗生素，控制继发感染。改善饲养管理和消除应激因素。可在饮水中加入复方口服补液盐以及维生素C、维生素K、B族维生素或1%～2%奶粉，以保持鸡体水分、电解质、营养平衡，促进康复。病雏早期用高免血清或卵黄抗体治疗可获得较好疗效。雏鸡每羽0.5～1.0毫升，大鸡每羽1.0～2.0毫升，皮下或肌内注射，必要时次日再注射一次。并配合中草药：蒲公英100克，金银花50克，黄连50克，黄柏100克，黄芩100克，大青叶100克，苍术50克，生石膏100克，车前草50克，黄芪100克，白术100克，木香50克，甘草50克。打成粗粉过筛，每天每只鸡 2 克，每天 1 次，连用 5 天，据报道，其治愈率高达 95%。

五、鸡传染性支气管炎

传染性支气管炎是鸡的一种急性、高度接触性的呼吸道疾病。其特征为病鸡出现呼吸道症状、产蛋数量和品质下降以及肾脏病变等。鸡传染性支气管炎病毒可感染所有日龄的鸡，导致生长迟缓、死亡，增重和饲料报酬降低，还常常引起霉形体混合感染以及大肠杆菌病等继发感染而提高鸡群的死亡率，给养鸡生产带来巨大损失。目前，该病呈世界广泛流行，是严重危害世界养禽业的重大传染病之一。

【流行病学】本病仅发生于鸡，其他家禽均不感染。各种年龄的鸡都可发病，但雏鸡最为严重，死亡率也高，一般以 40 日龄以内的鸡多发。本病主要经呼吸道传染，病毒从呼吸道排毒，通过空气的飞沫传给易感鸡。也可通过被污染的饲料、饮水及饲养用具经消化道感染。本病一年四季均能发生，但以冬春季节多发。鸡群拥挤、过热、过冷、通风不良、温度过低、维生素和矿物质缺乏，以及饲料供应不足或配合不当，均可促使本病的发生。

【临床症状】

（1）呼吸-生殖道型　自然感染的潜伏期一般在 36 小时左右，传播很快。雏鸡感染以呼吸道症状为主，年龄在 5 周龄以下。病鸡常突然发病，出现呼吸道症状，并迅速波及全群。症状主要是咳嗽、甩鼻、打喷嚏，病鸡伸颈、张口呼吸，有特殊的气管内啰音，夜间最清楚。眼眶湿润、流泪、流鼻涕。随着病情的发展，全身症状加剧，病鸡精神萎靡，食欲废绝、羽毛松乱、翅下垂、昏睡、怕冷，常拥挤在一起。2 周龄以内的病雏鸡，还常见鼻窦肿胀、流黏性鼻液、流泪等症状，病鸡常甩头。产蛋鸡感染后产蛋量下降25%～50%，同时产软壳蛋、畸形蛋或砂壳蛋。

（2）肾型 感染肾型支气管炎病毒后其典型症状分三个阶段。第一阶段是病鸡表现轻微呼吸道症状，鸡被感染后24～48小时开始气管发出啰音，打喷嚏及咳嗽，并持续1～4天，这些呼吸道症状一般很轻微，有时只有在晚上安静的时候才听得比较清楚，因此常被忽视。第二阶段是病鸡表面康复，呼吸道症状消失，鸡群没有可见的异常表现。第三阶段是受感染鸡群突然发病，并于2～3天内逐渐加剧。病鸡挤堆、厌食，排白色稀便，粪便中几乎全是尿酸盐。

（3）传染性支气管炎病毒变异株 鸡只感染4/91毒株后出现精神沉郁、闭眼嗜睡，腹泻，鸡冠发绀，眼睑和下颌肿胀。有时还可见咳嗽、打喷嚏，气管啰音，呼吸困难等呼吸道症状。产蛋鸡在出现症状后，很快引起产蛋下降，降幅达35%，同时蛋的品质降低，蛋壳颜色变浅，薄壳蛋、无壳蛋、小蛋增多。3～4周后产蛋量可逐渐回升，但不能恢复到发病前的水平。本病可致肉鸡，特别是6周龄以上的育成鸡后期后死。

【剖检变化】

（1）呼吸-生殖道型 主要病变见于气管、支气管、鼻腔、肺等呼吸器官。表现为气管环出血，管腔中有黄色或黑黄色栓塞物。幼雏鼻腔、鼻窦黏膜充血，鼻腔中有黏稠分泌物，肺脏水肿或出血。剖检成年鸡可以发现卵泡充血、出血、萎缩变形，尤其是输卵管变短、变形、肥厚，甚至坏死。有的母鸡腹腔内积有卵黄变形后的残留物。

（2）肾型 肾型传染性支气管炎的病变主要集中在肾脏，表现为双肾肿大、苍白，肾小管因聚集尿酸盐使肾脏呈槟榔样花斑，俗称“花斑肾”。两侧输尿管因沉积尿酸盐而变得明显扩张增粗。慢性病例，肾褪色，肾实质中布满粟粒大小的黄白色尿酸盐结节，有时可至黄豆到蚕豆大小（尿结石）。严重的病例在心包和腹腔脏器表面均可见白色的尿酸盐沉着，似一层白霜，此即内脏型痛风。泄殖腔内积满石灰膏样尿酸盐物质。有时还可见法氏囊黏膜充血、出血，囊腔内积有黄色胶冻状物；肠黏膜呈卡他性炎变化，全身皮肤和肌肉发绀，肌肉失水。

图 8-13　病鸡花斑肾

（山东省农业科学院家禽研究所提供）

（3）传染性支气管炎病毒变异株　其特征性变化表现为胸深肌组织苍白，呈胶冻样水肿，胴体外观湿润，卵巢、输卵管黏膜充血，气管环充血、出血。

【预防与治疗】

（1）预防

①加强饲养管理，降低饲养密度，避免鸡群拥挤，注意温度、湿度变化，避免过冷、过热。加强通风，防止有害气体刺激呼吸道。合理配比饲料，防止维生素，尤其是维生素 A 的缺乏，以增强机体的抵抗力。

②疫苗接种：传染性支气管炎的预防以接种疫苗为主，需要多次免疫才能获得持久的免疫。对呼吸型传染性支气管炎，可在 7～10 日龄用 H120 或 Ma5 进行首免，可于 28～35 日龄用 H52 二免，开产前用 IBV 灭活油乳疫苗肌内注射每只 0.5 毫升。对肾型传染性支气管炎，用灭活油乳疫苗于 7～9 日龄颈部皮下注射。而对传染性支气管炎病毒变异株，可于 20～30 日龄、100～

120日龄接种4/91弱毒疫苗或皮下及肌内注射灭活油乳疫苗。

③传染性支气管炎病毒对新城疫病毒有干扰，一般认为这两种病的疫苗不宜同时免疫，且前后相互错开要1周以上。

（2）*治疗*　鸡群患有该病可通过改善饲养管理条件，降低鸡群密度，饲料或饮水中添加抗生素对防止继发感染，具有一定的作用。对肾型传染性气管炎，发病后应降低饲料中蛋白质的含量，并注意补充K^+和Na^+，具有一定的治疗作用。还可配以中草治疗。中草药配方：夏枯草69克、黄芩69克、半夏69克、茯苓69克、贯众69克、连翘69克、白花蛇舌草69克、金银花69克、甘草69克、贝母69克、桔梗69克、杏仁69克、玄参69克、赤芍69克、厚朴69克、陈皮69克、细辛50克。将上述药物粉碎，水煎，取煎液饮用（约400只鸡的量），药渣拌料，用药1～2天，治愈率达95%以上。

六、鸡传染性喉气管炎

传染性喉气管炎（ILT）是由传染性喉气管炎病毒引起的一种急性呼吸道传染病。本病的特征是伸颈、张口呼吸、咳血痰，死亡率增高和产蛋下降。在病的早期患部细胞可形成核内包涵体。该病传播较快，可造成养鸡业的严重损失，是冬末春初多发性传染病之一。

【流行病学】在自然条件下，本病主要侵害鸡，虽然各种年龄的鸡均可感染，14周龄以上的育成鸡和成年鸡的症状最为显著。病鸡及康复后的带毒鸡是主要传染源，经上呼吸道及眼内传染。易感鸡群与接种了疫苗的鸡作较长时间的接触，也可感染发病。被呼吸器官及鼻腔排出的分泌物污染的垫草、饲料、饮水和用具可成为传播媒介。本病一年四季都能发生，但以冬春季节多见。鸡群拥挤，通风不良，饲养管理不善，维生素A缺乏，寄生虫感染等，均可促进本病的发生。此病在同群鸡传播速度快，群间传播速度较慢，常呈地方流行性。本病感染率高，但致死率较低。

【临床症状】眼结膜炎，流泪、鼻分泌物，继而出现咳嗽、打喷嚏、气管啰音、喘，精神不振，食欲下降。严重时病鸡伸长头颈，张口呼吸，并发出响亮的喘鸣声，表情极为痛苦，有时蹲下，身体就随着一呼一吸而呈波浪式的起伏，咳血性分泌物粘在鸡舍墙壁、鸡笼、棚架、垫草以及鸡喙和鸡背上。死亡率10%～50%不等。血痰窒息是最常见的死亡原因。将鸡的喉头用手向上顶，令鸡张开口，可见喉头周围有泡沫状液体，喉头出血。若喉头被血液或纤维蛋白凝块堵塞，病鸡会窒息死亡，死亡鸡的鸡冠及肉髯呈暗紫色，死亡鸡体况较好，死亡时多呈仰卧姿势。

【剖检变化】轻症病例仅可见结膜炎和窦炎。严重病例可见气管上皮坏死、溃疡，出血性气管炎和喉炎，气管炎内见有血痰，有时可见剥落的气管黏膜。喉头会咽处有干酪样栓子。继发细菌感染时，可见气囊炎和肺炎。产蛋鸡卵巢异常，出现卵泡变软、变形、出血等。

【预防与治疗】

（1）预防　自然感染可终生免疫，免疫母鸡的母源抗体对雏鸡无保护意义。传染性喉气管炎以细胞免疫为主。体液抗体水平不是衡量免疫状态的主要指标。坚持严格的隔离、消毒等防疫措施是防止本病流行的有效方法。由于带毒鸡是本病的主要传染源之一，故有易感性的鸡切不可和病愈鸡或来历不明的鸡接触。

疫苗接种：在本病流行的地区可接种疫苗，目前，世界上有各种不同毒力的活疫苗可供选择。鸡胚致弱苗毒力较强，疫苗反应较重。细胞培养疫苗毒力较轻，适合于幼龄鸡使用，但保护力较鸡胚苗差。首免可在4～6周龄时进行，二免14～16周龄。点眼或擦肛，4～5天即产生免疫力。

人工免疫会造成鸡群长期带毒，并污染鸡舍环境，非疫区不主张使用ILT疫苗。此外，还发现后备母鸡接种ILT后会发生产蛋高峰期推迟，受精率、孵化率降低，直至35周龄后才能恢复正常。因此，未发生过ILT的鸡场不必急于人工免疫疫苗。一旦发生疫情，立即从发病鸡群最远的健康群开始，进行紧急疫苗接种。并立即隔离、封锁、消毒。可用3%来苏儿或0.3%菌毒敌等带鸡喷雾消毒，每天1～2次，连续消毒3～7天。鸡笼可用1%～2%氢氧化钠消毒，鸡舍地面、运动场地可用石灰粉撒布消毒。死亡鸡焚烧或远处深埋，病轻的隔离，抓紧治疗。鸡场一旦用苗，则必须每批注苗，否则会引起发病。

（2）*治疗* 对发病鸡群肌注喉气管炎高免卵黄抗体2毫升，隔天再肌注1次。或者用抗喉气管炎病高免血清肌内注射，每千克体重每次0.5～1毫升，每天1次，连用2～3次。同时配以中药喉症丸或六神丸，每天每只2～3粒，每天1次，连用3天。

七、减蛋综合征

鸡减蛋综合征（EDS-76）是由腺病毒引起的一种病毒性传染病。其主要特征是产蛋高峰期突然产蛋下降，出现薄壳蛋和无壳蛋，而鸡群整体情况基本正常。

【流行病学】鸡减蛋综合征病毒的主要易感动物是鸡。其自然宿主是鸭或野鸭。鸭感染后虽不发病，但长期带毒，不同品系的鸡对EDS-76病毒的易感性有差异，26～35周龄的所有品系的鸡都可感染，尤其是产褐壳蛋的肉用种鸡和种母鸡最易感，产白壳蛋的母鸡患病率较低。任何年龄的肉鸡、蛋鸡均可感染。幼龄鸡感染后不表现任何临床症状，血清中也查不出抗体，只有到开产以后，血清才转为阳性。EDS-76即可水平传播、又可垂直传播，被感染鸡可通过种蛋和种公鸡的精液传递。

【临床症状】EDS-76感染鸡群无明显临诊症状，通常是25～35周龄产蛋鸡突然出现群体性产蛋下降，产蛋率比正常下降20%～40%。同时产薄壳蛋、软壳蛋、无壳蛋和糙皮蛋，蛋壳颜色严重淡化，甚至完全变成白色，但蛋内质量无明显影响。这是 EDS-76 与传支的区别。产蛋率下降持续 1～3 周后，在 3～5 周期间逐渐恢复正常或接近至预期产蛋曲线附近。蛋壳表面粗糙，如白灰、灰黄粉样，褐壳蛋则色素消失，颜色变浅、蛋白水样，蛋黄色淡，或蛋白中混有血液、异物等。异常蛋可占产蛋的 15%或以上，蛋的破损率增高。

【剖检变化】剖检无特征性肉眼变化。仅见输卵管各段黏膜发炎、水肿、萎缩，病鸡的卵巢萎缩变小，或有出血，子宫黏膜发炎，肠道出现卡他性炎症。

【预防与控制】该病尚无有效的治疗方法，必须采取综合性措施加以控制。可做到加强卫生管理，一定要防止从疫场带入该病，该病可通过蛋垂直传播。要引种必须从无本病的鸡场引入。禁止鸡、鸭、鹅在同一场地饲养。鸡场不使用湖泊、池塘水源。坚持鸡场的隔离消毒制度。疫苗免疫是防治该病的重要手段。一般开产前 2～5 周经肌肉或皮下注射油乳剂灭活苗，4 周左右抗体可达高峰。

八、禽痘

禽痘是由禽痘病毒引起的一种常见传染病。特征是在无毛或少毛的皮肤上有痘疹，或在口腔、咽喉部黏膜上形成白色结节，也可表现为上呼吸道、口腔和食道黏膜的纤维素性坏死性伪膜增生。

【流行病学】本病主要发生于鸡和火鸡。各种年龄、性别和品种的鸡都能感染，但以雏鸡和中雏最常发病，雏鸡死亡多。本病一年四季中都能发生，秋冬两季最易流行，一般在秋季和冬初发生皮肤型鸡痘较多，在冬季则以黏膜型（白喉型）鸡痘为多。它主要通过皮肤或黏膜的伤口感染，不能经健康皮肤感染，蚊虫吸吮过病灶部的血液之后即带毒，带毒的时间可长达 10～30 天，这是夏秋季节流行鸡痘的主要传播途径。外伤、鸡群过分拥挤、营养不良、缺乏维生素及饲养管理太差等，均可促使该病发生和加剧病情。

【临床症状与剖检变化】

(1) 皮肤型 在身体无毛或毛稀少的部分发生痘疹，常发部位为冠、肉髯、眼睑和喙角，有时也可出现在泄殖腔的周围、翼下、腹部、腿及爪等处的皮肤上，产生一种灰白色的小结节，渐次成为带红色的小丘疹，很快增大如绿豆至黄豆大小的痘疹，呈黄色或灰黄色，凹凸不平，呈干硬结节，有时和邻近的痘疹互相融合，形成干燥、粗糙呈棕褐色的大的疣状结节，突出皮肤表面。痂皮可以存留 18～21 天以后逐渐脱落，留下一个平滑的灰白色疤痕。轻的病鸡也可能没有可见疤痕。皮肤型鸡痘一般比较轻微，没有全身性的症状。但在严重病鸡中，尤以幼雏表现出精神萎靡、食欲消失、体重减轻等症状，甚至引起死亡。产蛋鸡则产蛋量显著减少或完全停产。

(2) 黏膜型（白喉型） 首先在喉头、舌侧、鄂和会咽周围黏膜，有时也会在食道黏膜上出现白色、不透明、稍隆起的结节，芝麻至绿豆大小。小结迅速增大，常融合成微黄色、干酪样片状或斑块状伪膜，伪膜不易剥离，很像人的“白喉”，故称白喉型鸡痘或鸡白喉。如果用镊子撕去伪膜，则露出红色的溃疡面。伪膜逐渐扩大和增厚，阻塞在口腔和咽喉部位，使病鸡尤以幼雏鸡呼吸和吞咽障碍，严重时嘴无法闭合，病鸡往往作张口呼吸，发出“嘎嘎”的声音。炎症可延伸至眶下窦内，至眼内角下方肿胀。手压病部从同侧鼻孔流出黏液脓性分泌物。还有的病例可导致眼球炎，出现黏液脓性眼分泌物。

(3) 混合型 具有皮肤型和黏膜型的共同症状，病情较重，死亡率高。自然感染康复鸡有疗无效。

【预防与控制】鸡痘的预防，除了加强鸡群的卫生、管理等一般性预防措施之外，可靠的办法是接种疫苗。对于蛋鸡和种鸡，可于3周龄和15周龄时各接种一次鸡痘弱毒疫苗（刺翼）。在搞好疫苗接种的同时要加强兽医卫生，消灭蚊蚋，减少创伤感染。临床用喉症丸（散）治疗黏膜型痘，每只鸡每次3粒，每天2次，连用3天，效果良好。

九、病毒性关节炎

病毒性关节炎是一种由呼肠孤病毒引起的鸡的重要传染病。特征是胫跗关节滑膜炎、腱鞘肿胀、腓肠肌断裂和心肌炎。病鸡关节肿胀、发炎，行动不便，不愿走动或跛行，采食困难，生长停滞。

【流行病学】鸡和火鸡可被感染发病。各种年龄鸡均可感染，2周龄小鸡最易感。20周龄以上的肉种鸡和蛋种鸡也可发生。公鸡发病率常高于母鸡。病禽和带毒禽是传染源。水平传播和垂直传播均可发生。病毒主要从消化道排出体外。病毒被易感鸡食入或吸入后，先在局部复制进入血液形成病毒血症，然后定位于关节的滑膜组织。病毒在鸡体内可生存289天。鸡龄越大，敏感性越低。

【临床症状】主要表现跛行，始见于足部，然后上行至跗关节。跗关节肿胀、发热、患腿伸展困难，跗关节以上的腱鞘和腓肠肌肿胀，患鸡长时间卧地，不愿走动，喜坐在关节上。病鸡因得不到足够的水分和饲料而日渐消瘦，贫血，发育迟滞，少数逐渐衰竭而死。

【剖检变化】患鸡跗关节上下周围肿胀，切开皮肤可见到关节上部腓肠腱水肿，滑膜内经常有充血或点状出血，关节腔内含有淡黄色或血样渗出物，少数病例的渗出物为脓性，其他关节腔淡红色，关节液增加。关节滑膜上常有出血点。严重病例，可见跗关节软骨面上有浅表性溃疡。继发葡萄球菌等细菌感染则会有脓性渗出物或干酪样渗出物。腓肠肌断裂病例，可见肌腱断裂端钝圆、光滑，可与机械性肌腱撕裂相区别。部分病例，可见股骨头坏死、断裂。有时还可见到心外膜炎，肝、脾和心肌上有细小的坏死灶。

【预防与控制】对该病目前尚无有效的治疗方法，要加强兽医卫生防疫。从无病场引进种鸡和鸡苗。加强卫生管理及鸡舍的定期消毒，采用全进全出的饲养方式，对鸡舍彻底清洗和用3% NaOH溶液对鸡舍消毒，可以防止由上批感染鸡留下的病毒的感染。由于患病鸡长时间不断向外排毒，是重要的感染源，因此，对患病鸡要坚决淘汰。种鸡可在7日龄及6周龄各进行一次S1133弱毒疫苗接种，然后在20周龄注射一次油乳剂灭活疫苗，如此可使子代免受早期感染。

第三节　细 菌 病

一、鸡白痢

鸡白痢是由鸡白痢沙门氏菌引起的鸡的传染病。本病特征为幼雏感染后常呈急性败血症，发病率和死亡率都高，成年鸡感染后，多呈慢性或隐性带菌，可随粪便排出，因卵黄带菌，严重影响孵化率和雏鸡成活率。

【流行病学】鸡白痢主要流行于2～3周龄的雏鸡。不同品种鸡的易感性有明显差异，轻型鸡较重型鸡的抵抗力强，产褐壳蛋的鸡易感性最高，产白壳蛋的鸡抵抗力稍强。性别上也有差异，雄性较雌性感染较少。一直存在本病的鸡场，雏鸡的发病率在20%～30%，新传入发病的鸡场，其发病率显著增高，甚至有时高达100%，病死率也比老疫场高。该病一年四季可发生，本病可经蛋垂直传播，也可水平传播。

【临床症状】不同日龄的鸡发生鸡白痢，症状有较大区别。

（1）雏鸡　发病雏鸡呈最急性者，无症状迅速死亡。稍缓者表现精神委顿，低头缩颈，羽毛松乱，体温升高，怕冷寒战，常拥挤扎堆于昏暗处，闭眼嗜睡也有的离群独立或蹲伏。病初食欲减少，而后停食，多数出现软嗉症状。同时腹泻，排稀薄如糨糊状灰白色粪便，肛门周围绒毛被粪便污染，有的因粪便干结封住肛门周围，影响排粪，脱肛、努责，由于肛门周围炎症引起疼痛，故常发生尖锐的叫声，最后因呼吸困难及心力衰竭而死。有的病雏出现眼盲，或肢关节呈跛行症状。病程短的1～2天内死亡。健雏感染后4～7天开始发病，2～3周龄是雏鸡白痢发病和死亡的高峰。20天以上的雏鸡病程较长，很少死亡，幸存者可造成发育不良，羽毛不丰，导致同群内的雏鸡体重相差悬殊。

（2）育成鸡　该病多发生于40～80天的鸡，地面平养的鸡群发生此病比网上和育雏笼育雏育成发生的要多。本病发生突然，鸡群中不断出现精神，食欲差和下痢的鸡，常出现突然死亡。该病病程较长，可拖延20～30天，死亡率可达10%～20%。另外发病多有应激因素的影响。如鸡群密度过大，环境卫生条件恶劣，饲养管理粗放，气候突变，饲料突然改变或品质低下等，都可加大该病的发生率。

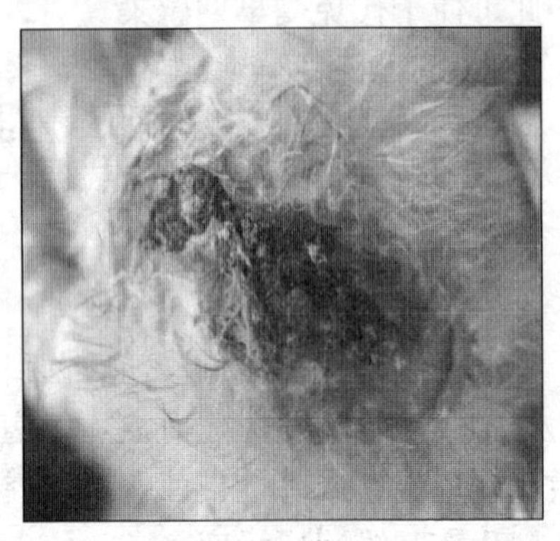

图8-14　糊　肛

（山东省农业科学院家禽研究所提供）

（3）成年鸡　成年鸡感染白痢沙门氏菌后，一般不表现明显的临床症状，病程可延长至几个月，成为阴性带菌者。产蛋鸡感染后产蛋量下降，若鸡群感染比率较大时，可明显影响产蛋量，产蛋高峰不高，持续时间短，死亡淘汰率增高；种鸡感染后，受精率和孵化率均下降。有的鸡表现鸡冠发绀、萎缩，有时可见腹部下垂、贫血、下痢。

【剖检变化】

（1）雏鸡　日龄短、发病后很快死亡的雏鸡，病变轻微。可见肝肿大，充血或有条纹状出血。其他脏器充血。卵黄囊变化不大。病期延长者死后有明显的病变，极度消瘦，眼睛下陷，脚趾干枯，嗉囊空虚；肝肿大并呈土黄色或有砖红色条纹，胆囊扩张，并充满暗紫色胆汁；脾肿大，卵黄吸收不良，内容物稀薄，严重者卵黄破裂而形成卵黄性腹膜炎；肾脏暗红色充血或苍白色贫血，输尿管中有尿酸盐沉积；心肌、肝脏、肺脏、盲肠、大肠和肌胃的肌肉内有黄白色和灰白色坏死点或结节，盲肠膨大，内有白色干酪样物质。

（2）育成鸡　病死鸡的突出变化是肝脏肿大，有的较正常肝脏大数倍。打开腹腔，可见整个腹腔为肝脏所覆盖。肝质地极脆，一触即破，很容易造成肝破裂。肝脏被膜下常见散在或密集的出血点或坏死点。脾脏肿大，心包增厚，心包膜黄色不透明，心肌上有黄色坏死灶，严重者心脏变形，变圆。肌胃上有大小不一的黄色坏死灶，肠道呈卡他性炎症。

（3）成年鸡　最常见的病变部位在生殖器官。母鸡卵巢皱缩不整，有的卵巢尚未发育或略有发育，输卵管细小。卵泡变形、变色，呈不规则，卵黄破裂形成腹膜炎，腹腔内可见有纤维素性渗出物，脏器粘连。有时见到亚急性感染鸡，死亡鸡消瘦，心脏肿大变形，见有灰白色结节；肝肿大呈黄绿色，表面覆以纤维性渗出物；脾易碎；肾肿大呈实质性病变。成年公鸡的病变，常局限于睾丸及输精管。睾丸极度萎缩，同时出现小脓肿。输精管管腔增大，充满稠密的均质渗出物。也常伴发心包炎、心包粘连、心包液增多和变混浊。

【预防与治疗】

（1）预防　鸡白痢沙门氏菌为胞内寄生菌，抗原变异性又极大，用菌苗进行预防接种时不起作用。故该病的预防应采取综合性的措施。

雏鸡通常在开食时，在饲料或饮水中添加抗菌药物，一般情况下可取得较为满意的结果。在饲料、饮水中添加药物庆大霉素（每只2 000～3 000单位，饮水）及新型喹诺酮类药物。此外还有兽用新霉素防止雏鸡下痢也有很好的效果。用药物预防应防止长时间使用一种药物，更不要一味加大药物剂量达到防治目的。药物预防投药4～5天即可。

也可用促菌生、调痢生、乳酸菌等微生态制剂。在用这类药物的同时以及前后4～5天应该禁用抗菌药物。这类制剂的使用必须保证正常的育雏条件，较好的兽医卫生管理措施。

育成鸡白痢病的治疗要突出一个“早”字，一旦发现鸡群中病死鸡增多，确诊后立即全群给药，可投与恩诺沙星，先投服5天后间隔2～3天再投喂5天，目的是使新发病例得到有效控制，制止疫情的蔓延扩大。同时加强饲养管理，消除不良因素对鸡群的影响，可以大大缩短病程，最大限度地减少损失。

（2）*治疗* 土霉素、金霉素或四环素按0.2%比例拌入饲料中，连用5～7天。链霉素按0.1%～0.2%饮水，连用1～2周。青霉素每只2 000～5 000单位饮水，连用5天。卡那霉素每只雏鸡1毫升，分两次注射，连用2～3天。恩诺沙星或环丙沙星按50毫克每升饮水，连用3～5天。微生态制剂，用于预防和治疗白痢，但应注意使用时与使用前后的4～5天禁止使用抗菌药物。

二、鸡伤寒

鸡伤寒是由鸡伤寒沙门氏菌引起的一种急性或慢性败血性肠道传染病。该病以肝、脾等实质性器官的病变和下痢为特征，病情的急缓、发病率和死亡率的高低，主要与鸡伤寒沙门氏菌的毒力及鸡群的健康状况和环境卫生管理等因素有关。

【流行病学】各种日龄的鸡对该病都是敏感的，但多发生于生长期的鸡，特别是3月龄到产蛋期的母鸡，雏鸡很少发病，除非经卵传播。鸡伤寒的主要传染途径是通过消化道或经眼结膜等，也能通过种蛋垂直传播。该病的传染源主要是病鸡和带菌鸡，其粪便、分泌物中含有大量病菌，污染土壤、饲料、饮水、用具、车辆及人员衣物等，不仅是同群鸡感染，而且广为传播。病鸡尸体处理不当，也可导致该病到处传播。另外，野鸟、动物和苍蝇成为中间宿主。

【临床症状】该病经种蛋传播，可在雏鸡中暴发，症状与鸡白痢相似，如果种蛋带菌，可在出雏器中见到死雏和不能出壳的死胚。在种雏和成年鸡中，该病的潜伏期为4～6天，病程通常发展迅速，急性病例往往不见任何预先症状而有几只鸡突然死亡，接着病鸡数增加，主要表现为体温升高、呼吸增速、精神沉郁、食欲降低、口渴，头、鸡冠、肉髯发绀，并排出带恶臭味的水样黄绿色粪便。病程可持续1周左右，死亡率为5%～30%。成年鸡可能无症状而成为带菌鸡，当发生慢性腹膜炎时，病鸡常呈企鹅式站立。

【临床症状】最急性病例无明显眼观病变。急性病例常见肝、脾、肾充血肿大。亚急性和慢性病例的特征病变是肝肿大2～4倍并呈铜绿色，有粟粒大灰白色或浅黄色坏死灶；胆囊肿大并充满绿色油状胆汁；脾肿大常有粟粒大小的坏死灶；心肌表面常有灰白色坏死点，病程较长者发生心包炎；肾肿大充血；肠道呈卡他性炎症。母鸡卵巢有时发生萎缩，常见一部分正在发育的卵泡充血，变色或变形，有时卵泡破裂引起腹膜炎，内出血而死亡。公鸡睾丸可见大小不等的坏死病灶。

【预防与治疗】

（1）预防　鸡群中发生伤寒后，发病重的鸡应及时淘汰处理，发病轻的鸡隔离治疗，鸡舍及场地要彻底消毒。同时做好平时的卫生消毒工作，搞好饲养管理。不从病鸡场进种蛋，不从管理差、消毒不严的孵化场进雏鸡，保证雏鸡健康不带菌；淘汰病鸡，妥善处理死鸡，环境彻底消毒，消灭传染源与传播媒介；发现病鸡，及时全群用药预防和治疗。雏鸡每天每只在饮水中饮服链霉素 0.01 克，有较好预防的效果。

(2) *治疗* 许多药物可用于伤寒的治疗，常用的抗生素类药物，如：土霉素、金霉素、环丙沙星、新霉素都可治疗伤寒，可混在饲料中投喂，剂量为 0.05%，连用 5～7 天。

三、禽副伤寒

禽副伤寒是指除了鸡白痢和鸡伤寒以外，由其他沙门氏菌所引起的疾病的总称。该病是养鸡业中比较严重的细菌性传染病之一，幼雏多表现为急性热性败血症，可致大批死亡；成鸡一般呈慢性经过或隐性感染，受精率、孵化率和产蛋率降低。各种家禽都能感染，主要发生于幼小家禽，可以造成大批死亡，在成年鸡则为慢性或隐性感染。

【流行病学】在家禽中，副伤寒感染最常见于鸡和火鸡。常在孵化后两周之内感染发病，6～10 天达最高峰。呈地方流行性，病死率从很低到 10%～20%不等，严重者高达 80%以上。1 月龄以上的家禽有较强的抵抗力，一般不引起死亡。成年禽往往不表现临诊症状。鸡经卵巢直接传递并不常见，在产蛋过程中蛋壳被粪便污染或在产出后被污染，对本病的传播具有极为重要的影响。感染鸡的粪便是最常见的病菌来源。饲养管理不当或卫生条件不好、鸡舍闷热、潮湿、过度拥挤以及饲料不足、质量过差等均可加速该病的流行。

【临床症状】成年鸡多不表现症状，成为慢性带菌者，有时轻度腹泻，消瘦，产蛋减少。雏鸡副伤寒以急性败血症为主，一般潜伏期为 12～18 小时。急性病例常发生在孵化后数天内，往往不显症状就死亡。发病和死亡多在 10～25 日龄，随后发病逐渐减少。病雏表现虚弱，精神沉郁，离群独立，缩头闭眼，两翅下垂，厌食，饮水增加，水样下痢，肛门粘有粪便，怕冷，靠近热源扎堆，食欲减少或消失，饮水量增加，排水样稀粪，眼流泪，严重的引起失明，有时引起关节炎。

【剖检变化】最急性死亡的病雏，完全不见病变。病程稍长的雏鸡可见消瘦、脱水、卵黄凝固，肝、脾、肾都淤血肿大，肝脏表面有条纹状或针尖状出血或灰白色坏死点，胆囊扩张并充满胆汁。心包炎，心包液增多呈黄色，含有纤维素性渗出物。小肠有出血性炎症，十二指肠段最严重。盲肠膨大，内有黄白色干酪样物。成年禽急性感染时，肝、脾、肾充血肿胀，出血性或坏死性肠炎。心包炎及腹膜炎。在产卵鸡中，可见到输卵管的坏死和增生，卵巢的坏死及化脓，成为腹膜炎。慢性感染时病鸡消瘦，肠黏膜有溃疡或坏死灶，肝、脾、肾肿大，母鸡卵巢有慢性白痢样病变。

【预防与治疗】

(1) *预防* 应以加强饲养管理的综合措施为主，要加强鸡舍的环境卫生和消毒，严格各种带菌动物进入鸡群，防止粪便污染饲料和饮水，对种蛋和孵化器要认真消毒，出雏时不要让雏鸡在出雏器内停留过久，发现病鸡要及时隔离或淘汰，对已知有带菌鸡的鸡群，不可留作种用。为了防止本病从畜禽传染给人，病畜禽应严格执行无害化处理。用喹诺酮类药物可减少带菌者。也可用微生态制剂饲喂雏鸡，在鸡产道中形成优势菌群，抑制沙门氏菌感染有良好的预防效果。

(2) *治疗* 药物治疗可以降低禽副伤寒的病死率，并可控制本病的发展和扩散。饲料中添加金霉素或土霉素，每只雏鸡每天20毫克，分3次喂；或在每10千克粉料中添加2.5克抗生素做大群治疗。壮观霉素和庆大霉素也有效。链霉素或卡那霉素肌内注射，每只雏鸡每天1～2毫克，分2次注射，或在每千克饮水中添加抗生素1克，让雏鸡饮用。治愈后家禽可成为长期带菌者，因此治愈的幼禽不能留作种用。

四、鸡大肠杆菌

鸡大肠杆菌是由某些致病性血清型大肠杆菌引起的疾病总称。特征是引起鸡的心包炎、肝周炎、气囊炎、腹膜炎、眼球炎、关节炎及滑膜炎、输卵管炎、大肠杆菌性肠炎、肉芽肿、败血症等。

【流行病学】本病主要发生在密集化养禽场，各种禽类不分品种、性别、日龄均对本菌易感。禽大肠杆菌在鸡场普遍存在，特别是通风不良，大量积粪鸡舍，在垫料、空气尘埃、污染用具和道路、粪场及孵化厅等处环境中染菌最高。大肠杆菌随粪便排出，并可污染蛋壳或从感染的卵巢、输卵管等处侵入卵内，在孵育过程中，使禽胚死亡或出壳发病和带菌，是该病传播过程中重要途径。带菌禽以水平方式传染健康禽，消化道、呼吸道为常见的传染门户，交配或污染的输精管等也可经生殖道造成传染。

图 8-15　病鸡拉绿色或黄绿色稀便

（山东省农业科学院家禽研究所提供）

【临床症状】由于大肠杆菌侵害的部位不同，在临床上表现的症状也不一样。但共同症状表现为精神沉郁、食欲下降、羽毛粗乱、消瘦。侵害呼吸道后会出现呼吸困难，黏膜发绀。侵害消化道后出现腹泻，排绿色或黄绿色稀便。侵害关节后表现为跗关节或指关节肿大，在关节的附近有大小不一的水泡或脓疱，病鸡跛行。侵害眼时，眼前房积脓，有黄白色的渗出物。侵害大脑时，出现神经症状，表现为头颈震颤，弓角反张，呈阵发性。

【剖检变化】

（1）鸡胚和雏鸡早期死亡　该病型主要通过垂直传染，鸡胚卵黄囊是主要感染灶。鸡胚死亡发生在孵化过程，特别是孵化后期，病变卵黄呈干酪样或黄棕色水样物质，卵黄膜增厚。病雏突然死亡或表现软弱、发抖、昏睡、腹胀、畏寒聚集，下痢（白色或黄绿色），个别有神经症状。病雏除有卵黄囊病变外，多数发生脐炎、心包炎及肠炎。感染鸡可能不死，常表现卵黄吸收不良及生长发育受阻。

（2）大肠杆菌性急性败血症　病鸡突然死亡，皮肤、肌肉淤血，血液凝固不良，呈紫黑色。肝脏肿大，呈紫红或铜绿色，肝脏表面散布白色的小坏死灶。肠黏膜弥漫性充血、出血，整个肠道呈紫色，心脏体积增大，呈紫红色，肺脏出血、水肿。

图 8-16　病鸡气囊炎

（山东省农业科学院家禽研究所提供）

(3) 气囊炎　气囊炎也经常伴有心包炎、肝周炎。偶尔可见败血症、眼球炎和滑膜炎等。病鸡表现沉郁，呼吸困难，有啰音和喷嚏等症状。气囊壁增厚、混浊，有的有纤维样渗出物，并伴有纤维素性心包炎。

(4) 心包炎　大肠杆菌发生败血症时发生心包炎。心包炎常伴发心肌炎。心外膜水肿，心包囊内充满淡黄色纤维素性渗出物，心包粘连和腹膜炎等。

(5) 肝周炎　肝脏肿大，肝脏表面有一层黄白色的纤维蛋白附着。肝脏变形，质地变硬，表面有许多大小不一的坏死点。脾脏肿大，呈紫红色。严重者肝脏渗出的纤维蛋白与胸壁、心脏、胃肠道黏膜。

图 8-17　病鸡包心、包肝、腹膜炎
（山东省农业科学院家禽研究所提供）

(6) 大肠杆菌性肉芽肿　病鸡消瘦贫血、减食、拉稀。在肝、肠（十二指肠及盲肠）、肠系膜或心上有菜花状增生物，针头大至核桃大不等，很易与禽结核或肿瘤相混。

(7) 输卵管炎　常通过交配或人工授精时感染。多呈慢性经过，并伴发卵巢炎、子宫炎。母鸡减产或停产，呈直立企鹅姿势，腹下垂、恋巢、消瘦死亡。其病变与鸡白痢相似。输卵管扩张，内有干酪样团块及恶臭的渗出物为特征。

(8) 眼球炎 是大肠杆菌败血病一种不常见的表现形式。多为一侧性，少数为双侧性。病初羞明、流泪、红眼，随后眼睑肿胀突起。开眼时，可见前房有黏液性脓性或干酪样分泌物。最后角膜穿孔，失明。病鸡减食或废食，经7～10天衰竭死亡。

(9) 脑炎 表现昏睡、斜颈，歪头转圈，共济失调，抽搐，伸脖，张口呼吸，采食减少，拉稀，生长受阻，产卵显著下降。主要病变脑膜充血、出血、脑脊髓液增加。

(10) 肿头综合征 表现眼周围、头部、颌下、肉垂及颈部上2/3水肿，病鸡喷嚏、并发出咯咯声，剖检可见头部、眼部、下颌及颈部皮下黄色胶样渗出。

(11) 关节炎及滑膜炎 表现关节肿大，内含有纤维素或混浊的关节液。

(12) 皮炎型 表现为皮肤毛囊上有黄色结痂。

【预防与治疗】

(1) 预防 加强对鸡群的饲养管理，改善鸡舍的通风条件，认真落实鸡场卫生防疫措施，控制霉形体等呼吸道疾病的发生。加强种蛋的收集、存放和孵化的卫生消毒管理。做好常见病的预防工作，减少各种应激因素，避免诱发大肠杆菌病的流行与发生，特别是育雏期保持舍内的温度，防止空气与饮水的污染，定期进行鸡舍的带鸡消毒，在饲料中添加抗生素，有利于控制本病的暴发。在雏鸡出壳后3～5日龄及4～6周龄时分别给予2个疗程的抗生素，可以起到有效的预防作用。

(2) 治疗 鸡群发生大肠杆菌病后，可以用药物进行治疗，但大肠杆菌对药物极易产生抗药性，现在已经发现青霉素、链霉素、土霉素、四环素等抗生素几乎没有治疗作用。庆大霉素、新霉素、丁胺卡那霉素、安普霉素、氟苯尼考有较好的治疗效果，但对这些药物产生抗药性的菌株已经出现并有增多的趋势。因此，采用药物治疗时，最好进行药敏试验，或选用过去很少用过的药物进行全群治疗，且要注意交替用药。给药时间要早，早期投药可控制早期感染的病鸡，促使痊愈，同时可防止新发病例的出现。某些患病鸡，已发生各种实质性病理变化时，治疗效果极差。在生产中可交替选用以下药物：环丙沙星或恩诺沙星每升50毫克饮水，连用3～5天；丁胺卡那霉素、安普霉素、氟苯尼考等按说明使用。

五、鸡葡萄球菌病

鸡葡萄球菌病是由金黄色葡萄球菌或其他葡萄球菌感染鸡引起的一种急性或慢性环境性传染病。主要特征是幼鸡呈急性败血症，脐炎；中雏发生皮肤病，呈皮下出血性炎症，皮肤出血或坏死；成年鸡呈现关节炎、腱鞘炎、关节滑膜炎、爪垫脓疡等。主要危害40～60日龄中雏，死亡率达10%～50%。

【流行病学】葡萄球菌在环境中，在健康鸡的羽毛、皮肤、眼睑、结膜、肠道中均有存在，也是养鸡饲养环境、孵化车间和禽类加工车间的常在微生物。白羽产白壳蛋的轻型鸡种易发，而褐羽产褐壳蛋的中型鸡种则很少发生，即使条件相同后者较前者发病要少得多。另外本病发生的时间是在鸡40～60天多发。成年鸡发生较少。另外地面平养，网上平养较笼养鸡发生的多。该病的发生与饲养管理水平、环境污染程度、饲养密度等因素有直接关系，与外伤有关，凡是能够造成鸡只皮肤、黏膜完整性遭到破坏的因素均可成为发病的诱因。

【临床症状】因禽类年龄、感染途径及侵害部位的不同，常见有以下几种不同的表现形式。

（1）急性败血型　是该病的常见类型。多发生于中雏，皮肤损伤是发病的直接因素。病鸡体温升高，精神沉郁，缩颈垂翅，闭目打瞌睡，羽毛蓬松无光，饮食减退甚至废绝，部分病鸡下痢，排出灰白色或黄绿色稀粪。常在发病后2～5天死亡，快者

1～2 天急性死亡。当病鸡在濒死期或死后可见到鸡体的外部表现，在鸡胸腹部、翅膀内侧皮肤，有的在大腿内侧、头部、下颌部和趾部皮肤可见皮肤湿润、肿胀，外观呈紫色或和紫褐色，有波动感；局部羽毛部位羽毛潮湿易脱落，有的自然破溃，流出茶色或暗红色恶臭液体，污染周围羽毛；部分病鸡在翅膀背侧及腹面、翅尖、尾、脸、背及腿等不同部位的皮肤出现大小不等的出血、炎性坏死，局部干燥结痂，暗紫色。

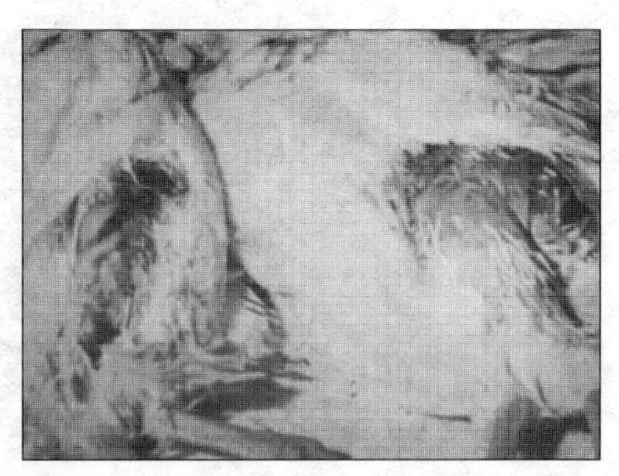

图 8-18 病鸡皮肤出血溃疡

（2）鸡脐炎型 俗称“大肚脐”，由多种细菌感染所致，其中有部分鸡因感染金黄色葡萄球菌，可在 1～2 天内死亡。临床表现脐孔发炎肿大或形成坏死灶，局部呈黄红、紫黑色，质地硬，间或有分泌，带有臭味，一般出壳后 2～5 天死亡，腹部膨胀（大肚脐）等，与大肠杆菌所致脐炎相似。

（3）关节炎型 多发生于跗关节，关节肿胀，呈紫红或紫黑色，有的破溃并结成黑色硬痂，有热痛感，病鸡站立困难，以胸骨着地，行走不便，跛行，喜卧。有的出现趾底肿胀，溃疡结痂；肉垂肿大出血，冠肿胀有溃疡结痂，多因采食困难，逐渐消瘦，最后衰竭死亡。病程多为 10 天左右。

（4）肺型 肺部以淤血、水肿和实变为特征，有时可见黑紫色坏疽样病变。

（5）眼病型 导致眼睑肿胀，结膜充血、出血、闭眼，有脓性分泌物黏封，并见眼内有肉芽肿。病久者眼球下陷，有的失

图 8-19 病鸡趾底肿胀

明，有的眶下窦肿大突出。

【剖检变化】

（1）急性败血型　病死鸡局部皮肤增厚、水肿。切开皮肤见皮下有数量不等的紫红色液体，胸腹肌出血、溶血形同红布。有的病死鸡皮肤无明显变化，但局部皮下（胸、腹或大腿内侧）有灰黄色胶冻样水肿液。胸部甚至腿内侧见有散在出血斑点或条纹，特别是胸骨柄处肌肉弥漫出血斑或出血条纹为重，病程久者还可见轻度坏死。肝肿大，呈淡紫色，有花纹斑。脾肿大，呈紫红色。肝、脾上有白色坏死点。输尿管有尿酸盐沉积。

（2）脐炎型　脐部肿胀膨大，呈紫红或紫黑色，有暗红或黄红色液体，时间久者则为脓性干固坏死。肝脏有出血点。卵黄吸收不良，呈黄红或黑灰色，液体状或内混絮状物。实际中曾见经呼吸道感染发病的死鸡，一侧或两侧肺脏呈黑紫色，质度软如稀泥。

（3）关节炎型　关节肿大，滑膜增厚、充血或出血，关节腔内有浆液，或有黄色脓性或黄色絮状物。病程长者则发生干酪样坏死。甚至关节周围结缔组织增生及畸形。

（4）肺型　以肺部淤血、水肿和实变为特征，甚至可见到黑紫色坏疽样病变。

【预防与治疗】

（1）*预防* 预防本病的发生，要从加强饲养管理，搞好鸡场兽医卫生防疫措施入手，尽可能做到消除发病诱因，认真检修笼具，切实做好鸡痘的预防接种是预防本病发生的重要手段。

（2）*治疗* 加强兽医卫生防疫措施是提高疗效的重要保证。金黄色葡萄球菌对药物极易产生抗药性，在治疗前应做药物敏感试验，选择有效药物全群给药。实践证明，庆大霉素、卡那霉素、恩诺沙星、新霉素等均有不同的治疗效果。饮水或拌料治疗：庆大霉素每只5 000～7 000单位，每天2次，连用3天；新霉素每千克饮水或饲料加入0.5克，连用5天；或土霉素每只鸡每天55毫克饮水用。也可经肌内注射给药。用庆大霉素每只鸡3 000单位或卡那霉素每只鸡10 000单位，每天1次，连用3天，当鸡群死亡明显减少，采食量增加时，可改用口服给药3天以巩固疗效。

六、禽霍乱

禽霍乱是一种由多杀性巴氏杆菌引起的一种接触传播的烈性败血性传染病，又称禽出血性败血病，急性发病时表现为败血症，发病率和死亡率很高。慢性发病的特征为肉髯水肿及关节炎，死亡率很低。因急性病禽都有严重的下痢症状，因此成为禽霍乱。

【流行病学】禽霍乱造成鸡的死亡损失通常发生于产蛋鸡群，因这种年龄的鸡较幼龄鸡更为易感。16周龄以下的鸡一般具有较强的抵抗力。但临床也曾发现10天发病的鸡群。自然感染鸡的死亡率通常是0～20%或更高，经常发生产蛋下降和持续性局部感染。如饲养条件发生改变，均可使鸡对禽霍乱的易感性提高。慢性感染禽被认为是传染的主要来源。细菌经蛋传播很少发生。大多数农畜都可能是多杀性巴氏杆菌的带菌者，污染的笼子、饲槽等都可能传播病原。多杀性巴氏杆菌在禽群中的传播主要是通过病禽口腔、鼻腔和眼结膜的分泌物进行的，这些分泌物污染了环境，特别是饲料和饮水。

【临床症状】自然感染的潜伏期一般为2～9天，有时在引进病鸡后48小时内也会突然暴发该病。由于家禽的机体抵抗力和病菌的致病力强弱不同，所表现的病状亦有差异。一般分为最急性、急性和慢性三种病型。

（1）最急性型　病鸡突然死亡，不显什么症状。肥胖和高产的鸡容易发生急性禽霍乱。

（2）急性型　此型最为常见，病鸡主要表现为精神沉郁，羽毛松乱，缩颈闭眼，头缩在翅下，独立一隅。体温升高到43～44℃，病鸡食欲废绝，渴欲增加。呼吸困难，口、鼻分泌物增加。常有腹泻，排出黄色、灰白色或绿色的稀粪。鸡冠和肉髯变青紫色，有的病鸡肉髯肿胀，有热痛感。产蛋鸡停止产蛋。发病后1～3天死亡。

（3）慢性型　由急性不死转变而来，多见于流行后期，或由毒力较弱的菌株感染所致。表现精神不振，肉髯苍白、肿大，继而可发生脓性干酪样变化，甚至坏死脱落。足部关节和翼关节肿大并出现跛行和翅下垂。有的慢性病例呼吸道症状特别明显，鼻窦肿大，鼻分泌物多，具特殊臭味。少数病例出现神经症状。有的长期拉稀，病程可持续几周。

【剖检变化】

（1）最急性型　最急性型死亡的病鸡无特殊病变，有时只能看见心外膜有少许出血点。

（2）急性型　急性病例，鼻腔里有黏液，皮下组织和腹腔中的脂肪、肠系膜、浆膜有大小不等的出血点，胸腔、腹腔、气囊和肠浆膜上常见纤维素性或干酪样灰白色的渗出物。肠黏膜充血，有出血性病灶，尤其是十二指肠最为严重，黏膜红肿，有出血点，肠内容物含有血液。肝脏的变化具有特征性，体积增大，色泽变淡，质地稍变坚硬，表面有许多灰白色、针尖大的坏死点，这是禽霍乱的一个特征性的病理变化。脾脏一般不见明显变化，或稍微肿大，质地较柔软。肺有充血或出血点。心外膜、心冠脂肪出血尤为明显。心包变厚，心包内积有多量不透明淡黄色液体，有的含纤维素絮状液体。

(3) 慢性型　慢性病例的特征是局限性感染，有的表现在鼻腔和鼻窦内有多量黏性分泌物，有的是关节和腱鞘内蓄积一种浑浊或干酪样的渗出物。有的肉髯肿大，而后坏死，有的卵巢出血，卵黄囊破裂，腹腔脏器表面上附着干酪状的卵黄样物质。有时在中耳颅骨也可发生局限性感染而引起斜颈。

【预防与治疗】

(1) 预防　加强鸡群的饲养管理，平时严格执行鸡场兽医卫生防疫措施，以栋舍为单位采取全进全出的饲养制度，预防本病的发生是完全有可能的。一般从未发生本病的鸡场不进行疫苗接种。对常发地区或鸡场，药物治疗效果日渐降低，本病很难得到有效的控制，可考虑应用疫苗进行预防，由于疫苗免疫期短，防治效果不十分理想。在有条件的地方可在本场分离细菌，经鉴定合格后，制作自家灭活苗，定期对鸡群进行注射，经实践证明通过1～2年的免疫，本病可得到有效控制。现国内有较好的禽霍乱蜂胶灭活疫苗或氢氧化铝胶灭活苗。2月龄以上的禽肌内注射每只1毫升，免疫期可达6个月，用病禽的肝、脾脏组织制成组织灭活苗，接种剂量是每只肌内注射2毫升，可有效防治该病。

(2) 治疗　鸡群发病应立即采取治疗措施，有条件的地方应通过药敏试验选择有效药物全群给药。红霉素、庆大霉素、环丙沙星、恩诺沙星均有较好的疗效。在治疗过程中，剂量要足，疗程合理，当鸡只死亡明显减少后，再继续投药2～3天以巩固疗效防止复发。

七、鸡传染性鼻炎

鸡传染性鼻炎是由鸡副嗜血杆菌引起的鸡急性或亚急性上呼吸道传染病，该病主要特征是鼻黏膜发炎、流鼻涕、眼睑水肿和打喷嚏。多发生于育成鸡和产蛋鸡群，使产蛋鸡产蛋量下降10%～40%；使育成鸡生长停滞，开产期延迟和淘汰率增加，经济损失严重。

【流行病学】该病发生于各种年龄的鸡，老龄鸡感染较为严重。3～5日龄的鸡有一定的抵抗力，4周龄～12月龄的鸡均易感，一年以上的鸡较少发生。该病发生虽无明显季节性，但以5～7月和11月至第二年1月较多发，2月份以后逐渐减少，夏季很少发生。气温突然变化，鸡舍通风不良，鸡舍内闷热，氨气浓度大，或鸡舍寒冷潮湿，缺乏维生素A，受寄生虫侵袭等都能促使鸡群严重发病。病鸡及隐性带菌鸡是传染源，而慢性病鸡及隐性带菌鸡是鸡群中发生本病的重要原因。其传播途径主要以飞沫及尘埃经呼吸传染，但也可通过污染的饲料和饮水经消化道传染。该病多发于冬秋两季，这可能与气候和饲养管理条件有关。

【临床症状】病初，病鸡无明显症状，仅见鼻孔中有稀薄的水样鼻液，打喷嚏。病情进一步发展，鼻腔内流出浆液性或黏液状分泌物，逐渐变浓稠，并有臭味，打喷嚏，呼吸困难，病鸡常摇头，并不时用爪搔鼻喙部。黏液干燥后与鼻孔部位凝结成淡黄色结痂。病鸡面部发炎，一侧或两侧眼周围组织肿胀，严重的造成失明。如果炎症蔓延至下呼吸道，则呼吸困难，病鸡常摇头欲将呼吸道内的黏液排出，并有啰音。病鸡表现为精神沉郁，食欲减少，体重下降，成年母鸡产卵减少，公鸡肉髯常见肿大。少数严重的病例，发生嗜血性杆菌脑膜炎，表现急性神经症状而死亡。该病的死亡率约为20%，如有并发症，死亡率升高。

图 8-20　病鸡眼周围组织肿胀

【剖检变化】主要病变是鼻腔、鼻窦、喉和气管黏膜发生炎症，充血肿胀，潮红，表面附有大量黏液，窦内积有渗出物凝块或干酪样坏死物，严重时也可能发生支气管肺炎和气囊炎。面部和肉髯的皮下组织水肿，眼、鼻有恶臭的分泌物结成硬痂，眼睑有时黏合在一起。内脏一般无病变。产蛋鸡输卵管内有黄色干酪样分泌物，卵泡松软、血肿、坏死或萎缩、腹膜炎，公鸡睾丸萎缩。

【预防与治疗】

（1）*预防*　鸡舍要注意防寒防湿，通风良好，鸡群不能过分拥挤，搞好鸡舍内外清洁卫生，保持用具干净。注意饲料的营养均衡，并多喂一些富含维生素 A 的饲料。不要从外场购入带菌鸡。鸡群中一旦发现病鸡，应及时隔离治疗。治愈康复的鸡可能成为长期带菌者，不能留作种用，应与健康鸡群分开饲养，或处理淘汰，以免传播病菌。同时注意必须从健康鸡群引进种。

（2）*治疗*　链霉素，成年鸡肌注 0.1～0.2 克/天，轻的注射 1 次，重的连续注射 3 次；也可按成鸡每天 0.1～0.2 克拌料，连喂3～4天。泰乐菌素，育成鸡皮下注射酒石酸泰乐菌素每只37.5～62.5毫克，或内服每千克体重25毫克，每天1次；或每升500～800毫克饮水，连用5天。壮观霉素，每升100～150毫克饮水，连用7天。其他抗生素如先锋霉素、卡那霉素、庆大霉素、新霉素等，一般每千克体重第一天注射50～100毫克，第二天注射25～50毫克；或溶于水中。强力霉素、环丙沙星或氧氟沙星每升50毫克饮水，连用5～7天。

八、鸡链球菌病

鸡类链球菌病是由一定血清型的链球菌引起的链球菌引起的鸡的一种急性败血性或慢性传染病。在世界各地均有发生，有的表现为急性败血症，有的呈慢性感染，死亡率0.5%～50%。由于链球菌是禽类肠道正常菌群的组成部分，因此一般认为链球菌感染是继发性的。

【流行病学】 链球菌主要通过口腔和空气传播，其次也可通过损伤的皮肤传播。成年鸡往往是通过污染的饲料及饮水被感染，但肠道菌株则能通过种蛋传染给雏鸡。兽疫链球菌（C群）一般不引起成年鸡发病，实验条件下，气雾感染兽疫链球菌和粪链球菌（D群）时，可引起鸡发生急性败血症和肝脏肉芽肿，死亡率很高。粪链球菌对各种年龄的禽均有致病性，但发病最多的是鸡胚和雏鸡。链球菌与家禽的细菌性心内膜炎有关，粪链球菌是自然病例中最常分离到的链球菌。当然，家禽的细菌性心内膜炎除链球菌外，还与金黄色葡萄球菌及多杀性巴氏杆菌有关。

【临床症状】 兽疫链球菌感染的主要表现是精神倦怠，组织充血，羽毛蓬松，排出黄色稀粪，病禽消瘦，冠和肉髯苍白。D群的粪链球菌表现为急性和慢性两种病型。

（1）急性败血症　鸡群突然发病，病鸡委顿、嗜睡、食欲下降或废绝，体温可达 41～42℃，甚至高达 42.8℃羽毛粗乱，鸡冠和肉髯苍白或发紫，有时见肉髯肿大，腹泻，头部轻微震颤，成年鸡产蛋下降或停止。经常见到病鸡无明显临床症状，仅见几分钟的抽搐而死亡。

（2）慢性型　病鸡表现精神沉郁，嗜睡，体重下降，跛行和头部震颤，还能加重鸡的纤维素性化脓性眼睑炎和角膜炎。经种蛋传播或入孵种蛋被粪便污染时，可造成晚期胚胎死亡以及仔鸡或幼禽不能破壳的数量增多。

【剖检变化】兽疫链球菌与 D 群的粪链球菌所引起的急性型的大体病变相似，主要表现为内脏器官坏死、出血和渗出性素质过程。多数病例组织和肌肉充血和出血，纤维蛋白性心包炎和腹膜炎，实质器官变性，肝和肾点状坏死，心内膜和小肠黏膜点状出血，腹腔和心包腔常见少量淡红色液体。慢性型病死鸡心肌变性，成灰色，心包腔内有浆液性渗出物。肝微肿，表面有点状灰色坏死小结节。肾肿大，成灰黄色，表面有血红色小病灶。少数病例表现纤维蛋白性腹膜炎、输卵管炎和卵巢炎。

【预防与治疗】

（1）预防　该病目前尚无特异性预防办法。主要的防制措施应从减少应激因素着手，精心饲养，加强管理。作好其他疫病的预防接种和防制工作。认真贯彻鸡场兽医卫生措施，提高鸡群抗病能力。健全消毒制度，增强禽类的体质。孵化用种蛋应选择健康得种鸡所产的蛋。鸡舍要彻底清洗和消毒。种蛋在孵化前熏蒸或 0.1%～0.2%高锰酸钾浸泡 15～30 分钟。发现急性病鸡应及时隔离治疗，慢性病鸡须及时淘汰。

（2）治疗　鸡和其他禽类一旦发病，经确诊后立即给药。据报道链球菌对青霉素、氨苄青霉素、红霉素、新霉素、庆大霉素、卡那霉素均很敏感，通过口服或注射途径连续给药 4～5 天可控制该病的流行。在治疗期间加强饲养管理，消除应激因素，搞好综合兽医卫生措施可迅速控制疫情，收到满意效果。

九、禽支原体

禽支原体病主要病原是鸡毒支原体、滑膜囊支原体和火鸡支原体。其中鸡毒支原体感染危害最严重，病症发展缓慢且病程长。主要特征为呼吸啰音、咳嗽、鼻漏、严重的气囊炎等。死亡率不高，但发病率可高达90%以上。临床上通称慢性呼吸道病。滑膜囊支原体不同分离株治病力差异较大，病变特征为关节、腱鞘和脚掌肿胀，气囊有干酪样物，也有的引起产蛋下降。该病常与其他病毒或细菌发生混合感染，造成重大危害。

【流行病学】本病雏鸡发病率高，发病急，病情较重，死亡率有时较高，可达20%～30%；中鸡感染后，呼吸症状较轻，病程较长，或呈隐性感染。在产蛋鸡群产蛋量下降到一定程度后不再下降。本病是典型的垂直传播疾病，也可经呼吸道、消化道感染。寒冷的冬春季及气候突变或其他应激因素作用时，发病与流行更为严重。本病常与其他呼吸道病合并感染。

【临床症状】

（1）鸡毒支原体　感染后，病鸡精神沉郁，食欲减退，做吞咽动作，病鸡常摇头，甩掉流水样鼻液，鼻液变稠时呼吸不畅，一侧或两侧眼结膜发炎，羞明、流泪，眼睑肿胀，眼眶内出现干酪样物质，常张口呼吸。中期咳嗽，打喷嚏。病程可长达一个月以上，生长受阻，消瘦，常因并发感染

图8-21　病鸡眼睑肿胀流泪
（山东省农业科学院家禽研究所提供）

致病，致死率可达30%。成年鸡症状有气管啰音，流鼻涕，咳嗽，食欲减少，体重减轻，公鸡症状较母鸡明显，母鸡产蛋率、蛋孵化率和孵出雏鸡成活率均下降，但死亡率很少。

（2）*滑膜囊支原体* 感染后，病鸡跛行，行动困难，嗜睡。关节肿大，步态呈踩高跷状，体重减轻，胸前出现大水泡等。呼吸型滑膜囊支原体在临床上与鸡毒支原体难以区别。发病鸡群主要呈现呼吸障碍，在临死的鸡中常发现青绿色下痢。

【剖检变化】

（1）*鸡毒支原体* 鼻腔、气管、支气管内有淡黄色分泌物，并常有特殊臭味，气囊膜混浊水肿，绝大多数气囊中都有干酪样渗出物。在有大肠杆菌、传染性支气管炎病毒混合感染时，气囊病变特别严重，有时还可见纤维素性、化脓性肝被膜炎和心包炎。鸡和火鸡有时见到输卵管炎。眼部的变化，严重时切开结膜可挤出黄色的干酪物凝块。

（2）*滑膜囊支原体* 关节感染和肿大，在跗关节、翼关节或脚垫下通常有油脂样渗出物蓄积。内脏病变是脱水、肝脾肿大，以及心脏周围有黏稠渗出物。呼吸道型滑膜囊支原体，可存在气囊炎或鼻窦炎。

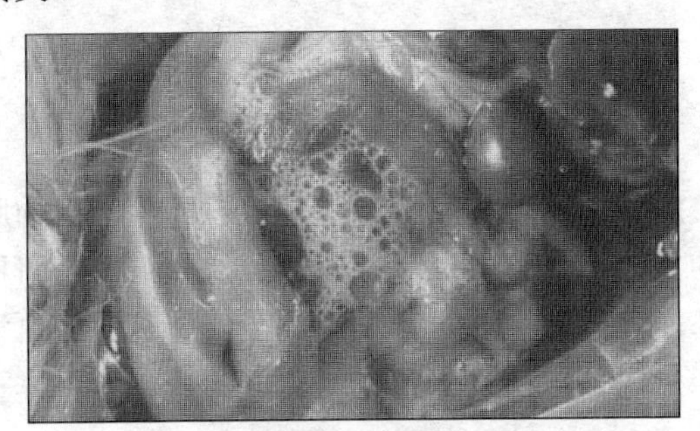

图8-22 病鸡腹腔内有泡沫

（山东省农业科学院家禽研究所提供）

【预防与治疗】

（1）预防 必须从无感染的种鸡群中选购雏鸡。采用全进全出制的饲养方式，提供营养全面的优质日粮。为鸡群提供洁净的饮水，搞好鸡舍的通风、卫生和保温工作。饲养密度要合适，定期驱虫消毒和免疫。病死鸡要进行无害化处理。加强饲养管理合理的饲养管理以及减少各种应激因素，是控制本病的主要环节。防止受凉，避免温度忽高忽低；鸡群不宜过大，防止拥挤；保持通风良好，防止贼风侵袭和氨气浓度过高；注意饲料配合，防止营养缺乏；搞好清洁卫生，加强消毒，预防疫病的发生。

（2）*治疗*　西药治疗每只鸡用青霉素、链霉素各 5 万～6 万单位，卡那霉素 4 万单位，每天 1 次肌内注射，连注 3～7 天；或用泰乐菌素每升 500 毫克饮水，连用 5～7 天。中药治疗用黄连、黄芩、黄柏、栀子、黄药子、白药子、知母、贝母、甘草、郁金冬、秦艽各 10 克，大黄 5 克，煎 3 次共取汁 1000 毫升，供 100 只鸡 1 天服用；或用鱼腥草 100 克，黄芩、连翘、板蓝根各 40 克，冬花、贝母、半夏各 30 克，杏仁、甘草各 25 克，枇杷叶 90 克，研末用沸水泡 30 分钟取上清液加水适量供鸡饮水，药渣拌料饲喂。

第四节　寄生虫病

一、鸡球虫病

鸡球虫病是由艾美耳属的各种球虫，寄生于鸡的肠道上皮细胞所引起的。以 0.5～2 月龄内的小鸡最易感染，而且患病严重，死亡率很高。该病的主要特征是患鸡消瘦、贫血和血痢。病愈的小鸡在几个月内都不易复原，成年鸡多为带虫者，体重和产蛋都受到影响。

【流行病学】鸡感染球虫病主要是吃了被感染性卵囊污染的饲料、饮水而引起的。病鸡及带虫者是散布病原的源泉，鸡感染后第 4～7 天即可随粪便排出卵囊，卵囊在外界环境经 21～48 小时就孢子化而具有感染性；耐过柔嫩艾美耳球虫病的鸡能连续重复感染并排出卵囊达7个半月。卵囊抵抗力很强。连续使用陈旧鸡舍和场地往往是引起球虫病流行的重要因素。不良的饲养管理条件也是球虫病发生的重要因素。卵囊最适应的发育温度为25～50℃，在10℃以下发育停止，在50℃以上则短时间内死亡。该病流行季节多在每年的5～8月，此时正是育雏季节，气候温暖，雨水较多，卵囊在外界发育很快，故易于造成流行。各个品种的鸡对球虫病都有易感性，但发病程度有差异。4周龄左右的鸡对柔嫩艾美耳球虫最易感，1周内、6周龄以上的鸡有一定抵抗力。毒害艾美耳球虫常见于10～14周龄的母鸡。

【临床症状】按病程长短可分为急性和慢性两型。

(1) 急性型　病程数天至2～3周，病初精神不好，羽毛耸立，头卷缩，闭目呆立一侧。食欲减退，渴欲增加，嗉囊充满液体，粪如水样并带有血液，重者全为血粪，泄殖腔周围羽毛被排泄物污染而连在一起。可视黏膜及冠、垂、髯苍白，病鸡非常消瘦。夜间常叠压于墙角。病后期常发生昏迷、翅轻瘫，两脚外翻、直伸或不断痉挛性收缩等神经症状，不久即死亡。雏鸡的死亡率为50%或更高。

图8-23　病鸡粪便呈棕红色
（山东省农业科学院家禽研究所提供）

(2) 慢性型　病程数周到数月。多见4～6月龄或成年鸡。症状与急性型相似，但不明显。病鸡逐渐消瘦，脚和翅常发生轻瘫。有间歇性下痢，有时见血便，产卵量下降，死亡较少。

【诊断】 在急性型球虫病时，有时粪便不一定能发现卵囊，更重要的是雏鸡和成年鸡的带虫现象极为普遍，单纯根据粪检是否发现卵囊来确诊球虫病是不正确。必须根据流行病学（发病季节、病鸡年龄）、临床症状（呆立不食，嗉囊充满液体，排肉样便）、剖检变化（柔嫩艾美耳球虫，可见盲肠显著肿大，内充满血液或干酪样肠内容物；毒害艾美耳球虫，小肠中段气胀，长壁增厚，上有许多白色斑点和淤血斑）及粪便或肠管病变部位刮屑内发现大量卵囊而确诊。

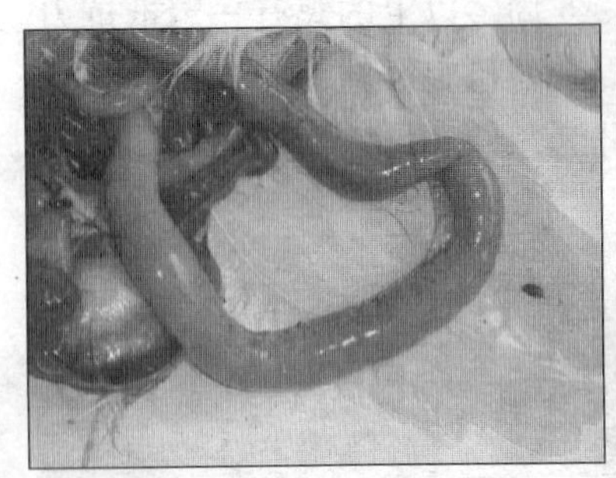

图 8-24 病鸡肠道出血
（山东省农业科学院家禽研究所提供）

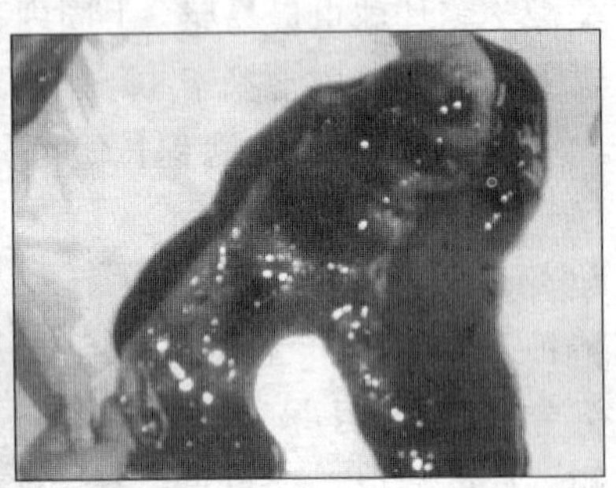

图 8-25 病鸡肠道出血
（山东省农业科学院家禽研究所提供）

【预防与治疗】

（1）预防　成鸡与雏鸡分开喂养，以免带虫的成年鸡散播病原导致雏鸡暴发球虫病。加强饲养管理：保持鸡舍干燥、通风和鸡场卫生，定期清除粪便，堆放，发酵以杀灭卵囊。保持饲料、饮水清洁，笼具、料槽、水槽定期消毒，一般每周一次，可用沸水、热蒸汽或 3%～5% 热碱水等处理。每千克日粮中添加 0.25～0.5 毫克硒可增强鸡对球虫的抵抗力。补充足够的维生素 K 和给予 3～7 倍推荐量的维生素 A 可加速鸡患球虫病后的康复。育雏期应用碘化乳代替饮水，也可收到良好的预防作用。碘化乳的配制方法是，用鲁格氏液 1 份（碘片 5 克，碘化钾 10 克加蒸馏水至 100 毫升）加牛奶 10 份，混合加热成白色，再加水稀释100倍共饮用。

（2）*治疗* 对球虫病的治疗，目的在于缓解症状，抑制球虫发育，使鸡体迅速产生免疫力。在改善饲养条件下可选用以下药物。但应在最初症状（粪中带血）出现时及时应用。球虫是很容易产生抗药性的，故应有计划地交替使用或联合应用数种抗球虫药，以防抗药性的产生。青霉素溶解于清洁饮水中，任鸡自饮，连饮3天，可收到良好效果。大群用青霉素治疗时，最好每100只鸡以20万单位拌入湿料中，20万单位放于清水中任鸡自饮，水量以1～2小时内鸡能饮完为好，连饮3天，有很好疗效。氯苯胍按每千克30～33毫克混入饲料投喂，有预防和治疗效果，连续应用该药可使肌肉和鸡蛋带有臭味，必须在宰前5～7天停止给药。氨丙啉按每千克125～240毫克混入饲料或每千克60～240毫克饮水投服，连续7天，以后半量饲喂14天。球痢灵按每千克250毫克混入饲料对15～60日龄的雏鸡连续喂用，可预防球虫病。盐霉素主要抑制球虫的早期发育阶段，具有预防和治疗鸡球虫病，安全性高，抗药性产生极为缓慢，治疗剂量为每千克60毫克。马杜拉霉素（抗球王）、氯嗪苯乙氰（地克珠利）分别使用每千克5毫克和每千克1毫克浓度对多数艾美耳球虫有效，是最新抗球虫药。

二、鸡住白细胞原虫病

鸡住白细胞原虫病又称白冠病，是由住白细胞原虫引起的以出血和贫血为特征的寄生虫病，主要危害蛋鸡特别是产蛋期的鸡，导致产蛋量下降，软壳蛋增多，甚至死亡。各内脏严重出血，机体贫血，冠苍白。

【流行病学】我国已发现的鸡住白细胞原虫共两种，即卡氏住白细胞原虫和沙氏住白细胞原虫。鸡住白细胞原虫必须以吸血昆虫为传播媒介，卡氏住白细胞原虫由库蠓传播，沙氏住白细胞原虫由蚋传播。一般气温20℃以上时，库蠓繁殖快，活动力强，该病流行也就严重，南方地区多发生于4～10月份，严重发病见于4～6月份。鸡的年龄与鸡住白细胞虫病的感染率成正比，和发病率成反比。一般童鸡（2～4月龄）和中鸡（5～7月龄）的感染率和发病率都较严重；8～12月龄的成鸡或一年以上的种鸡，虽感染率高，但发病率不高，血液中虫数较少，大多数呈无病的带虫者。本地土种鸡，对该病有较强的抵抗力。

【临床症状及病变】 3～6周龄的雏鸡发病严重，死亡率高。感染12～14天后，突然因咯血、呼吸困难而死亡，有的呈现鸡冠苍白，食欲不振，羽毛松乱，伏地不动，1～2天后因出血而死亡。全身性出血，全身皮下出血，肌肉尤其胸肌、腿肌、心肌有大小不等的出血点，各内脏器官肿大出血，尤其是肾、肺出血最严重；白色裂殖体小结节，胸肌、腿肌、心肌及肝脾等器官上有灰白色或稍带黄色的，针尖至粟粒大与周围组织有明显分界的小结节。将这些小结节挑出压片、染色，可见许多裂殖子散出。中鸡和大鸡感染后一般死亡率不高。病鸡呈现鸡冠苍白，消瘦，拉水样的白色或绿色稀粪。中鸡发育受阻，成鸡产蛋率下降，甚至停止。

【预防与治疗】

（1）预防　消灭媒介昆虫——蠓、蚋是防治该病的重要环节。防止蠓、蚋进入鸡舍或用杀虫药把它们消灭在鸡舍及其周围环境中，鸡舍门、窗应装上纱门、纱窗，网孔密度应多于每厘米40目。由于纱网上易于沉积灰尘，应定期清扫，以免影响通风。喷药杀虫：在发病季节即蠓、蚋活动季节，应每隔5天，在鸡舍外用0.01%溴氰菊酯或戊酸氰醚酯等杀虫剂喷洒，以减少昆虫的侵袭；对感染鸡群，应每天喷雾1次。在饲料中加乙胺嘧啶（0.000 25%）或磺胺喹噁啉（0.005%）有预防作用，这些药物能抑制早期发育阶段的虫体，但对晚期形成的裂殖体或配子体无作用。对于减少鸡住白细胞原虫病造成的损失由极其重要的意义。

(2) *治疗* 用药治疗应在感染早期进行，最好在疾病即将流行或正在流行初期进行药物预防可取得满意的效果，对晚期形成的裂殖体或配子体无作用。杀灭体内原虫：由于住白细胞原虫属于孢子虫纲、球虫目，一般对球虫有效的药物对其都较为敏感。可选择的药物包括氯羟吡啶（每千克饲料拌料 0.15 克）、马杜拉霉素（每千克饲料拌料 5 毫克）。在选择上述药物时应注意以下几点：在产蛋期要考虑到对产蛋的影响，对蛋鸡、种鸡要限制；增强治疗效果，可以选用不同种类的两种药物同时应用治疗时间一般为 5～7 天，以获得满意的治疗效果。同时要注意止血，由于住白细胞原虫寄居于小血管内皮细胞内，引起血管壁损伤，导致各内脏器官出血，因此要适当使用增强血液凝固能力的药物，以减少出血。可以使用维生素 K_3（每千克饲料拌料 5 毫克），止血敏（每千克饲料拌料 0.1 克）、维生素 B_{12}（每千克饲料拌料 3 毫克）等。还要补充维生素，由于在发病阶段，采食量减少，各种维生素添加剂量应提高，以保证维生素的供应。添加剂剂量应提高 1～2 倍。在机体发生急慢性疾病时，由于维生素 C 的消耗量增加，故需适当补充维生素 C，以增加机体的抗病能力。使用剂量为每千克饲料拌料 0.05 克。

三、鸡组织滴虫病

组织滴虫病又名盲肠肝炎或黑头病，是由组织滴虫属的火鸡组织滴虫引起的一种急性原虫病。本病的特征是盲肠发炎呈一侧或两侧肿大，肝脏表面有特征性坏死性溃疡病灶。多发于雏鸡，成年鸡也能感染，但病情较轻。

【流行病学】本病以 2 周龄到 4 月龄的鸡最易感，主要是病鸡排出的粪便污染饲料、饮水、用具和土壤，通过消化道而感染。但此种原虫对外界的抵抗力不强，不能长期存活。如病鸡同时有异刺线虫寄生时，此种原虫则可侵入鸡异刺线虫体内，并转入其卵内随异刺线虫卵排出体外，从而得到保护，即能生存较长时间，成为本病的感染源。当外界条件适宜时，发育为感染性虫卵。鸡吞食了这样的虫卵后，组织滴虫从异刺线虫虫卵内游离出来，即可感染此病。该病常发生在卫生和管理条件不好的鸡群。鸡群过分拥挤、鸡舍和运动场不清洁，通风和光线不足，饲料中营养缺乏，尤其是缺乏维生素 A，都是诱发和加重该病流行的重要因素。

【临床症状及病变】本病的潜伏期一般为 15～20 天，最短 3 天。病鸡精神沉郁，食欲不振，缩头，羽毛松乱。翅膀下垂，身体蜷缩，怕冷，打瞌睡，下痢，排出淡黄色或淡绿色稀粪。急性严重病例，排出的粪便带血或完全是血液。有些病鸡的面部皮肤变成紫蓝色或黑色，故有“黑头病”之称。该病病程通常为 1～3 周，病愈康复鸡的粪便中仍有原虫，带虫时间可达数月，5～6 月龄的成年鸡很少呈现临床症状。

本病的特征性病变在盲肠和肝脏。盲肠的病变多发生于两侧，剖检时可见盲肠肿大增粗，肠壁增厚变硬，像香肠一般。剖开可见肠腔内充满大量干燥、坚硬、干酪样凝固物，如将肠管横切，则见干酪样凝固物呈同心圆层状结构，其中心为暗红色的凝血块，外围是淡黄色干酪化的渗出物和坏死物。盲肠黏膜有出血、坏死并形成溃疡。肝脏大小正常或明显肿大，在肝被膜面散在或密发圆形或不规则形，中央稍凹陷、边缘稍隆起，呈黄绿色或黄白色的坏死灶。坏死灶的大小不一，其周边常环绕红晕。有些病例，肝脏散在许多小坏死灶，使肝脏外观呈斑驳状。若坏死灶互相融合则可形成大片融合性坏死灶。溃疡处呈淡黄色或淡绿色，边缘稍微隆起，形状十分特殊。溃疡病灶的大小和多少不一定，有的可见互相连成大片的溃疡区。

【预防与治疗】

（1）预防　由于组织滴虫的主要传播方式是通过盲肠内的异

刺线虫虫卵为媒介，所以有效的预防措施是避免鸡接触异刺线虫虫卵，因此，在进雏鸡前鸡舍应彻底消毒。加强鸡群的卫生管理，注意通风，降低舍内密度，尽量网上平养，以减少接触虫卵的机会，定期用左旋咪唑驱虫。

（2）治疗　鸡群一旦发病，应立即将病鸡隔离治疗。重病鸡宰杀淘汰，鸡舍内地面用3%氢氧化钠溶液消毒。本病的治疗应从两个方面着手，一方面要杀死体内的组织滴虫，另一方面要驱除体内的异刺线虫。根据实际观察，治疗时甲硝哒唑、左旋咪唑（或丙硫苯咪唑）同时应用疗效较好。甲硝哒唑和左旋咪唑按每千克体重 20～25 毫克拌料，每天 1 次，共用 2 次，中间间隔 1 天。

四、鸡绦虫病

寄生于家禽肠道中的绦虫，种类多达 40 余种，其中最常见的是戴文科赖利属和戴文属及膜壳科剑带属的多种绦虫，均寄生于禽类的小肠，主要是十二指肠。大量虫体感染时，常引起贫血、消瘦、下痢、产蛋减少甚至停止。

【流行病学】家禽的绦虫病分布十分广泛，危害面广且大。感染多发生在中间宿主活跃的 4～9 月份。各种年龄的家禽均可感染，但以雏禽的易感性更强，25～40 日龄的雏禽发病率和死亡率最高，成年禽多为带虫者。饲养管理条件差、营养不良的禽群，本病易发生和流行。

【临床症状及病变】如有大量虫体聚集在肠内，可能引起肠堵塞，甚至造成肠破裂和腹膜炎。虫体的代谢产物可引起病鸡中毒，呈现神经症状如痉挛等。轻度感染可能没有临床症状。严重感染呈现消化障碍，粪便稀薄或混有淡黄色血样黏液，有时发生便秘。食欲减退，两翅下垂，羽毛蓬松，黏膜苍白或黄疸，而后变蓝色。呼吸困难，产蛋量减少甚而停止。雏鸡的生长发育迟缓，常致死亡。剖检可发现虫体，可见尸体消瘦，肠黏膜肥厚，有时肠黏膜上有出血点，肠管黏液增多、恶臭，黏膜增厚，有出血点，严重感染时，虫体可阻塞肠道。棘盘赖利绦虫感染时，肠壁上可见中央凹陷的结节，结节内含黄褐色干酪样物。

【预防与治疗】

（1）预防　改善环境卫生，在鸡舍附近，主要是运动场上应填塞蚁穴，定期用敌百虫作舍内外灭蝇、灭虫工作，翻耕运动场，并撒草木灰等。加强粪便管理，随时注意感染情况，在鸡绦虫流行的地区，应根据各种病原发育史的不同，进行定期的预防性成虫期前驱虫。雏鸡应当饲养在未放过鸡的牧场。

（2）治疗　驱虫可用下列药物：丙硫咪唑，按每千克体重20～30毫克，一次口服。硫双二氯酚（别丁），按每千克体重150～200毫克，口服，隔4天同剂量再服一次。氯硝柳胺（灭绦灵），按每千克体重100～150毫克，一次口服。吡喹酮，按每千克体重10毫克，一次口服，为首选药。

五、鸡蛔虫病

鸡蛔虫病是由禽蛔科禽蛔属的鸡蛔虫，通称鸡蛔虫。鸡蛔虫寄生于鸡小肠内。该病影响雏鸡的生长发育，甚至造成大批死亡。

【流行病学】鸡因吞食了被感染性虫卵污染的饲料或饮水而感染，幼虫在鸡胃内脱掉卵壳进入小肠，钻入肠黏膜内，经一个时间发育后返回肠腔发育为成虫。从鸡吃入感染性虫卵到在鸡小肠内发育为成虫，需35～50天。除小肠外，在鸡的腺胃和肌胃内，有时也有大量虫体寄生。该病主要危害3～10月龄的，一岁以上的鸡多为带虫者。

【临床症状及病变】雏鸡感染后10～40天即出现症状，表现为精神委顿，双翅下垂，羽毛逆立。病鸡消瘦，鸡冠和肉髯苍白。下痢和便秘交替，有时排血便。如不及时治疗，最后衰弱死亡。

小肠黏膜发炎、出血，肠壁上有颗粒状化脓灶或结节。严重感染时可见大量虫体聚集，相互缠结，引起肠阻塞，甚至肠破裂和腹膜炎。

【预防与治疗】

(1) 预防 搞好环境卫生；及时清除粪便，堆积发酵，杀灭虫卵，在不安全鸡群中，有计划地预防驱虫十分重要。第一次驱虫在2～3月龄进行，第二次驱虫在产蛋前一个月进行。夏季每隔10～15天用开水（热碱水最好）烫洗地面、饲槽及其他一切用具。药物预防：硫化二苯胺，按每千克饲料25克饲喂，对鸡蛔虫有预防效果。

(2) 治疗 驱虫可用下列药物：丙硫咪唑，按每千克体重10～20毫克，一次口服；左旋咪唑，按每千克体重20～30毫克，一次口服；噻苯唑，按每千克体重500毫克，配成20%混悬液内服；枸橼酸哌嗪（驱蛔灵），按每千克体重250毫克，一次口服。

六、鸡膝螨病

鸡膝螨病是由疥螨科中膝螨属的螨所引起的，危害鸡的有突变膝螨和鸡膝螨两种。突变膝螨寄生在鸡的脚趾上的皮肤鳞片下面。患部外观好像涂敷了一层石灰，通常称为鸡的石灰脚病。鸡膝螨则寄生于羽毛根部的皮肤上。

【致病作用和症状】鸡突发膝螨通常寄生于鸡胫部和足部等无羽毛部，当虫体钻入皮肤，因其寄生引起发炎，胫上呈鳞片状屑，接着皮肤增生变粗糙，且有裂缝。由于病变部渗出干涸后形成白色或灰黄色痂皮，外观好像涂了一层石灰，故有“石灰腿”之称，寄生部位肿胀发痒，常被啄伤而出血。严重时引起行走困难，影响采食，可发展成关节炎，趾骨坏死，生长和产蛋均受到影响。鸡膝螨则治羽轴穿入皮肤，以致夜发炎症。皮肤发红，羽毛变脆易脱落，有时病鸡自啄羽毛，造成“脱羽病”，多发生于翅膀和尾部，严重时，羽毛几乎全部脱光。该病多发于春夏季节。

【预防与治疗】

（1）预防　发现有鸡膝螨病的鸡场，应全部进行检查，有病的鸡隔离治疗或淘汰。场地、栏舍、栖架要清扫，产蛋箱或其他可能存在的虫体的地方要喷药进行杀虫。

（2）治疗　灭虫丁按每千克体重0.5毫克拌料，一次投喂，一周后再重复用药一次，在晚上投料饲喂效果较好。同时用溴氰菊酯（敌杀死）、双甲脒等外用药物喷洒鸡舍、笼具及周围环境。将病鸡腿部浸入温的杀螨剂溶液中（溴氰菊酯每升水0.05～0.1毫升或双甲脒每升水0.2毫升）1～2分钟，或用毛刷取药液涂擦患部。同时注意对环境及笼舍的消毒。使用杀虫药物时，应先做小群试验，确认安全后再大群使用。

七、鸡虱

鸡虱又称羽虱，寄生于家禽体表的属于食毛目中禽虱科和鸟虱科的多种寄生昆虫。它们寄生于鸡的体表，或附于羽毛上，或附于绒毛上，引起禽体奇痒。由于啄痒造成羽毛断折，消瘦，产卵减少。

【流行病学】感染方式为直接接触感染。如健康鸡与病鸡接触，或生活与病鸡的鸡舍及病鸡的饲养用具而感染。羽虱如果离开宿主，落入周围环境中，得不到食物仅能存活3～4天后即死亡。温度在35～38℃时经一昼夜死亡，在0～6℃可存活10天，目光照射对羽虱更不利。

【临床症状】鸡群精神活泼，时常拥挤、躁动不安、出现惊群现象，羽毛蓬乱、断折居多，多数鸡只啄自身羽毛，鸡体消瘦，掉毛处皮肤可见红疹、皮屑，查看鸡体，可见头、颈、背、腹、翅下羽毛较稀部位皮肤及羽毛基部上有大量羽虱爬动，撬起皮屑。病鸡逐渐消瘦，产蛋量降低，雏鸡生长受阻。

【预防与治疗】

（1）预防　鸡舍要保持清洁、卫生。经常开展消毒工作，杀虫灭虱是提高鸡生产性能、增加养殖效益重要措施之一，建议养鸡户重视鸡场灭虱工作。

（2）治疗　药物防治，常用药物有：阿维菌素，按有效成分每千克体重0.3毫克拌食或阿维菌素1%粉剂10克，拌入20～30千克沙中，任鸡自行沙浴。或10%二氯苯醚菊酯，加5 000倍水，用喷雾器对鸡逆毛喷雾，必须全身喷到，然后遍喷鸡舍。也可用喷雾法，用溴氰菊酯（敌杀死）每升药液0.5～1毫升喷雾，喷雾时要保证鸡舍内所有的鸡都被喷到。

第五节　营养代谢性疾病

一、鸡痛风

鸡痛风是由于体内蛋白质的代谢发生障碍而引起的疾病。各种年龄的鸡都能发生，尤以笼养鸡最易发生。其特征是血液中尿酸水平增高，尿酸以尿酸盐的形式在关节囊、关节软骨、心脏、肝脏、肾小管、输尿管中广泛沉积。

【发病病因】

（1）高蛋白饲料　饲料中蛋白质含量过高、能量偏低，长时间饲喂，鸡摄入的蛋白质含量过多，自身维持和生产利用不完。喂饲蛋白质饲料，特别是动物内脏、肉骨粉、鱼粉、豆饼等富含蛋白质的饲料，在生理上对肾脏带来很大的负担，容易诱发痛风，如用雏鸡料喂青年鸡。

（2）饲料中高钙低磷　如后备鸡过早使用蛋鸡料、用蛋鸡料喂雏鸡和肉仔鸡、用石灰石粉代替骨粉等都能引起痛风。

（3）饲料中缺乏维生素A和维生素D　维生素A能维持上皮细胞的正常功能，缺乏时食道、气管、眼睑及肾小管、输尿管的黏膜角质化、脱落，致使肾小管、输尿管尿路障碍而发生肾炎。种鸡缺乏维生素A时，孵出的雏鸡往往易患痛风，严重时一出雏就患病死亡。维生素D促进钙磷吸收和代谢。

（4）肾功能不全　引起肾功能不全的因素有中毒和疾病。如磺胺类药中毒、霉玉米中毒等。肾型传染性支气管炎、传染性法氏囊病、包涵体肝炎、鸡白痢、传染性肾炎、大肠杆菌等疾病都可能继发或并发痛风。

（5）饲养管理差　鸡舍潮湿阴冷，饲养密度大、鸡群缺乏运动和光照、日粮不足等。

（6）缺水　由于孵化温度高，湿度低，长途运输，特别是夏季开饮过迟、育雏温度过高等使雏鸡喝不到足够的水，呈现脱水状态时，尿液浓缩，致使尿酸盐沉积在输尿管内。

另外，有的鸡痛风与遗传有关。

【临床症状】病鸡精神萎靡不振、嗜睡、鸡冠萎缩及褪色、食欲降低、渴欲增加；羽毛松乱，逐渐消瘦；腹泻，排白色半黏液状稀粪，肛门收缩无力，肛门周围的羽毛粘有白色的粪污。发生关节型痛风时，病鸡脚趾和腿部关节发生肿胀，跛行呈现蹲坐、独立姿势。

【剖检变化】内脏型痛风的病鸡，剖检时肾苍白肿大，表面尿酸盐沉积所形成的白色斑点。输尿管扩张变粗，管腔中充满石灰样沉淀物，严重的病鸡在肝、心、脾、肠系膜及腹膜的表面覆盖一层粉末状或薄片状的尿酸盐沉积物，有反光性。关节型痛风的病鸡关节肿胀，形成结节，切开内有灰黄色干酪样尿酸盐结晶。

混合型痛风则两种病变都具备。

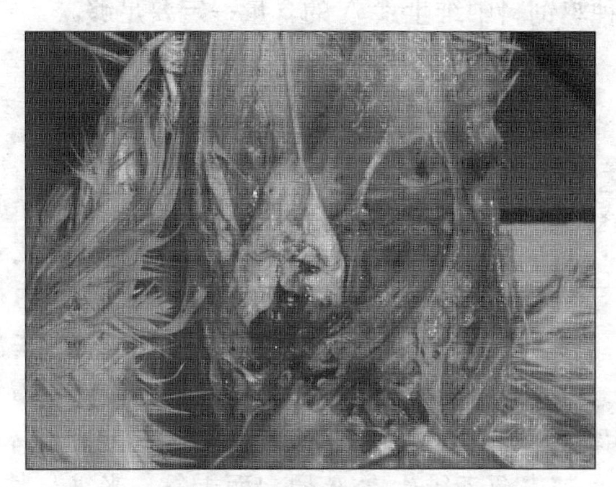

图 8-26　病鸡尿酸盐沉积

（山东省农业科学院家禽研究所提供）

【防治】

（1）采用肾肿解毒药疏通输尿管，减少尿酸盐在体内的沉积。0.2%水溶液，连续饮用 5～7 天，可加速尿酸盐排泄并阻止其进一步生成。

（2）阿托品每只每日 0.2～0.5 克，每天 2 次口服，此药能增强尿酸的排泄及减少体内尿酸的蓄积和关节疼痛。

（3）育雏时注意防寒保暖及垫料卫生。长途运输时应尽量避免脱水，到达鸡舍后先饮雏鸡开食补盐液，2～3 小时后再喂料。

（4）在使用磺胺类药时要防止过量，当疑为痛风症发生时，应停止使用磺胺类药物。

（5）注意防止饲料霉变，不饲喂变质饲料。饲料存放时间过长时会降低维生素 A 的效价，发生肾肿或疫病时及时补充维生素 A。

（6）痛风症严重时应降低饲料中粗蛋白质的含量，增加维生素含量。

（7）防止日粮中高钙低磷，注意各期钙磷含量，及时调整饲料配方。

（8）种鸡饲料中维生素A的含量一定要足够。

二、维生素A缺乏症

维生素A对于保持生产发育、最适的视觉和黏膜的完整是必要的，它能保护皮肤和黏膜，促进发育和再生，提高繁殖力。由于消化道、泌尿道、生殖道和呼吸道等的被覆上皮是由黏膜组成的，所以维生素A缺乏时最易在这些部位出现病变。

【发病病因】鸡体内没有合成维生素A的能力，体内所有天然维生素A都来源于维生素A原。而干谷、米糠、麸皮、棉籽等饲料中几乎不含维生素A原。因此饲料中必须添加维生素A。造成鸡维生素A缺乏症的原因有：

（1）饲料中多维素添加量不足、多维素中维生素A含量少。

（2）饲料经过长期贮存、高温处理、缺乏维生素A等使其中脂肪酸败变质，加速饲料中维生素A类物质的氧化分解过程，不能保护维生素A免受氧化，导致维生素缺乏。

（3）饲料中蛋白质水平过低，维生素A在机体内不能很好地被运送。脂肪不足，影响维生素A在肠中的溶解和吸收。

（4）鸡长期发生腹泻、肝病等使肝脏中储存的维生素A过分消耗。

（5）种鸡缺乏维生素A时，孵出的雏鸡也容易缺乏维生素A。

【临床症状】病鸡精神委顿，食欲不振，生长发育不良，体弱，消瘦，羽毛松乱。眼内流出一种牛奶状渗出物，眼睑肿胀鼓起，上下眼睑被渗出物黏合而睁不开眼。严重时眼内有干酪样物沉积，造成失明。病雏鸡喙和小腿部皮肤黄色消退；母鸡冠白有皱褶，爪、喙色淡，产蛋率和孵化率低；初生雏出壳就失明或患眼炎；公鸡性机能降低，精液品质退化。

【剖检变化】特征性的病变，各处黏膜发炎以至坏死，在口腔、咽、食道以及嗉囊的黏膜上常见散布一种灰白色小结节，有时融合成片，形成伪膜，易于脱落。同时肾脏肿大，颜色变浅，表面有灰白色网状花纹，输卵管变粗，肝脏、心脏等脏器的表面有时有尿酸盐沉积。眼内有干酪样渗出物。

【防治】

（1）病鸡饲料中添加鱼肝油，每千克饲料中添加15毫升，或每千克饲料中补充维生素A微囊1万单位，连用10～15天。个别病重鸡每日口服浓缩鱼肝油1丸，连用数日。同时大群中优质多种维生素增到每50千克饲料25克。由于维生素A鸡吸收快，发现病情时要及时治疗，一般病鸡恢复较快。

（2）注意饲料的存放和保管，防止存放时间过长，一般配合饲料不超过7天，否则易发生酸败、霉变、发酵、发热和氧化，降低维生素A的效价。

（3）平时多喂富含维生素A和胡萝卜素的饲料，如青绿多汁饲料和动物性饲料。

三、维生素D缺乏症

家禽对钙与磷的正常代谢需要维生素D，以便形成正常的骨骼、坚硬的嘴与爪和硬的蛋壳等。当鸡缺乏维生素D时，就会得佝偻症、笼养蛋鸡疲劳症和骨软化症。

【发病病因】鸡的维生素D缺乏症，主要表现在笼养鸡和雏鸡。随着现代化养鸡技术的普及，鸡被严格地关养在没有阳光照射的鸡舍内，阳光照射严重不足，自身合成量少，另外，饲料中添加量少或消化吸收功能障碍，患有肾、肝疾病，都影响维生素D的吸收。

【临床症状】雏鸡缺乏维生素D时，最早的出壳后10～11日龄就会出现症状，多数在1个月左右发生。病雏生长发育不良，羽毛蓬松无光泽，腿部无力，步态不稳，常以跗关节着地，最后则不能站立。严重的骨骼变形，腿骨变脆易折断，喙和趾变软易弯曲；肋骨也变软。

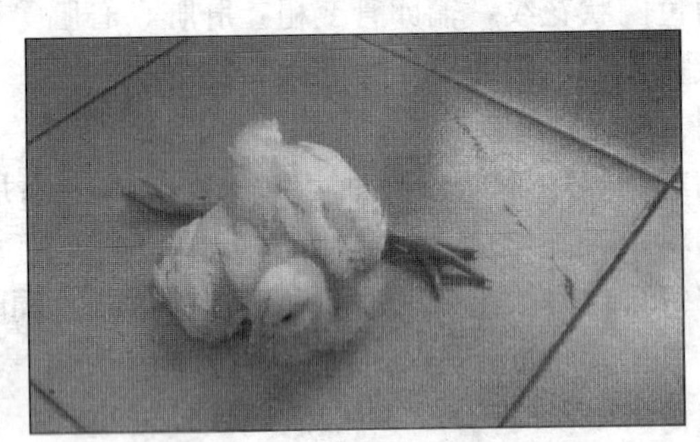

图 8-27 病鸡腿部无力不能站立

（山东省农业科学院家禽研究所提供）

母鸡缺乏维生素 D 时，经 2～3 个月才开始出现症状。最初薄壳蛋、软壳蛋增多，随后是产蛋率显著下降以至完全停产；种蛋受精率和孵化率显著降低，个别瘫痪，死亡。

【剖检变化】 雏鸡肋骨变软，长骨及喙柔软如橡皮，折断无声。背肋与胸肋接触处向内弯曲，形成特征性的肋骨内弯现象。肋骨的椎端膨大，成“串球状”。产蛋鸡龙骨后端向内弯曲呈现钩状，股骨头易于折断。

【防治】

（1）病重瘫痪鸡，可肌内注射维丁胶性钙，每天 1 次，一只 1 毫升，连注 3 天。

（2）雏鸡滴服鱼肝油，每次 1～2 滴，每天 1～2 次，连喂 3 天。

（3）饲料中添加维生素 AD_3 粉，比说明加大 1 倍，连用 7 天，或在饲料中添加维生素 D_3 微囊，每 50 千克饲料中添加 2～3 克，连喂 3 天。

（4）保证饲料中维生素 D_3 含量。雏鸡饲料中每千克应含维

生素 $D_3$200 国际单位，产蛋鸡每千克饲料中应含 520 国际单位，尽量让鸡多晒阳光。

（5）饲料中钙、磷比例合适。

（6）防止维生素 D 的摄入量超过需要量太多。

四、维生素 E 缺乏症

维生素 E 又称生育酚，与动物的生殖功能有关，具有很强的抗氧化作用，保持某些细胞膜不被氧化破坏，可增加体液免疫反应，维持肌肉和外周血管的结构和功能。缺乏时能引起鸡胸软化症、渗出性素质和白肌病。

【发病病因】

（1）饲料中多种维生素添加量少或多维素质量差，未添加青绿饲料。

（2）饲料储存时间过长，特别是豆粕等。由于籽实饲料富含维生素 E，但一般条件下保存 6 个月，维生素 E 就会损失30％～50％。

（3）饲料受到矿物质和不饱和脂肪酸所氧化，使维生素 E 受破坏。

（4）饲料缺硒，需要较多的维生素 E 去补偿，导致维生素 E 的缺乏。

【临床症状剖检病变】

（1）母鸡缺乏维生素 E 时无明显症状，但种蛋的受精率和孵化率显著降低，孵出的幼雏后颈水肿、出血、不能站立、多数死亡。公鸡精液量少、稀、性反应差，精液中精子数量减少。

（2）雏鸡的脑软症，主要发生在 15～30 日龄之间，病雏呈现共济失调，头向后或向下挛缩，有时向一侧扭转，步态不稳，时而向前或向侧面冲去，两腿阵发性痉挛或抽搐，翅膀和腿发生不完全麻痹，最后衰竭死亡。剖检主要病变在小脑，小脑发生软化和肿胀，脑膜水肿，小脑表面常见有散在的出血点，有时有血栓坏死。

（3）小鸡的渗出性素质，是雏鸡或育成鸡因维生素 E 和硒同时缺乏而引起。其特征症状是颈、胸部皮下组织水肿，呈现紫红或灰绿色，腹部下蓄积大量液体，致使病鸡站立时两腿远远叉开。剪开皮肤时，流出一种淡蓝绿色黏性液体，胸部和腿部肌肉及肠壁有出血斑点，心包积液，心脏扩张。

（4）肌营养不良（白肌病）。幼鸡缺乏维生素 E、微量元素硒和氨基酸，如蛋氨酸、胱氨酸、半胱氨酸等可发生白肌病。病鸡胸肌、骨骼肌和心肌等肌肉苍白贫血，并有灰白色条纹。

【防治】

（1）雏鸡脑软化症。每只鸡每天一次口服 5 国际单位维生素 E，连服 3～5 天，饲料中添加 1～2 克维生素 E 粉。

（2）对渗出性素质症，除用维生素 E 外，还应补充硒制剂，每千克饲料 0.05～0.1 毫克。

（3）发生白肌病时，应补充含硫氨基酸，每千克饲料 2～3 克，连用 2 周。

（4）防止饲料存放时间过长，配制饲料应全价，多喂些新鲜的青绿饲料。

五、维生素 B_1 缺乏症

维生素 B_1 又叫硫胺素，是家禽体内碳水化合代谢所必需的物质，在体内成为酶的一个重要组成部分。缺乏时，糖类代谢发生障碍，使神经组织能量供应不足，神经技能受影响，发生多发性神经炎。

【临床症状】幼雏常突然发生，成年鸡发生较缓慢。发病时主要表现是：生长发育不良，食欲减退，体重减轻，体温降低，羽毛蓬乱无光泽，腿无力、步态不稳，贫血和下痢。特征性症状是因为多发性神经炎或外围神经麻痹不能站立和行走，常把身体坐在自己屈曲的腿上，头向后极度弯曲，呈现所谓的“观星”姿势。

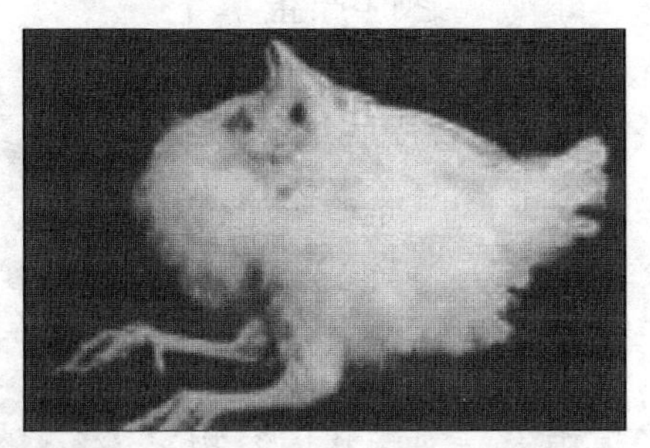

图 8-28 病鸡“观星”姿势

【剖检变化】皮肤广泛水肿，胃肠有炎症，十二指肠溃疡，肾上腺肥大，生殖器官睾丸明显萎缩。

【防治】

(1) 病雏鸡每只每天喂服 1 毫克硫胺素，成鸡每千克体重内服 2.5 毫克，同时饲料中补充大量青绿饲料。

(2) 严重病鸡肌内注射硫胺素，雏鸡每天 1 次，每次 1 毫克；成鸡每次 5 毫克，每天 1～2 次，连注 3 天。

平时注意饲料调配，适当多用富含维生素 B_1 的原料，如各种糠麸、新鲜青绿饲料、酵母粉等。

六、维生素 B_2 缺乏症

维生素 B_2 又叫核黄素，是一种水溶性维生素，容易在碱性环境中被光线所破坏。核黄素是体内多种酶的活性组成部分，是机体不可缺少的物质，是家禽生长发育、健康和提高种蛋孵化率所必需的物质。

【临床症状】病鸡生长缓慢，消瘦衰弱，羽毛粗乱，有的严重下痢、贫血。特征性症状是病鸡的趾爪向内蜷曲，似人手的半握拳式，两肢瘫痪，以飞节着地，行走困难。腿部肌肉萎缩，松弛，皮肤干燥和粗糙。食欲正常，但因行走困难，常吃不到食物，最后衰竭死亡或被其他鸡踩死。

母鸡缺乏时产蛋率下降，蛋白稀薄，蛋的孵化率低，死胚呈现皮肤结节状绒毛；颈部弯曲，躯体短小；关节变形，水肿，贫血和肾脏变性。

图 8-29　病鸡的趾爪向内蜷曲

【剖检变化】肠壁变薄，肠道内充满泡沫状内容物。肝脏肿大、质脆，含脂肪量增多。病死成年鸡的坐骨神经和臂神经显著肿大和变软，尤其是坐骨神经的变化更明显，其直径比正常大4～5 倍。

【防治】

(1) 雏鸡一开食就喂配合饲料，饲料中多维素应丰富，一般为 0.04%。多喂富含维生素 B_2 的饲料，如各种青绿饲料、干草粉、酵母粉、脱脂乳等。

(2) 病重鸡每日每只口服维生素 B_2 5 毫克、维生素 B_1 100 毫克，连喂 3 天。大群治疗时在每千克饲料中加入核黄素 20 毫克，治 1～2 周。也可在饮水中添加复合维生素 B 粉。

第六节　中毒性疾病

药物的应用使许多疾病得到了有效的控制，从而提高了养鸡的经济效益。但近年来，一些常用药物中毒现象屡有发生，给养鸡业造成了一定的经济损失。究其原因，一是不加诊断，盲目用药；二是对药物的适应证了解不够；三是对药物的有效成分不了解；四是对药物的使用剂量和疗程掌握不准。常见的药物中毒有：磺胺类药物中毒、痢特灵中毒、喹乙醇中毒、马杜霉素中毒、高锰酸钾中毒、碳酸氢钠中毒、高氟磷酸氢钙中毒等。

一、喹乙醇中毒

喹乙醇又叫喹酰胺醇、快育诺、快育灵、倍育诺等，为磺胺药物的复方制剂。它既能促进畜禽生长，提高和改善饲料转化率，又有较强的抗菌和抑菌作用，并有用量少、价格便宜、使用方便、不易产生耐药性及防治禽霍乱效果显著等优点。因此，自问世以来，一直被作为饲料添加剂和高效抗菌剂广泛地应用于畜禽养殖业和兽医临床上，但鸡对它很敏感，如果使用不当，往往会引起中毒。

【发病病因】常见病因有以下几种：一是对喹乙醇添加剂的性质了解甚少，使用过量；二是计算或换算添加量单位的错误所致；三是混合不均匀，使部分家禽采食量过大；四是重复添加导致中毒。

【临床症状】多在服药后不久出现症状。体质较好的鸡症状较为明显，主要表现为精神沉郁，羽毛蓬乱无光泽，呆立或蹲于一角。食欲减少或废绝。饮水增加。鸡冠发绀，拉黄白色稀粪。口流出多量黏液。死前多数出现角弓反张，两腿强直性痉挛等。

【剖检变化】剖检病例，可见腿部肌肉有出血点或出血斑。嗉囊空虚，胃肠有浅黄色的内容物，肠黏膜为黄色，肠道外膜有少量针尖大小出血点，有的腺胃乳头出血。肌胃有条纹状出血斑。肝肿大，重度黄染、质脆易碎。肺充血、稍呈暗色，有少量出血点。有的在心冠沟、心外膜等处有针尖大小的出血点，心肌色淡且弛缓。肾脏肿大，呈现紫黑色，有多量出血点。

【防治】

(1) *严格按规定的添加剂量用药*　预防应用时，应严格按《中国兽药典》推荐的喹乙醇（混饲浓度为100千克饲料添加喹乙醇25～35克）投喂，切不可随意加大用量。治疗时，每千克体重雏鸡按30毫克、成鸡50毫克，每天喂1次，疗程不得超过3天，必要时隔几天再重复一疗程。但还必须注意，混料时必须充分搅拌均匀，采取等量递增混合法较好；凡是从外界购买饲料，一定要询问卖方是否已添加了喹乙醇以防造成重复添加；另外，喹乙醇很难溶于水，不宜采用饮水给药。

(2) 一旦鸡群中毒，立即停喂含有喹乙醇的饲料　在饮水中添加5%的葡萄糖和0.1%的维生素C，让鸡自由饮服，重症者灌服，这样有利于促进喹乙醇的代谢和排出体外而解毒。

二、鸡肌胃糜烂病

鸡肌胃糜烂病又叫胃溃疡病，是由劣质鱼粉中含有肌胃糜烂素而引起的鸡的一种与哺乳动物和人的胃肠溃疡出血相类似的非传染性疾病。

【发病病因】劣质鱼粉中的蛋白质发生变质反应而形成的。如长期饲喂这种鱼粉，则会使鸡发病。主要发生于肉鸡，其次是蛋鸡。发病年龄多在2～10周龄，呈现散发性，成鸡往往零星单个发生。发病率和死亡率因鱼粉中含有糜烂素多少、饲喂的时间长短、添加量的多少而异。本病一旦发生，将造成很大经济损失。

【临床症状】患鸡精神、食欲的不振，缩头闭目，羽毛松乱，翅下垂，逐渐消瘦，行走不稳，腹泻拉白色或黑色稀粪。贫血、冠苍白。嗉囊扩张，倒提或手压嗉囊时，从口中流出黑色液体。育成鸡发育迟缓，均匀度差，开产期推迟；产蛋鸡产蛋量下降，畸形蛋异常增多。

【剖检变化】病变主要在腺胃和肌胃。口腔黏液增多，嗉囊内有米汤样物和褐色至黑褐色样物。腺胃壁弛缓、软化、扩张，腺胃乳头水肿，挤压时有白色液体流出，腺胃与食道交界处或腺胃与肌胃交界处有带状溃疡面，其上的附着物不易剥离。肌胃体积增大、胃壁变薄、松软，内容物稀薄为黑褐色。肌胃角质膜变色，胃壁增厚，外观呈现疣状或树皮样。病后期，在胃壁深部有小点出血，逐渐扩大糜烂而形成溃疡，溃疡向肌层深部发展，常在与十二指肠交界处的肌胃壁处穿孔。十二指肠肿胀充血、出血，内容物呈现黄褐色糊状。肝脏稍肿呈现紫色，胆囊肿大，胆汁稀薄。肾肿大出血，输尿管内有多量的白色尿酸盐。泄殖腔内有多量白色或黑褐色粪便。

图 8-30 腺胃与肌胃交界处溃疡

（山东省农业科学院家禽研究所提供）

【防治】

（1）用鱼粉喂鸡时，一定要检查鱼粉的质量，如发现鱼粉发黑，并有严重的氨气或臭气时，禁止喂鸡，以防中毒。

（2）严格控制鱼粉在饲料中的比例，饲料中鱼粉的含量要在8%以下。

（3）如果怀疑饲料中含有肌胃糜烂素，可在每千克饲料中加入 0.5 克甲氰咪呱。

（4）鸡一旦发病，应立即更换饲料，停喂原来配有鱼粉的饲料。在饲料或饮水中投入 0.2%～0.4%的碳酸氢钠，早晚各 1 次，连服 2 天。维生素 K_3 每只 0.5～1 毫克、止血敏每只 50～100 毫克，肌内注射，每天 2 次，连用 4 天。大群鸡每千克饲料添加维生素 K_3 2～8 毫克，维生素 C30～50 毫克、维生素 B_6 3～7

毫克，均有良好的治疗作用。

据报道，每千克饲料加胃复安0.2克、维生素C 0.4克和小苏打1.8克，连喂7天，同时用速补-14饮水，效果也很好。

三、磺胺类药物中毒

磺胺类药物中毒是鸡经常发生的药物中毒病之一，以鸡群食欲迅速下降、冠体皱缩、贫血、黄疸及突然死亡为主要临床症状。

【发病病因】使用磺胺类药物的剂量、方法不当，用药疗程过长，是发生磺胺类药物中毒的病因。磺胺类药物中毒属非传染性疾病，无流行及传染性，亦不受季节气候的影响。凡经常使用磺胺类药物的鸡群，剂量使用不当，就会有中毒的可能。

【临床症状】鸡群在用药后2～7天内出现中毒症状，轻者整个鸡群食欲下降；重者病鸡表现精神不振，行动迟缓，羽毛蓬松缩头蹲伏，冠子萎缩干皱，冠脸的颜色苍白并透出黄色（黄疸特征），排带有硫黄色物质的粪便或黄白色稀薄粪便。严重者往往突然死亡，个别鸡口中有血水流出。

产蛋鸡中毒后，产蛋量急骤下降，直到停产。小鸡中毒后，还会出现啄毛及神经异常，如双下肢颤抖，瘫腿，侧歪乱扎，头向背侧仰等。

中毒死亡的鸡，一般都比较肥胖，死亡率以中毒轻重及处理的是否恰当而不同，严重者可达30%以上。

【剖检变化】宰杀的中毒鸡血液十分稀薄，色淡红呈血水状，凝固时间延长（多见于病程较长的中毒鸡），皮肤黏膜苍白，胸、腿部肌肉苍白，有时见到大小不等的点状出血。肝脏青黄、黄褐或红褐色，有红色出血斑点或灰白色坏死区域，质地脆而硬，胆囊充满胆汁。肾脏肿，黄褐色。肾小管积满尿酸盐，从肾脏表面可见到斑驳的花纹。心脏肌肉松弛、体积增大，心脏表面有大量火焰状的出血现象，可以与病原微生物引起的点状出血区别。心房、心室内有血浆形成的半透明、较硬的块状物。少数鸡可见心肌出现较硬的区域性、灰白色结节。嗉囊内多无食物，腺胃黏膜水肿或有出血点，十二指肠黏膜水肿，肠内容物呈水状。

【诊断】根据磺胺类药物使用史、临床症状、解剖病理变化，即可做出临床诊断。停止使用磺胺药3天后鸡群停止死亡，食欲好转，采食量上升，即可确诊。注意与其他出血疾病相鉴别。

【防治】成年产蛋鸡群，尽可能不用或少用磺胺类药物，必须应用的病例，应当严格控制用药时间和使用剂量，一般情况下用药疗程不得超过5天，用药剂量不能随意加大。

发病后立即停止使用磺胺类药物，在饮水中加入3%的葡萄糖，连续饮水3天。饲料中加入0.01%的维生素C和0.2%的干酵母，连续使用4～5天。

四、食盐中毒

食盐中毒是鸡摄取过量的食盐引起的一种中毒性疾病。任何日龄的鸡都可发生，中毒鸡以大量饮水、剧烈下痢、皮下水肿、大批死亡为主要临床特征。

【发病病因】鸡摄取过量食盐或含盐量较高的食物和饮水，是发生中毒的原因。

本病发生没有规律，只要饲料中含盐量过高，就会引起发病。最常见的病例是鱼粉中含量盐过多，调配饲料时又未引起注意；其次是防治啄食癖，在饮水中加入食盐，引起中毒。少量饲养的鸡，有时喂给剩饭菜，也可引起食盐中毒。

【临床症状】食盐中毒有急性和慢性两种，表现症状有较大差异。

（1）*急性中毒*　鸡群突然发病，饮水骤增，数量众多的鸡围着水盆拼命喝水，许多鸡喝得嗉囊十分膨大，水从口中流出也不离开水源，同时出现大量营养状况良好的鸡发生突然死亡，部分病鸡表现呼吸困难，喘息，中毒死亡的鸡有的从口中流出血水来。

中毒鸡群普遍下痢，排稀水状消化不良粪便，检查鸡群时，可以听到病鸡排稀便时发出的响声。

（2）慢性中毒　鸡群发病缓慢，饮水逐渐增多，粪便由干燥逐步变稀，由于现代化养鸡多采用自流给水，有时鸡饮水增多的现象不易被发现，因此，粪便的变化特征对于发现食盐慢性中毒非常重要。

随着病程的延长，病重鸡的冠变为深红，冠峰黑紫色，冠体皱缩耷拉，粪便由稀水状变为稀薄的黄、白、绿色。采食量下降，群中死亡鸡迅速增多，与此同时产蛋鸡群的产卵量停止上升或下降，蛋壳变薄，出现砂顶、薄皮、畸形蛋等。由于下痢的刺激，鸡的子宫发生轻重不等的炎症，发生脱肛、啄肛等并发症。

【剖检变化】急性中毒死亡的小鸡和青年鸡，营养状况良好，胸部肌肉丰满，但苍白贫血，胸腹部皮下积有多少不等的渗出液，由于皮下水肿、跖部变得十分丰润；肝脏肿大，质地硬，呈现淡白、微黄的颜色或红白相间的、不均匀的淤血条纹；腹腔中积液甚多，心包积水超过正常2～3倍，心肌有大点状出血；肾脏肿大，肠管松弛，黏膜轻度充血。急性中毒的产卵鸡，除有上述症状外，卵巢充血、出血十分明显。

慢性食盐中毒的产卵鸡，肠黏膜、卵巢充血、出血、卵子变性坏死，输卵管炎或表现腹膜炎引起的一系列病变。

【诊断】根据鸡的临床症状、病理特征和食盐增加史，即可做出诊断。慢性食盐中毒，要注意与其他原因引起的肠炎、腹膜炎相鉴别。

【防治】科学地使用饲料配方，测定鱼粉中的含盐量，使饲料中的总含盐量不超过0.4%，即可有效地预防食盐中毒。

一旦发生和确认为食盐中毒，应立即中止确认的和可疑的中毒原因，保证饮水，并在饲料和饮水中加入广谱抗生素和增加多种维生素的含量，以预防并发症和促进机体恢复。

五、马杜拉霉素中毒

【发病病因】 用药剂量过大或拌料不均，引起中毒；对药物的有效成分不了解，如商品名为克球皇、抗球王、杜球、灭球净、杀球王、加福等的有效成分都是马杜霉素，如果重复应用这些药物可引起中毒。

【临床症状】 轻度中毒者，表现为食欲锐减，互相啄羽，精神沉郁，死亡较少；严重中毒者，鸡突然死亡，精神沉郁，鸡脖后扭转圈或两腿僵直后伸；有的胸部伏地，少数鸡兴奋异常，乱扑狂舞、原地转圈，后期两腿瘫痪。

【剖检变化】 剖检可见鸡胸肌、腹肌、腿肌均有轻度不等的出血充血；肝脏肿大，有出血斑点；心表面有出血，肠黏膜弥漫性出血。

【防治】 立即停用马杜霉素，改用5%葡萄糖和维生素C饮水；重症鸡肌注维生素C注射液；饲料中添加复合维生素和抗应激药物。为了防止中毒发生，必须严格控制马杜霉素的用药剂量，连续用药不得超过5天，熟悉含马杜霉素药物的商品名，避免造成重复用药。

六、高锰酸钾中毒

【发病病因】 当饮水中高锰酸钾浓度达到0.03%时，对消化道黏膜就有一定的刺激性、腐蚀性；当其浓度达到0.1%时，则可引起明显中毒。

【临床症状】 中毒鸡厌食，呆蹲，口流黏液，口腔、舌和咽部呈紫红色并有水肿，咽喉黏膜水肿、出血，呼吸困难，有的腹泻，严重中毒的鸡常常在1天内死亡。

【剖检变化】剖检可见整个消化道黏膜都有腐蚀现象和轻度出血、溃疡，肠黏膜水肿、充血、出血、坏死甚至穿孔，严重时嗉囊黏膜大部分脱落。

【防治】对中毒雏鸡应供给充足的洁净饮水，必要时于饮水中添加2%～3%鲜牛奶，对消化道黏膜有一定的保护作用，精心护理3～5天可逐渐康复。

为防止本病的发生，饮水消毒浓度不能超过0.02%。

七、碳酸氢钠中毒

【发病病因】过量使用碳酸氢钠。由于碳酸氢钠有中和酸和抗应激的作用，在一些肾病中为了促进尿酸的排出，超量应用而引起中毒；配合磺胺药物应用时间过长或剂量过大引起中毒。

【临床症状和病变】患鸡精神沉郁、食欲锐减或不食，有的双眼紧闭，昏迷，翅下垂，卧地，对外界刺激没有反应。剖检可见肝脏变性，心脏扩张，肾肿大呈苍白色，有尿酸盐沉积。

【防治】发现中毒时立即停用碳酸氢钠，并用5%的葡萄糖饮水，供给充足新鲜的清洁饮水。

对雏鸡一般要禁止在饮水或饲料中添加碳酸氢钠，产蛋鸡的使用剂量应为0.1%～0.2%。

八、氟中毒

【发病病因】饲料中磷酸氢钙的氟含量超过0.18%可引起中毒，应用劣质磷酸氢钙或未脱氟的磷酸氢钙，其中氟含量过高；在优质磷酸氢钙中加入高氟磷矿石或石粉、贝壳粉、海沙等，造成氟含量升高，引起中毒。

【临床症状和病变】食欲减退，生长迟缓，羽毛松乱无光，身体瘦弱，腿软无力，病鸡站立不稳，行走时双脚向外叉开，呈八叉脚；跗关节肿大、僵直，严重的可出现跛行或瘫痪，有的腹泻、痉挛，最后倒地不起，两脚向后蹬，衰竭而死；产蛋鸡产蛋量逐步下降，蛋变小，出现破蛋、沙壳蛋、畸形蛋。剖检死鸡，肌肉消瘦，营养不良；长骨和肋骨较柔软，肋骨与肋软骨、肋骨与椎骨结合部呈球状突起；心、肝脂肪变性，输尿管充满尿酸盐。

【防治】发现氟中毒，应立即停喂含氟高的饲料，更换氟含量合格的饲料并在日粮中添加0.08%的硫酸铝，可减轻氟中毒，同时在饮水中加入口服葡萄糖酸钙和维生素D、维生素B_1、维生素C，对疾病的恢复有一定效果。也可添加硼砂、硒制剂、铜制剂等，均可缓解氟中毒的症状。为了防止中毒的发生，应使用质量可靠、有生产许可证厂家生产的磷酸钙盐、骨粉、石粉等矿物质饲料。在自然氟病区和工业污染区主要寻找低氟水员工禽类引用，饲料厂家应测定饲料中氟含量，将氟含量控制在每千克饲料40毫克以内。在采用过磷酸钙做饲料添加剂时，要经脱氟处理，在其不超标的情况下使用。

九、曲霉菌中毒

曲霉菌病是小鸡发生的一种呼吸道疾病。以呼吸困难，伸颈张口喘，精神萎靡不振为主要特征，发病率和死亡率都较高。

【发病病因】本病多发生在幼小的禽类，鸡、鸭、鹅、鸽等都可发病。饲养环境是导致本病发生的主要条件，如垫料（锯末、稻草、草秸等）潮湿霉变，饲料霉变，使用被霉菌污染又消毒不彻底的房屋作鸡舍，鸡群过分拥挤而鸡舍又通风不良，大剂量长时间使用土霉素等，都可诱发此病。

【临床症状】发病初期小鸡开始减食，精神不振，翅膀下垂，羽毛松乱，行动无力，伸颈张口呼吸，并逐步出现呼吸困难、喘、气管湿啰音、叫声沙哑等症状，病鸡粪便稀白绿色，病程长达10余天，严重的病鸡死亡率高达40%。

青年鸡可出现霉菌性眼结膜炎，病鸡眼睛肿胀，结膜下有乳白色干酪样物质形成，造成结膜隆起，眼睛肿胀、流泪，甚至失明。

【剖检变化】 病死鸡气管内有少许分泌物，肺部、气囊膜上形成许多白色、灰白色大小不等、扁圆形的霉菌斑，以胸气囊和腹气囊最为严重，霉菌斑多的可以连成一片，形成大的霉菌斑块。肺脏充血深红，个别病例，霉菌斑侵害肺实质。肝脏黑紫，消化道有其他性炎症。

图8-31　气囊膜上的霉菌斑
（山东省农业科学院家禽研究所提供）

【诊断与鉴别】 本病主要与沙门氏菌属中的伤寒和白痢病引起的小鸡肺炎相鉴别，上述两种病的主要病变是肺脏上形成灰、灰褐色结节，严重的连成一片，引起肺脏质地变硬，气囊膜上没有斑块（霉斑）形成。同时，可见心脏肌胃等脏器上有组织肉芽肿。

【预防与治疗】 不用霉变的锯末、麦秆、稻草作养鸡垫料，防止饲料霉变，确保鸡舍通风良好，鸡群密度适宜，被霉菌污染的房舍养鸡要彻底消毒，可以预防本病发生。另外，不滥用抗菌药，防止二重感染，也是预防本病发生的重要方面。

发病鸡群应针对致病原因采取措施，清除霉变物质。鸡舍用2%的过氧乙酸或4%的甲醛溶液喷洒或熏蒸，做彻底消毒。降低鸡群密度，确保鸡舍空气新鲜。青霉素与链霉素联合饮水给药，一日2次。饲料中加制霉菌素，每只鸡每天5 000单位，或按0.01%的比例配料，连用3～5天。霉菌眼炎的病鸡，可从眼角前侧轻轻向后赶压结膜上的干酪样物质，取出后用人用眼药水点滴1～2次，即可治愈。

十、一氧化碳中毒

【发病病因】冬季时燃煤取暖，煤炭燃烧不全时，可产生大量的一氧化碳，如果烟道漏气、倒烟、通风不良就会造成空气中一氧化碳浓度过高，一氧化碳易与血红蛋白结合成碳氧血红蛋白，可使血液失去携氧能力，使机体组织缺氧，机体因大量缺氧而窒息死亡。

【临床症状】急性中毒时，病鸡表现精神不安，嗜睡，呆立，呼吸困难，运动失调，不能站立，倒于一侧，头向后伸，痉挛而死。慢性中毒的病鸡，羽毛蓬松，精神沉郁，食量减少，生长缓慢。

【剖检变化】急性中毒时的特征性病变为全身各组织器官和血液呈现红色或樱桃红色。肺脏淤血，切面流出多量粉红色泡沫状红色液体。心血管淤血，血液凝固不良。肝脏轻度肿胀，淤血，个别肝实质或边缘呈灰白色或条状坏死；脾脏和肾脏淤血、出血；脑软膜、充血、出血。慢性中毒时症状不明显。

【防治】为预防中毒，应经常检查育雏室及禽舍的取暖设备，防止漏烟、倒烟。育雏室内要设通气孔，使室内空气流动，以防一氧化碳蓄积。发现一氧化碳中毒时，应立即打开门窗通风换气，严重病鸡应移入空气新鲜的鸡舍。饮水中添加水溶电解多维、葡萄糖、维生素C，适量止咳平喘的药物，也可用红霉素或罗红霉素防止激发感染呼吸道疾病。

十一、氨气中毒

【发病病因】家禽饲养密度过大，饮水器漏水，垫料潮湿，长期不更换或粪便不及时清除，舍内通风不良，温度过高、湿度过大，造成空气中氨气浓度增高超过正常范围。

【临床症状】病鸡眼睛发红，流泪，羞明怕光，严重时眼睑黏合，失明。鸡群饲料消耗减少，生长缓慢，整体鸡群生长不良，达不到应有的生长速度，产蛋鸡产蛋量下降。严重病鸡出现呼吸困难，甩头，鼻腔内有分泌物。人进入鸡舍也感到空气对眼睛有刺激。

【剖检变化】眼结膜红肿，有分泌物，严重时角膜有溃疡，时间较长后，结膜内有干酪物样分泌物，眼睑肿胀，黏和，失明，鼻腔内有黏液，鼻黏膜出血。

【防治】鸡舍要通风良好，冬春季不要因保温而忽视通风。垫料不要太湿，要勤换，以保持舍内干燥。当发生该病时，要打开门窗，加强通风，及时更换垫料，降低氨气的浓度，同时使用强力霉素、氧氟沙星等抗生素类药物防治激发感染。对有眼部病变的鸡，用人用眼药水进行点眼，每日2次，效果较好。

总之，使用药物或药物添加剂时，一定要了解清楚该药的适应证、预防或治疗剂量、用药疗程，切忌盲目用药，或随意加大剂量，以避免药物中毒的发生。另外，在林间、果树、田间放养时注意农药中毒。

参 考 文 献

刁有祥，张万福．2000. 禽病学［M］．北京：中国农业科技出版社．

樊新忠．2003. 土杂鸡养殖技术［M］．北京：金盾出版社．

高玉鹏，胡建宏．2007. 无公害蛋鸡安全生产手册［M］．北京：中国农业出版社．

郭玉璞．1994. 家禽传染病诊断与防治［M］．北京：北京农业大学出版社．

黄炎坤，韩占兵．2010. 柴鸡放养综合管理技术［M］．郑州：中原农民出版社．

郎丰功．2000. 山东家禽［M］．济南：山东科学技术出版社．

李呈敏．1993. 中药饲料添加剂［M］．北京：中国农业大学出版社．

P. D. 斯托凯．1982. 禽类生理学［M］．翻译组译校．北京：科技出版社．

王春林，赖友钦，等．1992. 新编养鸡手册［M］．上海：华东化工学院出版社．

魏祥法．2010. 肉鸡健康养殖百问百答［M］．北京：中国农业出版社．

杨宁．1994. 现代养鸡生产［M］．北京：中国农业出版社．

叶月皎，胡孟达．1994. 养鸡技术推广手册［M］．天津：天津科技翻译出版公司．

张秀美．2002. 禽病诊治实用技术［M］．济南：山东科学技术出版社．

图书在版编目（CIP）数据

柴鸡安全生产技术指南/魏祥法，王月明主编．—北京：中国农业出版社，2012.6
（农产品安全生产技术丛书）
ISBN 978-7-109-16731-5

Ⅰ.①柴…　Ⅱ.①魏…②王…　Ⅲ.①鸡－饲养管理－指南　Ⅳ.①S831.4-62

中国版本图书馆CIP数据核字（2012）第081033号

中国农业出版社出版
（北京市朝阳区农展馆北路2号）
（邮政编码100125）
责任编辑　张玲玲

中国农业出版社印刷厂印刷　　新华书店北京发行所发行
2012年8月第1版　　2012年8月北京第1次印刷

开本：850mm×1168mm 1/32　　印张：10.25
字数：255千字
定价：24.00元